石油高等教育“十二五”规划教材

U0871419

修井作业技术

主　编　吕凤滨　黄　树
副主编　孟　琦

中国石油大学出版社
CHINA UNIVERSITY OF PETROLEUM PRESS

图书在版编目(CIP)数据

修井作业技术/吕凤滨,黄树主编.—东营:中国石油大学出版社,2015.8(2017.3 重印)

ISBN 978-7-5636-4920-4

Ⅰ.①修… Ⅱ.①吕… ②黄… Ⅲ.①修井作业-高等职业教育-教材 Ⅳ.①TE358

中国版本图书馆 CIP 数据核字(2015)第 194667 号

石油高等教育教材基金资助出版

书　　名:修井作业技术

作　　者:吕凤滨　黄　树　孟　琦

责任编辑:穆丽娜(电话 0532—86981531)

封面设计:青岛友一广告传媒有限公司

出 版 者:中国石油大学出版社

(地址:山东省青岛市黄岛区长江西路 66 号　邮编:266580)

网　　址:http://www.uppbook.com.cn

电子邮箱:shiyoujiaoyu@126.com

排 版 者:汇英文化传媒

印 刷 者:沂南县汇丰印刷有限公司

发 行 者:中国石油大学出版社(电话 0532—86981531,86983437)

开　　本:185 mm × 260 mm

印　　张:16.25

字　　数:370 千

版 印 次:2015 年 8 月第 1 版　2017 年 3 月第 2 次印刷

书　　号:ISBN 978-7-5636-4920-4

定　　价:40.00 元

前言

修井作业技术是从实际生产中逐步形成和发展起来的一门技术，是油田开采工艺的重要组成部分，是确保油气井生产寿命、稳定生产及提高油气采收率的一项主要技术。为了使石油类高职院校的学生更好地学习和掌握修井作业技术，具备油气井修井作业操作的基本技能，我们联合现场从事修井作业的技术专家共同编写了《修井作业技术》。

本教材是一本面向石油工程专业，以“工学结合”的形式编写的教材，注重理论联系实际，贴近油田现场场景。本着以就业为导向，通过任务驱动、项目化教学来培养石油工程类高职学生专业实践技能的教学理念，精心组织教学内容，注重修井作业操作技能的培养，重点强化常规修井作业内容、细化作业任务，从而做到教、学、作一体化。

本教材分7个学习情境、23个项目、58个学习任务进行编排。建议课程教学参考学时为80学时。本教材自2009年开始作为天津石油职业技术学院自编教材使用，后经过多次修改和完善，形成了现在的内容体系。可以作为油气开采技术专业、石油工程技术专业相关课程的教材或教学参考书，也可作为油田职工的培训教材。

本教材由天津石油职业技术学院吕凤滨副研究员和中国石油天然气集团公司井下作业技能专家、华北油田公司第二采油厂黄树担任主编，天津石油职业技术学院孟琦担任副主编。参加编写的还有天津石油职业技术学院的王若男、赵立新、邢秋菊、万鹤、魏艳，华北油田公司采油四厂的杨培伦，华北油田公司采油一厂的张学利，中石油京唐液化天然气有限公司的赵弘翔等。在本教材编写过程中，得到了天津石油职业技术学院、石油工程系领导的大力支持和帮助，在此表示衷心的感谢。

由于编者水平有限，且编写时间仓促，书中难免存在错误和不足之处，恳请相关师生及读者批评指正。

编者

2015年4月

目　录

学习情境一

修井作业认知

学习情境描述

在本学习情境，通过学习与修井作业相关的基础知识，主要掌握常用修井设备及工具的名称、结构、功能等，为进一步学习修井作业理论知识和掌握修井操作技能奠定基础。

项目一　基础知识

知识目标

1. 掌握修井作业中的常用概念。
2. 掌握常用的井身结构和完井方式。
3. 掌握管柱组配方法。

能力目标

1. 掌握管柱组配操作。
2. 掌握油水井管柱图的绘制。

工作过程知识

一、常用概念

1. 压力相关概念

（1）原始地层压力：油田开发以前，整个油层处于均衡受压状态，这时油层各处压力相等，称为原始地层压力。油田第一批探井所测得的地层中部压力代表原始地层压力，单位为MPa。

（2）目前地层压力：油气藏投入开发后，在某一时期内测得的油气层中部压力称为该时期的目前地层压力，单位为MPa。

（3）井底静压（静止压力）：油气井关井后，待压力恢复到稳定状态时所测得的油气层中部压力，单位为MPa。

（4）套压：油套管环形空间内油和气在井口的剩余压力，又称压缩气体压力，单位为MPa。

（5）流动压力（流压）：油井正常生产时所测得的油层中部的压力，单位为MPa。

（6）饱和压力：地层原油中溶解的天然气开始从原油中分离出来时的压力，单位为MPa。

（7）破裂压力：使地层产生水力裂缝或张开原有裂缝时的井底流体压力，单位为MPa。地层破裂压力与岩石弹性性质、孔隙压力、天然裂缝发育情况以及该地区的地应力等因素有关。

（8）裂缝延伸压力：水力裂缝在长、宽、高三个不同方向扩展所需要的缝内流体压力，单位为 MPa。一般来说，裂缝延伸压力比闭合压力大，与裂缝大小及压裂施工有关。

（9）裂缝闭合压力：泵注停止后，作用在裂缝壁面上使裂缝似闭未闭的压力，简称闭合应力，单位为 MPa。裂缝闭合压力的大小与地层最小水平应力有关，它是影响裂缝导流能力的重要因素。

2. 孔隙度相关概念

（1）绝对孔隙度：岩石的总孔隙体积与岩石外表体积的比值。

（2）有效孔隙度：岩石中有效孔隙体积与岩石外表体积的比值。

（3）流动孔隙度：在含油岩石中，流体能在其内流动的孔隙体积与岩石外表体积的比值。

3. 渗透率相关概念

（1）绝对渗透率：在一定压差下，单相流体在岩石孔隙中流动，流体与岩石间没有物理、化学作用，此时求得的岩石孔隙的渗透率即为绝对渗透率，单位为 μm^2。绝对渗透率只代表流体通过岩石的能力，表明岩石的特性，与通过的流体性质无关。

（2）有效渗透率（相渗透率）：当岩石孔隙中同时存在两相或两相以上流体时，岩石孔隙允许某一相通过的渗透率，单位为 μm^2。有效渗透率不但与岩石本身性质有关，而且与孔隙中流体的性质和数量比例有关。

（3）相对渗透率：有效渗透率与绝对渗透率的比值，是一个无因次量。

4. 油气显示相关概念

油气显示：石油、天然气及石油沥青矿物在地表的天然露头和人工露头。根据成因和部位，油气显示可分为地面油气显示和井下油气显示两种。

（1）地面油气显示：石油和天然气沿着地下岩石的孔隙和裂缝运移到地面所形成的各种露头。

（2）井下油气显示：由于钻井取心和随同钻井液（或清水）循环而把石油和天然气携带到地面的露头。

5. 与开发相关的概念

（1）注水强度：注水井单位有效厚度油层的日注水量，单位为 $m^3/(d \cdot m)$。

（2）吸水指数：注水井在单位注水压差下的日注水量，单位为 $m^3/(d \cdot MPa)$。为了及时掌握油层吸水能力的变化情况，可采用视吸水指数。视吸水指数等于注水井日注水量除以注水井井口压力。在笼统注水时，从油管注入时注水井井口压力应取套压，从套管注入时应取油压。

（3）表皮系数。井壁附近一定范围内的产层因受钻井、完井及采油作业等施工的影响，其渗透率受到伤害，所产生的附加阻力称为表皮系数，是一个无因次量。若因各种原因，井壁附近渗透率下降，则称为“正表皮效应”；若因各种原因，井壁附近渗透率上升，则称为“负表皮效应”。

（4）生产井：以采油采气为目的而钻的井。

（5）注入井：以向油气藏注水或注气等为目的而钻的井。

（6）直井：井眼轴线大体沿铅垂方向，其井斜角、井底水平位移和全角变化率均在限定范围内的井。

（7）定向井：按照探井或生产井的目的和要求，沿着特定的方向和轨迹钻达预定目的层位的井。按井身剖面，定向井包括垂直段、增斜段和稳斜段等。

（8）水平井：首先钻一直井段或斜井段，在目的层中井斜角达到或接近90°，并且有一定水平长度的井。

（9）探井：以了解地层的年代、岩性、厚度、生储盖组合和区域地质构造、地质剖面局部构造为目的，或在确定的有利圈闭上和已发现油气圈闭上，以发现油气藏，进一步探明含油气边界和储量，以及了解油气层结构为目的所钻的各种井，包括地层探井、预探井、详探井和地质浅井。

（10）开发井：为开发油气田所钻的各种采油采气井、注水注气井，或在已开发油气田内，为保持一定的产量并研究开发过程中地下情况的变化所钻的调整井、补充井、扩边井和检查资料井等。

6. 与采油相关的概念

（1）表面活性剂：能显著改变（通常为降低）液体表面张力或两相间张力的化学物质。

（2）堵水：为了清除或减小水淹造成的危害而采取的封堵出水层段的井下工艺措施，又称封堵。

（3）窜槽：在多油层油田开发中，各层段沿油井套管与水泥环或水泥环与井壁之间的窜通，又称管外窜槽。

（4）验窜：利用封隔器、同位素、声幅测井等方法来验证套管外各小层间（尤其是油、水层间）是否窜通的工艺措施，又称找窜。

（5）封窜：对已找到的窜槽采取各种井下工艺措施以封住窜槽部位。

（6）封隔器堵水（机械堵水）：利用封隔器将出水层和油层隔开，从而达到堵水目的的工艺措施。

（7）动液面：油井生产时环形空间的液面。

（8）静液面：油井关井后环形空间的液面恢复到静止（与地层压力相平衡）时的位置。

（9）沉没度：泵沉没在动液面之下的深度。泵入口处的压力取决于沉没度的大小。

7. 与修井作业相关的概念

（1）井下作业：为维持和改善油、气、水井的正常生产能力所采取的各种井下技术措施。

（2）小修：经常性的维修工作，如检泵、清砂、洗井、更换井下管柱、小型打捞等。

（3）大修：利用特定的修井设备、专用工具，采用一定的措施处理油水井事故、恢复油水井正常生产的作业过程。

（4）卡点：被卡管柱被卡段的最上端位置。

（5）鱼顶：落物（落鱼）的顶端，又称鱼头。

（6）中和点：被卡管柱中间既不受压力又不受拉力的点。

（7）防冲距：驴头处于下死点时，活塞下端面与固定凡尔罩上平面之间的距离，单位为m。

（8）套补距：钻井时转盘方补心的上平面到套管头接箍上平面的距离，单位为m。

（9）套管深度：从转盘上平面到套管鞋的深度，单位为m。

（10）套管直径：下入油层套管的公称直径，单位为 mm。

（11）人工井底深度：完井时套管内最下部水泥顶界面至方补心上平面的距离，单位为 m。

（12）井下事故处理：由于各种因素而造成油水井井内管柱遇卡，工具、仪器及钻柱等掉落井内的现象称为井下事故，针对井下事故所采取的相应措施即为井下事故处理。

（13）射开油层顶部深度：射孔井段最上部至方补心上平面的距离，单位为 m。

（14）射开油层底部深度：射孔井段最下部至方补心上平面的距离，单位为 m。

（15）完钻井深：从转盘上平面到钻井完成时钻头钻进的最后位置的距离，单位为 m。

（16）起下管柱：用吊升系统将井内的管柱提出井口，逐根卸下并放在油管桥上，经清洗、丈量、重新组配和更换下井工具后，再逐根下入井内的过程。

（17）替喷：通过向井内打入相对密度较小的流体而将井内密度较大的液体置换出来，从而减小井底回压，使油气层中的油气进入井筒并喷出地面的工艺过程。

（18）完井：只根据选定的完井方法，做好人工井底，建立起油气从油气层流至井底的通道，为油气井的正式投产做好准备，包括钻开生产层、下油层套管、注水泥、射孔、砾石充填、试采等一系列生产过程。

二、常用单位的换算

常用量名称、单位符号及换算公式见表 1-1。

表 1-1　常用量名称、单位符号及换算公式

量名称	单位符号	换算公式
长　度	m	1 km = 1 000 m, 1 m = 100 cm = 1 000 mm = 10^6 μm, 1 μm = 10^{-6} m = 10^{-4} cm = 10^{-3} mm
面　积	m^2	1 km^2 = 100 ha（公顷）= 10^6 m^2, 1 m^2 = 10^4 cm^2 = 10^6 mm^2 = 10^{12} $μm^2$
体　积	m^3	1 m^3 = 10^3 L（升）= 10^6 mL（毫升），1 mL = 1 cm^3
密　度	kg/m^3	1 g/cm^3 = 1 000 kg/m^3 = 1 t（吨）/m^3
压　力	MPa	1 MPa = 9. 869 23 atm（大气压）= 10. 197 15 at, 1 atm = 0. 101 325 MPa = 1. 033 227 at
温　度	K	T(K) = t(℃) + 273. 15
时　间	s	1 h = 60 min, 1 min = 60 s
产量，流量	m^3/s	1 m^3/s = 1 000 L/s
黏　度	mPa·s	1 mPa·s = 1 cP（厘泊）
渗透率	$μm^2$	1 $μm^2$ = 1. 013 25 D（达西）= 1 013. 25 mD（毫达西）
表面张力	N/m	1 mN/m = 1 dyn（达因）/cm

三、常用管材介绍

1. 套管

一口油气井，在钻井过程中或完钻之后，根据设计要求，通常要下入一柱或几柱同轴心钢管，用以防止井壁坍塌，隔开各层的流体，形成采油采气通道等，这种钢管称为套管。套管结构如图 1-1 所示，其规范见表 1-2。

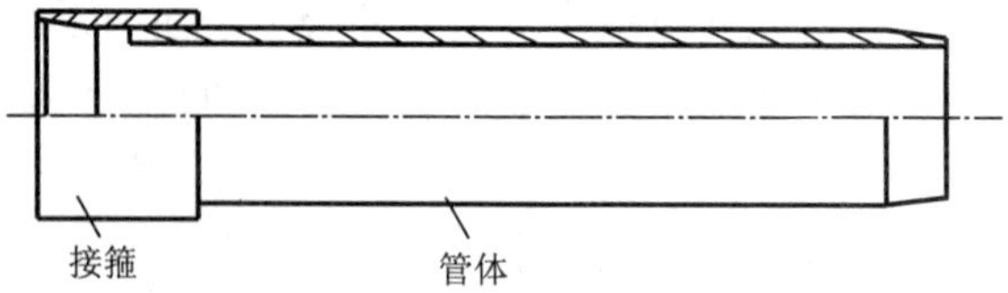

图 1-1　套管结构图

表 1-2　套管规范表（API 标准）

公称直径 /mm（in）	套管				螺纹	接箍		
	壁厚 /mm	内径 /mm	管体线重 /（kg•m⁻¹）	容量 /（L•m⁻¹）	扣数 /（扣•in⁻¹）	外径 /mm	长度 /mm	质量 /kg
101. 6（4）	6. 65	88. 29	16. 40	6. 12	8			
127. 0（5）	6. 45	114. 10	19. 34	10. 23	8	141. 3	196. 8	5. 697
139. 7（5½）	10. 54	118. 60	33. 54	11. 05	8	153. 7	171. 4	5. 190
	7. 72	124. 26	25. 11	12. 13			203. 2	6. 364
177. 8（7）	6. 91	164. 00	29. 08	21. 12	8	194. 5	228. 6	10. 740
219. 1（8⅝）	7. 72	203. 70	40. 21	32. 57	8	244. 5	254. 0	21. 540
	8. 92	201. 20	46. 28	31. 78				

注：ϕ101. 6 mm 套管为 4 in 无接箍套管；1 in = 25. 4 mm。

2. 油管

油管是油井专用管材。油管按加厚情况分为两端加厚油管和平式油管，其中两端加厚油管用于深井完井工作。油管长度一般为 6～10 m，其规范见表 1-3。

表 1-3　油管使用性能表（API 标准）

类型	直径 /in	外径 /mm	壁厚 /mm	内径 /mm	计算线重 /（kg•m⁻¹）		每米内容积/（L•m⁻¹）	每米外容积/（L•m⁻¹）	螺纹抗拉极限载荷/t	
					不带接箍	带接箍			J-55	N-80
平式油管	2	60. 3	4. 83	50. 6	6. 59	6. 71	2. 011	2. 856	22. 43	32. 64
	2½	73. 0	5. 51	62. 0	9. 17	9. 41	3. 019	4. 185	32. 92	47. 88
	3	88. 9	6. 45	76. 0	13. 11	13. 48	4. 536	6. 207	49. 61	72. 15
外加厚油管	2	60. 3	4. 83	50. 6	6. 59	6. 89	2. 011	2. 856	32. 54	47. 33
	2½	73. 0	5. 51	62. 0	9. 17	9. 58	3. 019	4. 185	45. 21	65. 74
	3	88. 9	6. 45	76. 0	13. 11	13. 80	4. 536	6. 207	64. 62	93. 99

3. 抽油杆

1）抽油杆的技术规范

抽油杆主体是圆形断面的实心杆体，两端均有加粗的锻头，锻头上有连接螺纹和搭扳手用的方形断面。抽油杆公称直径有 16 mm（⅝ in），19 mm（¾ in），22 mm（⅞ in）和 25 mm（1 in）四种。对于抽油杆的长度，除最常见的 8 m 和 9. 14 m 外，还有为组合而特别加工的 1. 0 m，1. 5 m，2. 5 m，3. 0 m 和 4. 0 m 五种长度。

2）抽油杆的材料

国产抽油杆有两种，一种是碳钢抽油杆，另一种是合金钢抽油杆。碳钢抽油杆一般用 40 号优质碳素钢制成，合金钢抽油杆一般用 20 号铬钼钢或 15 号镍钼钢制成。

3）抽油杆的等级

抽油杆分 C，D 和 K 三级。

（1）C 级抽油杆抗拉强度低（620～794 MPa），适用于轻中载荷的、有轻微盐水腐蚀的浅井和中深井中。

（2）D 级抽油杆抗拉强度高（794～965 MPa），适用于中重载荷的、有轻微盐水腐蚀的中深井和深井中。

（3）K 级抽油杆抗拉强度最低（588～794 MPa），适用于轻中载荷的、有硫化氢和二氧化碳腐蚀性介质的井中。

4. 钻杆

钻杆是钻柱组成的基本单元，主要用于传递转盘扭矩和承载并建立工作液循环通道，是完成修井工艺过程的基本配套专用管材。钻杆本身配带的接头统称为钻杆接头，它是成对使用的，即一根钻杆两端分别配上公母接头，其功用是连接并保护钻杆，便于上扣。钻杆的特征参数如图 1-2 所示。

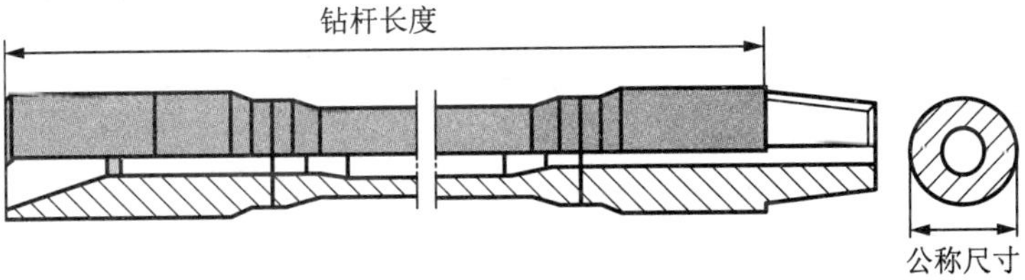

图 1-2　钻杆特征参数图

石油钻杆接头由吊钳扣合部位、焊接部位和接头螺纹及密封台肩等组成，可分为内螺纹接头和外螺纹接头，二者配对使用。

四、井身结构

井身结构是指由直径、深度和作用各不相同且均注水泥封固环形空间而形成的轴心线重合的一组套管与水泥环的组合。一口井内应该下几层套管，每层套管应该下多深，主要取决于要钻穿的地下岩石情况。井身结构如图 1-3 所示。

（1）导管：井身结构中靠近裸眼井壁的第一层套管。导管的作用是：钻井开始时保护井口附近的地表层不被冲垮，建立起钻井液循环，引导钻具钻进，保证井眼钻凿的垂直等。对

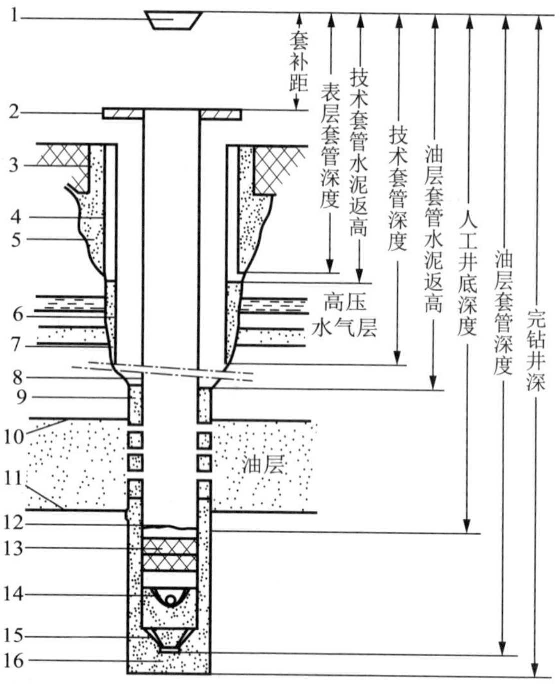

图 1-3　井身结构图

1—方补心；2—套管头；3—导管；4—表层套管；5—表层套管水泥环；6—技术套管；7—技术套管水泥环；8—油层套管；9—油层套管水泥环；10—油层上线；11—油层下线；12—人工井底；13—胶木塞；14—承托环；15—套管鞋；16—完钻井底

于不同的油田或地层，导管的下入要求也不同。钻井时是否需要下入导管，应依据地表层的坚硬程度与结构状况来确定。下入导管的深度一般取决于地表层的深度。

(2) 表层套管：下入深度一般在 30～1 500 m 之间，管外水泥浆应返至地面，用以防护浅水层不受污染，封隔松软地层及浅层气，同时用来安装井口防喷器以便继续钻进。

(3) 油层套管(生产套管)：用于保护井壁，阻断上覆地层和油层的通路，在套管内形成举升油气的良好通道。各油田下井所用油层套管尺寸多为 5½ in，其次为 6⅝ in。管外水泥通常要返至产层顶部 200 m 以上。

(4) 技术(或中间)套管：在表层套管中(即表层套管和油层套管之间)下入的一层套管。下入技术套管的目的主要是处理钻进过程中遇到的复杂情况，如隔绝上部高压油(气、水)层、漏失层或坍塌层，以保证钻进顺利进行，同时对生产套管还具有保护作用。下入技术套管的层次应依据钻遇地层的复杂程度以及钻井队的技术水平来确定。

目前常用的井身结构是下入两层套管。

五、油井的完成方法

油井的完成方法是指油井与油层相连通的形式和结构。因此，油井完成方法也叫井底结构。油井完成方法依据钻开油、气层和下入油层套管的先后次序，分为先期完成法和后期完成法两种类型。先期完成法的使用有局限性，一般只用于岩性稳定、无气水夹层的单一油层或性质相同的多油(气)层的井中，这种方法在碳酸盐岩裂缝性油气田上应用较广泛。

油井的完成方法、分类方法较多，目前常用的油井完成方法有射孔完成法、裸眼完成法、衬管完成法、筛管砾石充填完井法四种。

1. 射孔完成法

这种完成方法是在钻开整个油气层后，下油层套管至生产层底部，注入水泥浆固井；待水泥浆凝固后，进行声波测井和套管试压检验；经检验证实固井质量合格后，下入射孔器，对准油层射孔，以这些射开的孔道作为沟通井底与油气层的流通通道，如图 1-4 所示。

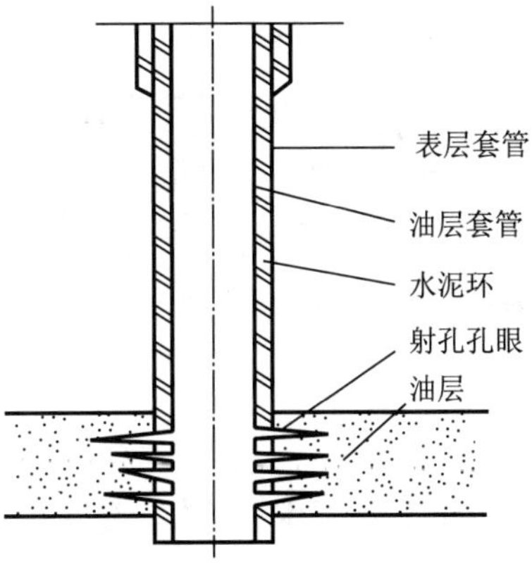

图 1-4 射孔完井示意图

1）优点

（1）可防止各油、气、水层相互串扰，有利于进行分层采油、分层改造和修井作业。

（2）可避免井壁坍塌对油气层的影响。

（3）适应性强，是我国目前各油田广泛采用的一种油井完成方法。

2）缺点

（1）钻井与固井时，钻井液和水泥浆对油层的侵害较为严重。

（2）由于射孔孔眼数目、孔径有限，油气层与井底的连通面积小，油、气流入井内的阻力大。

（3）有的射孔成功率和准确性还不够高。

（4）该方法不适用于裂缝性油气田。

2. 裸眼完成法

由于钻开油层的方式不同，裸眼完成法又分为先期裸眼完成法和后期裸眼完成法，如图 1-5 所示。

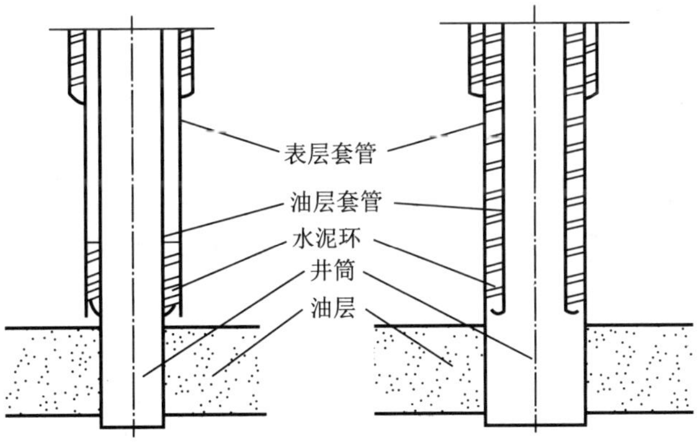

（a）先期裸眼完井 （b）后期裸眼完井

图 1-5 裸眼完井示意图

先期裸眼完成法是在钻井钻至油层顶部后，下入油层套管，注入水泥浆固井，然后用直径较小的钻头钻开油气层。完井后，油气层顶部直接与井眼相连通。

后期裸眼完成法是用与正常钻进尺寸相同的钻头钻开油气层，钻达设计深度后再下入油层套管至油层顶部，并对其进行固井。后期裸眼完井法仅适用于岩层非常坚固，且无油、气、水夹层的单一油层。

3. 衬管完成法

这种方法是在钻至油层顶部后，下入油层套管，注入水泥浆固井，检验固井质量合格后，改换小尺寸钻头钻开油气层，最后下入适宜的衬管完井，如图 1-6 所示。

4. 筛管砾石充填完井法

这种方法是在油层部位的井眼中下入筛管，在筛管与井眼环形空间填入砾石，以达到支撑井壁，防止形成砂堵的目的，最后封隔筛管以上环形空间完井，产层油流通过砾石和筛管流入井内，如图 1-7 所示。

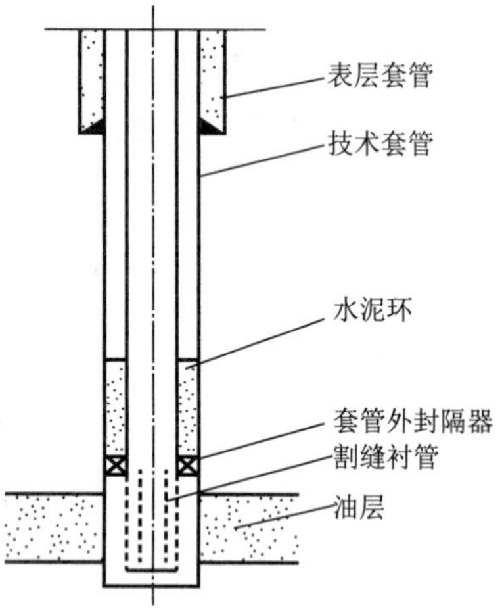

图 1-6 衬管完井示意图

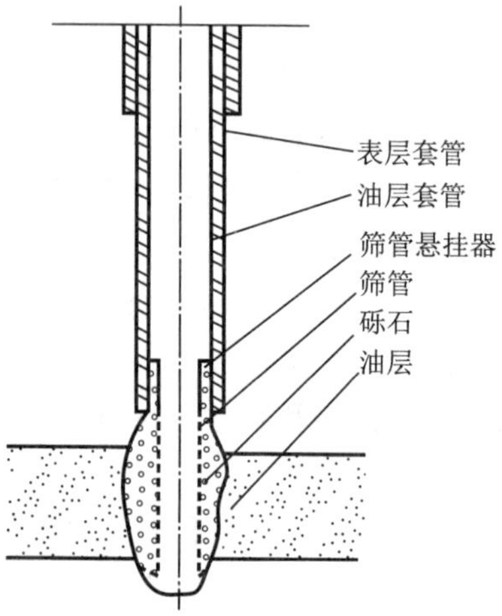

图 1-7 筛管砾石充填完井示意图

六、管柱组配

1. 下井管柱的组配方法

1）下井管柱类型

目前各油田下井管柱大致可分为如下四种：

（1）找水管柱或笼统注水管柱；

（2）分层配注、分层配产管柱；

（3）各种施工作业管柱，如压裂、堵水、酸化、冲砂、磨铣等管柱；

（4）机械采油管柱。

2）组配管柱的程序

无论组配哪种管柱，都要以施工设计书为依据，按照管柱图、下井实物长度进行组配。

组配管柱的程序为：

（1）熟悉设计，掌握油水井各种数据，如油补距、下井工具设计深度、下井工具设计规范和井身结构数据等。

（2）丈量实物长度，包括油管悬挂器、下井工具。

（3）计算所需油管长度，丈量、选择油管，连接下井工具。

（4）按照下井顺序将下井管柱摆放好，重新丈量、复核、计算出实配深度，填入油管记录。

3）组配管柱操作的要求

（1）组配管柱前要认真阅读施工设计书。

① 掌握下井管柱结构及下井工具名称、规范、用途、先后顺序和间隔标准。

② 掌握卡点数、卡点深度、卡距、夹层厚度以及卡点在夹层内允许活动的范围。

③ 掌握套管接箍位置、射孔井段、人工井底和油补距。

④ 计算好下井工具之间所需的油管长度。

⑤ 编出组配管柱记录顺序号，准备好卡距所需短节。

（2）丈量油管。

① 认真检查所要丈量的油管，包括螺纹、管体腐蚀情况及有无弯曲、裂痕和孔洞等。

② 用油管内径规通油管。

③ 将油管在油管桥上排列整齐，10 根一组，进行丈量并做记录。

④ 将下井工具、油管短节排好，进行丈量并做记录。

（3）调配管柱。

① 从所丈量好的油管中选出卡距部分，然后组配封隔器以上的油管，最后将油管、短节、下井工具按下井顺序依次摆放好。

② 检查下井工具出厂合格证，按设计规范、型号检查无误后，依次连接在油管上。

③ 把组配后剩余不用的油管退下油管桥，做好标记，防止出错。

④ 严禁用下井油管做油管滑道，以免漏掉下错。

⑤ 下井的油管和短节的接箍应用管钳全部上紧。

⑥ 抄写下井管柱记录，画出下井管柱示意图。

（4）复核实际下井管柱。

① 对照下井管柱记录，重新丈量油管桥上的全部油管、下井工具的单根长度，检查有无差错。

② 按照下井顺序将摆好的油管打上标记。

③ 配管柱时应由一人主配，从头至尾负责到底，中途不允许换人，以免配错。

④ 油管密封脂应涂在油管的外螺纹上。

4）计算所需油管长度

（1）第一级封隔器至井口所需油管长度：

所需油管长度＝第一级封隔器设计深度－油补距－油管挂长度－封隔器上部长度。

（2）第一、第二级封隔器之间所需油管长度：

所需油管长度＝第二级封隔器设计深度－第一级封隔器设计深度－第一级封隔器下部长度－配产（水）器长度－第二级封隔器上部长度。

（3）第二、第三级封隔器之间所需油管长度：

所需油管长度＝第三级封隔器设计深度－第二级封隔器设计深度－第二级封隔器下部长度－配产（水）器长度－第三级封隔器上部长度。

（4）第三级封隔器至底部球座所需油管长度：

所需油管长度＝底部球座设计深度－第三级封隔器设计深度－第三级封隔器下部长度－配产（水）器长度－底部球座长度。

5）计算实配深度

（1）第一级封隔器实配深度＝油补距十油管挂长度＋选用油管长度＋第一级封隔器上部长度。

（2）第二级封隔器实配长度＝第一级封隔器实配深度＋第一级封隔器下部长度＋选用油管长度＋配产（水）器长度＋第二级封隔器上部长度。

（3）第三级封隔器实配深度＝第二级封隔器实配深度＋第二级封隔器下部长度＋选用油管长度＋配产（水）器长度＋第三级封隔器上部长度。

（4）底部球座实配深度＝第三级封隔器实配深度＋第三级封隔器下部长度＋选用油管长度＋配产（水）器长度＋底部球座长度。

6）常见的抽油管柱、杆柱调配原则

光油管井管柱底部必须装喇叭口。卡封井封隔器坐封位置必须避开套管接箍。喇叭口上部如需装筛管，配产器必须接在一起，以防止封隔器沉砂。封隔器、油管、尾管、丝堵等连接时必须在公扣上涂密封脂，并用管钳将其上紧，保证密封良好。

夹层小于 2 m 的井，必须在井口累计丝扣的扣余量。坐封前后必须用电测校深，保证卡封准确。

油管协调匹配：管柱规范必须匹配，如下入 A 型接箍的 ϕ25 mm 抽油杆与 ϕ89 mm × 6.5 mm 油管，长度上要匹配；管柱与井下工具必须匹配，下井油管及工具必须保证管内工具能顺利通过。

目前广泛采用的管柱的组合为：

（1）ϕ89 mm×6.5 mm 和 ϕ73 mm×5.5 mm 油管双级组合；

（2）ϕ73 mm×5.5 mm 油管单级组合。

抽油杆组合有：

（1）ϕ25 mm 单级组合；

（2）ϕ22 mm 单级组合；

（3）ϕ19 mm×22 mm 双级组合；

（4）ϕ19 mm×22 mm×25 mm 三级组合；

（5）ϕ16 mm×19 mm×22 mm×25 mm 四级组合。

2. 井下作业常用下井工具图例

井下作业常用下井工具图例见表 1-4。

表 1-4　井下作业常用下井工具图例

序　号	工具名称	图　例	序　号	工具名称	图　例
1	射孔井段	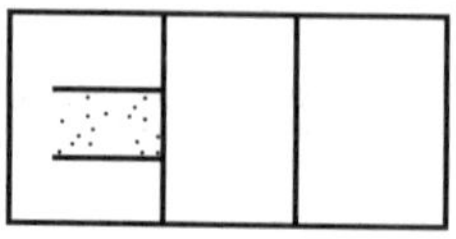	3	砂　面	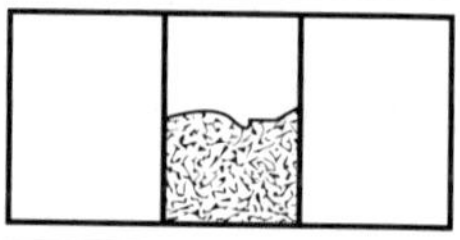
2	电缆桥塞	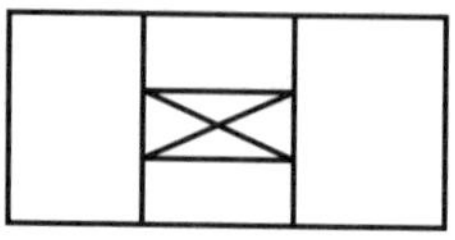	4	筛　管	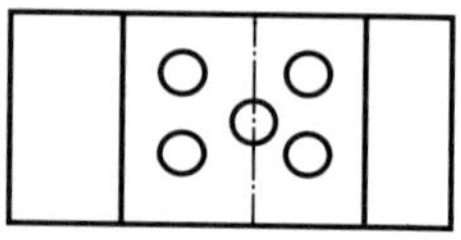

续表

序　号	工具名称	图　例	序　号	工具名称	图　例
5	空心配水器	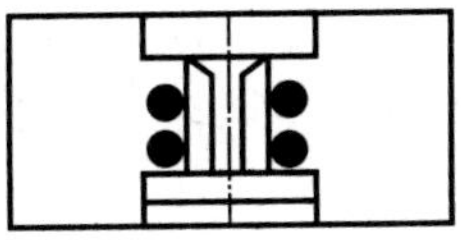	16	砂　锚	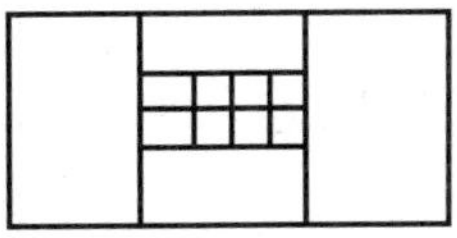
6	油管鞋	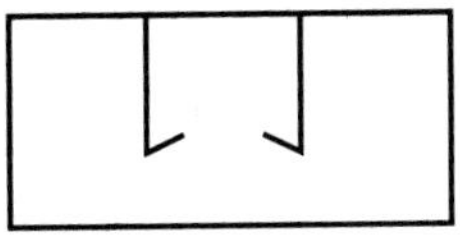	17	热洗阀	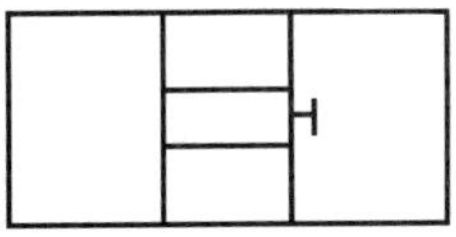
7	人工井底	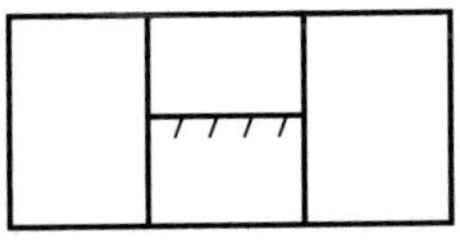	18	球　座	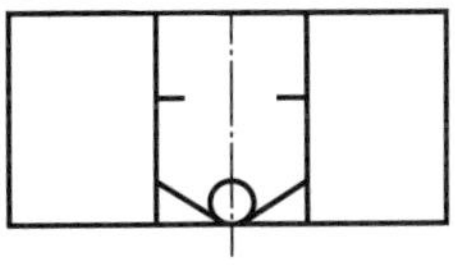
8	喇叭口	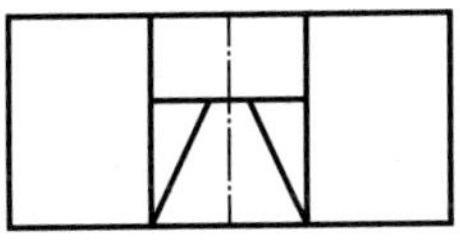	19	旁通式气举阀	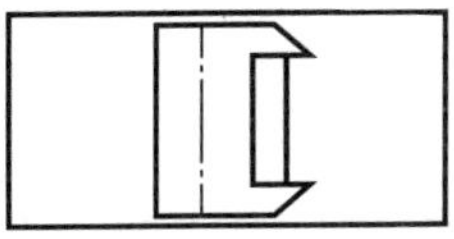
9	堵塞器	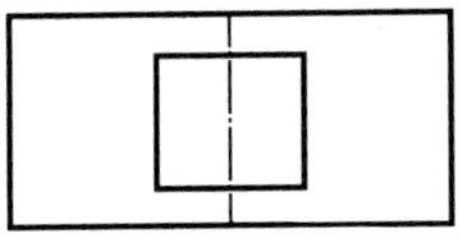	20	桥式配产器	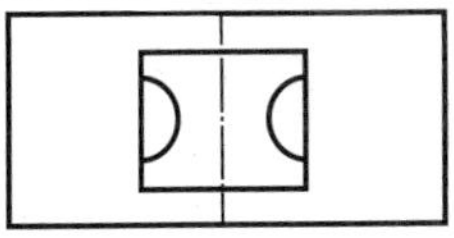
10	节流器	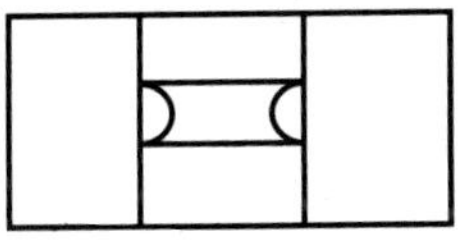	21	循环阀	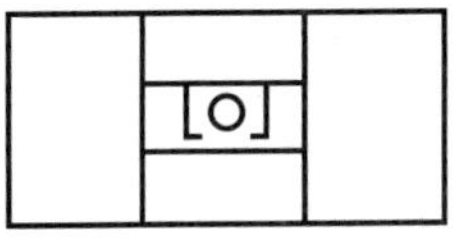
11	工作筒	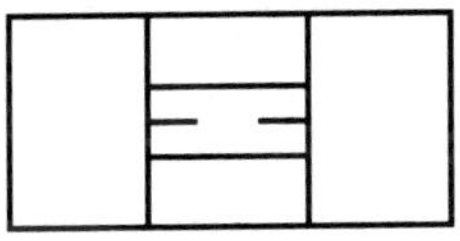	22	丢手头	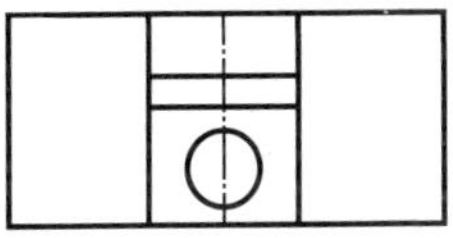
12	撞击筒	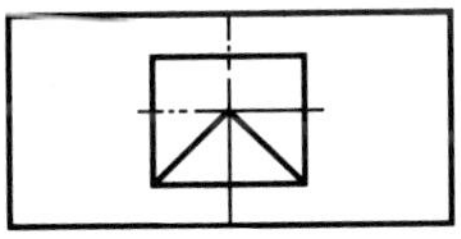	23	气　锚	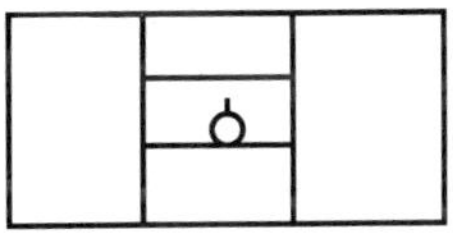
13	井下活门	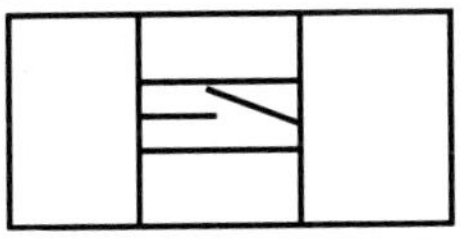	24	注水球座	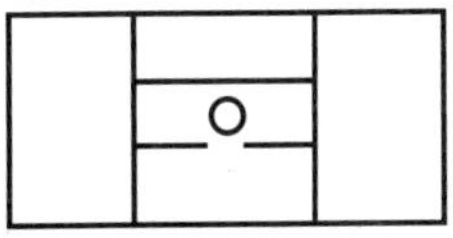
14	开关滑套	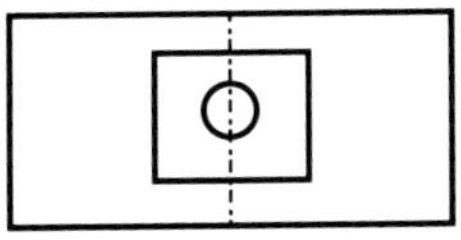	25	音　标	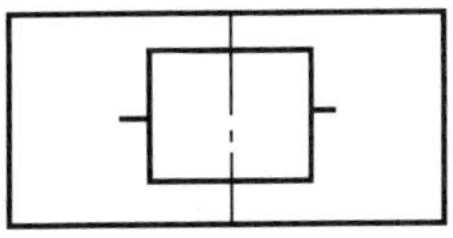
15	扶正器	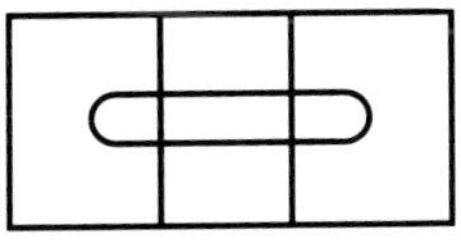	26	保护器	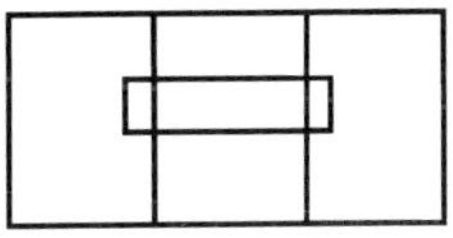

续表

序　号	工具名称	图　例	序　号	工具名称	图　例
27	滤砂筛管	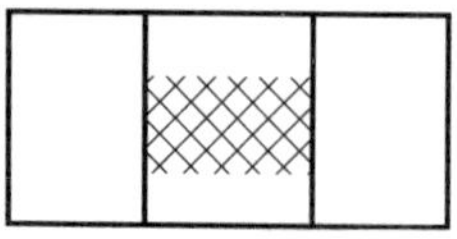	31	泄油器	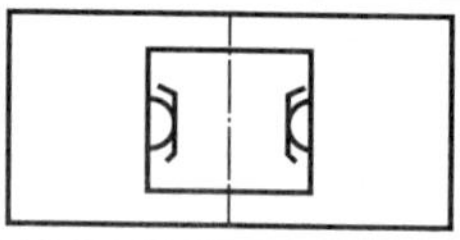
28	安全接头	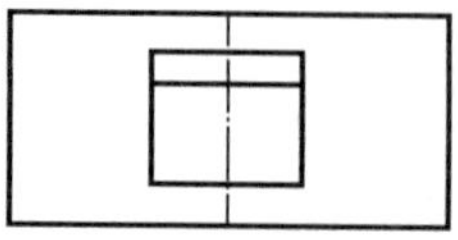	32	活动球座	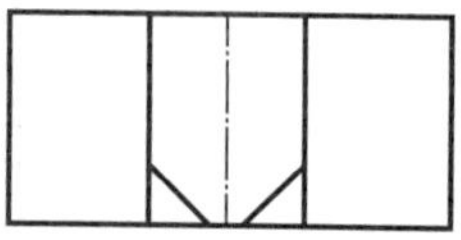
29	侧孔式气举阀	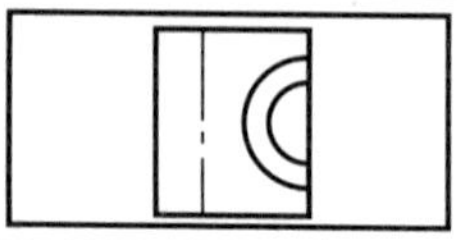	33	支撑卡瓦	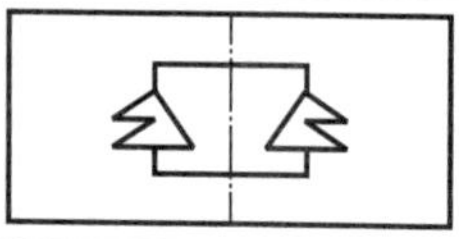
30	深井泵	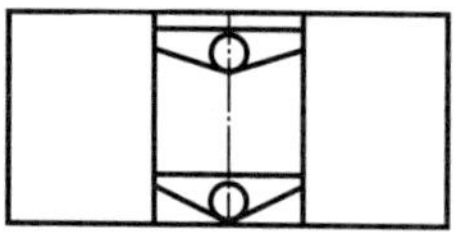	34	液压支撑卡瓦	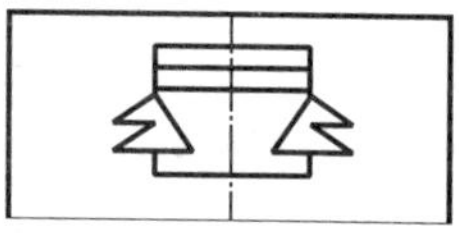

技能训练

训练操作一　测量并计算油补距和套补距

一、准备工作

所需设备、材料和工具：1 m钢板尺1把，直角尺1把，钢笔1支，记录纸1张。
操作人员要求：本项目需操作人员1人。

二、操作步骤

（1）从施工设计书中查出联顶节方入，并记为L。
（2）装好井口采油树。
（3）用钢板尺测量井口最上一根套管接箍上平面到井口底法兰上平面的距离，记为L_1。
（4）用钢板尺测量井口底法兰上平面与采油树四通法兰上平面之间的距离，记为L_2。
（5）计算油、套补距。将L，L_1和L_2代入以下公式即可求出油、套补距：

$$油补距 = L - (L_1 + L_2)$$
$$套补距 = L - L_1$$

三、注意事项

（1）查找的联顶节方入数据要准确。

（2）测量套管接箍上平面与井口底法兰上平面之间的距离时，尺子要垂直，测量误差为±5 mm。

训练操作二　绘制管柱结构示意图

一、准备工作

准备 A4 白纸 1 张，铅笔 1 根，尺子 1 把。

二、操作步骤

（1）在 A4 白纸上部居中位置写上名称：“××井××施工下井管柱结构示意图”。

（2）在下井管柱名称下面适当位置，居中画一长约 50～60 mm 的细实横线。在横线中央垂直画一条点划线（代表井筒轴线）。

（3）在点划线两侧对称画四条垂线，内侧两条垂线比外侧两条垂线要短 10 mm。内侧两条垂线代表套管，间距一般为 14 mm；外侧两条垂线代表井壁，间距一般为 18 mm。

（4）在内侧两垂线的下端点分别画上一个小三角符号，代表套管下入深度；再将外侧两垂线的端点用横线连接，代表钻井井深。

（5）在代表套管的两条线距下端点三角符号 10 mm 处，用横线连接，代表人工井底。

（6）沿代表井壁左侧的垂线分别画出各射孔层位，各层位置和层间距比例应适当。每个层位用两平行横线所夹面积表示，两条平行线分别表示油层顶界和底界，标好层段数据。

（7）在靠表示井身图形的上部适当位置，画上断裂线，并在表示井壁和套管的垂线之间对称画上连线表示水泥返高。

（8）在表示井壁的右侧垂线上与表示水泥返高、目前人工井底、套管深度、井身等平齐的位置引出标注线，并标注名称及深度。

（9）沿轴线两侧，间距 5～6 mm 向下画两条垂线，长度适当，代表下井管柱，其下端点位置为设计完成管柱位置。

（10）选择特征符号，按一定比例，在代表下井管柱的两条垂线上的适当位置处，画出设计管柱的下井工具。

（11）在表示井壁的右侧垂线上与表示下井工具符号顶界平齐的位置各引出一横线，并标注下井工具名称及下入深度。

（12）按设计管柱要求，依据油管记录数据和测量得到的下井工具数据，计算管柱中各下井工具之间的油管根数及工具完成深度，并标注在下井管柱结构示意图上。

三、注意事项

（1）画下井管柱结构示意图时要求图纸清洁，各部分比例适当。

（2）图纸上各下井工具的特征符号要正确。

（3）图纸上各下井工具次序、位置要准确。

四、管柱图实例

根据某油田实际注水井绘制的偏心配水管柱图如图 1-8 所示。绘制管柱图时应注意：除封隔器需要标注在其上端外，其余均标注在标注物下端。

××井偏心配水管柱图

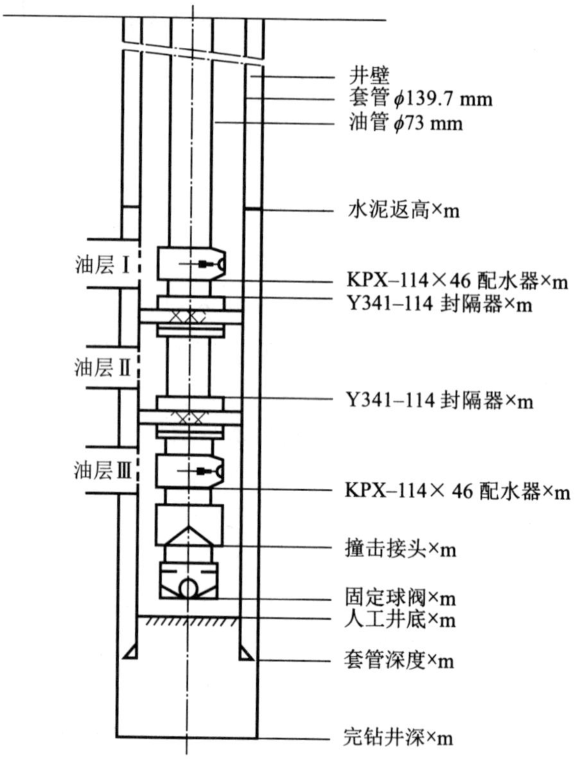

图 1-8　×× 井偏心配水管柱图

训练操作三　管柱组配实例

一、管柱组配操作步骤

1. 施工准备

（1）施工设计书 1 份。

（2）工具准备：钢卷尺 1 把（15 m），钢板尺 1 把（1 m）。

（3）管材及下井工具准备：

① 标准下井油管若干根，整齐地排列在油管桥上。

② 合格的下井工具 1 套，整齐地排列在工具架上。

③ 油管短节若干根，整齐地排列在工具架上。

2. 操作步骤

（1）根据要求选择合适的下井工具。

（2）测量下井工具的长度，核实油管记录并做好记录。

（3）根据设计确定下井管柱中各下井工具的深度。

（4）根据下井工具的设计深度计算出各工具之间的油管根数。

（5）画出管柱结构示意图，标注管柱完成深度、下井工具名称及下入深度。

（6）将下井工具分别接在下井油管的底部。

3. 注意事项

（1）油管桥上排放的油管顺序必须与油管记录上的记录顺序一致。

（2）管柱配备计算必须准确，计算顺序正确，必要时应考虑管柱伸长量。

（3）现场配管柱时，工具与工具之间的油管根数及与工具连接的油管要有明显标记。

（4）剩余的油管要与下井油管分开，避免下错油管导致发生事故。

二、管柱组配操作实训

1. 阅读施工设计书

某井施工设计注水管柱图，如图 1-9 所示。

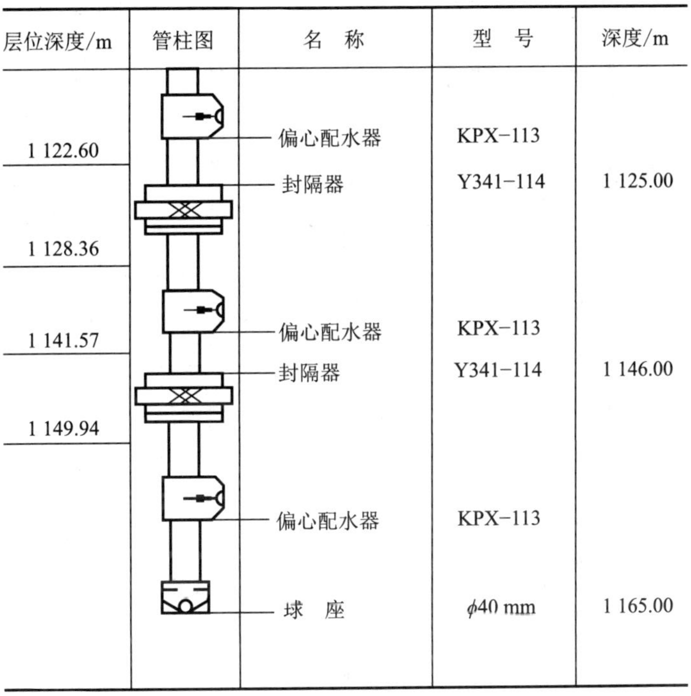

图 1-9　某井施工设计注水管柱图

由施工设计得知：套管规范 × 壁厚为 ϕ139. 7 mm×7. 72 mm，人工井底深度为 1 211. 36 m，射孔井段为 1 117. 22～1 155. 56 m，套补距为 2. 5 m，四通高度为 0. 32 m，油管挂长度为 0. 22 m，套管接箍深度分别为 1 123. 90 m，1 133. 64 m，1 143. 49 m 和 1 152. 98 m。

2. 丈量下井工具长度

（1）配水器长度：0. 95 m。

（2）封隔器长度：1. 15 m。

（3）球座长度：0. 25 m。

3. 丈量油管长度

油管桥上共有油管 124 根，长度见油管记录表（表 1-5）。

表 1-5　丈量的油管记录

序号	长度/m	累计长度/m	序号	长度/m	累计长度/m	序号	长度/m	累计长度/m	序号	长度/m	累计长度/m
1	9. 68		35	8. 90		69	9. 30		103	9. 66	
2	9. 66		36	9. 65		70	9. 41	94. 06	104	9. 65	
3	9. 82		37	9. 68		71	9. 65		105	9. 68	
4	9. 68		38	9. 66		72	9. 68		106	9. 66	
5	9. 66		39	9. 68		73	9. 66		107	9. 68	
6	9. 65		40	9. 66	94. 50	74	8. 70		108	9. 66	
7	9. 68		41	9. 66		75	9. 66		109	9. 70	
8	9. 60		42	9. 68		76	9. 66		110	9. 70	96. 43
9	9. 68		43	9. 66		77	9. 51		111	9. 65	
10	9. 91	97. 02	44	9. 65		78	9. 66		112	9. 66	
11	9. 64		45	9. 68		79	9. 65		113	9. 66	
12	9. 70		46	9. 60		80	9. 66	95. 49	114	8. 32	
13	9. 66		47	9. 68		81	9. 66		115	9. 63	
14	9. 66		48	9. 91		82	9. 66		116	8. 23	
15	9. 70		49	8. 83		83	9. 43		117	9. 68	
16	9. 70		50	9. 50	95. 85	84	9. 68		118	9. 66	
17	9. 80		51	9. 70		85	9. 66		119	9. 38	
18	9. 50		52	9. 68		86	9. 65		120	9. 66	93. 53
19	9. 70		53	9. 66		87	9. 68		121	9. 65	
20	9. 70	96. 76	54	9. 65		88	9. 60		122	9. 63	
21	9. 76		55	9. 68		89	9. 68		123	9. 32	
22	9. 66		56	9. 66		90	9. 91	96. 61	124	9. 65	38. 25
23	9. 68		57	9. 68		91	9. 68		规　范		ϕ62 mm
24	9. 66		58	9. 66		92	9. 66		类　型		
25	9. 65		59	9. 70		93	9. 65		套补距		2. 50 m
26	9. 68		60	9. 66	96. 73	94	9. 68		四通高		0. 32 m
27	9. 65		61	9. 66		95	9. 66		油管挂		0. 22 m
28	9. 65		62	9. 68		96	9. 68		累计深度		
29	9. 66		63	9. 66		97	9. 66		深　度		
30	9. 68	94. 73	64	9. 65		98	9. 70		球座	深　度	
31	9. 65		65	9. 68		99	9. 53		球座	内　径	ϕ40 mm
32	9. 65		66	8. 66		100	9. 44	96. 34	丈量人		周××
33	8. 65		67	8. 70		101	9. 36		计算人		李××
34	9. 32		68	9. 66		102	9. 68		审核人		苗××

4. 计算两级封隔器间所用油管长度

本管柱组配实例中下井工具设计深度为下井工具的上接头深度，管柱底部的下井工具设计深度为下井工具的底部深度。有的企业标准规定设计下井封隔器深度为封隔器密封件上端面深度，其计算方法大同小异。

油管长度＝下级封隔器设计深度－上级封隔器设计深度－封隔器长度－配水器长度
＝1 146.00－1 125.00－1.15－0.95＝18.90（m）

5. 计算第二级封隔器至管柱底部所用油管长度

油管长度＝底部球座实配深度－第二级封隔器设计深度－封隔器长度－配水器长度－球座长度
＝1 165.00－1 146.00－1.15－0.95－0.25
＝16.65（m）

6. 计算油管挂至第一级封隔器间所用油管长度

油管长度＝第一级封隔器设计深度－油管挂长度－配水器长度－套补距＋四通高度
＝1 125.00－0.22－0.95－2.50＋0.32
＝1 121.65（m）

7. 选油管

（1）选取两级封隔器间所用的油管 18.90 m。选出第 115 根油管 9.63 m 和第 118 根油管 9.66 m，两根油管长度 19.29 m，与计算长度相差 0.39 m，查设计夹层厚度，在允许误差范围之内。

（2）选取第二级封隔器至底部球座所用的油管 16.65 m。选出第 116 根油管 8.23 m 和第 114 根油管 8.32 m，两根油管长度 16.55 m，与计算长度相差 0.10 m，在允许误差范围之内。

（3）选取油管挂至第一级封隔器所用的油管 1 121.65 m。选第 1～113 根油管及第 117、第 119、第 121、第 123 根油管，共选 117 根油管，长度为 1 121.52 m，与设计长度相差 0.13 m，在允许误差范围之内。

全井共用油管 121 根，余下未用油管第 120、第 122、第 124 根共 3 根。

8. 按组配好的管柱顺序填写油管记录

按组配好的管柱顺序填写油管记录，计算下井深度，并与设计深度进行核对。第一级封隔器实配深度为 1 135.68 m，在夹层中部，与套管接箍 1 133.64 m 相距 2.04 m，符合设计要求。第二级封隔器实配深度为 1 146.26 m，在夹层中部，与套管接箍 1 143.49 m 相距 2.77 m，符合设计要求。底部球座实配深度 1 165.16 m，在射孔井段底界 1 155.56 m 以下 9.60 m，符合设计要求和质量标准规定。

9. 按油管记录顺序排油管

按油管记录顺序在油管桥上排好油管，连接下井工具，余下不用的 3 根油管抬出油管桥 2 m 以外。重新丈量油管，核对无误后开始下油管。组配好的油管记录见表 1-6。

表 1-6　某井油管记录

序号	长度/m	累计长度/m	序号	长度/m	累计长度/m	序号	长度/m	累计长度/m	序号	长度/m	累计长度/m
1	0.25	球　座	35	8.90		69	9.30		103	9.66	
2	8.32		36	9.65		70	9.41	94.06	104	9.65	
3	0.95	配 3	37	9.68		71	9.65		105	9.68	
4	8.23		38	9.66		72	9.68		106	9.66	
5	1.15	下　封	39	9.68		73	9.66		107	9.68	
6	9.63		40	9.66	94.5	74	8.70		108	9.66	
7	0.95	配 2	41	9.66		75	9.66		109	9.70	
8	9.66		42	9.68		76	9.66		110	9.70	96.43
9	1.15	上　封	43	9.66		77	9.51		111	9.65	
10	9.32		44	9.65		78	9.66		112	9.66	
11	0.95	配 1	45	9.68		79	9.65		113	9.66	
12	9.65		46	9.60		80	9.66	95.49	114	9.68	
13	9.38		47	9.68		81	9.66		115	9.38	
14	9.68		48	9.91		82	9.66		116	9.65	
15	9.66		49	8.83		83	9.43		117	9.51	
16	9.66		50	9.50	95.85	84	9.68		118	9.66	
17	9.65		51	9.70		85	9.66		119	9.65	
18	9.70		52	9.68		86	9.65		120	9.66	96.13
19	9.70		53	9.66		87	9.68		121	9.66	
20	9.66	86.74	54	9.65		88	9.60		122	9.66	
21	9.76		55	9.68		89	9.68		123	9.66	
22	9.66		56	9.66		90	9.91	96.61	124	9.43	
23	9.68		57	9.68		91	9.68		125	8.56	
24	9.66		58	9.66		92	9.66		126	9.66	
25	9.65		59	9.70		93	9.65		127	9.65	
26	9.68		60	9.66	96.73	94	9.68		128	0.22	油管挂
27	9.65		61	9.66		95	9.66		129	2.50	套补距
28	9.65		62	9.68		96	9.68		130	0.25	四通高
29	9.66		63	9.66		97	9.66		131		1 165.16
30	9.68	94.73	64	9.65		98	9.70		132		
31	9.65		65	9.68		99	9.53				
32	9.65		66	8.66		100	9.44	96.34			
33	8.65		67	8.70		101	9.36				
34	9.32		68	9.66		102	9.68				

续表

序号	长度/m	累计长度/m	序号	长度/m	累计长度/m	序号	长度/m	累计长度/m	序号	长度/m	累计长度/m
所配工具深度/m			1 155.64		配 3	套补距		2.50 m	球 座	深　度	1 165.16
1 114.60		配 1	1 165.16		球　座	四通高		0.32 m		内　径	ϕ40 mm
1 125.87		封 1				油管挂		0.22 m	丈量人		周××
1 135.68		配 2	规　范		ϕ62 mm	累计深度			计算人		李××
1 146.26		封 2	类　型			深　度			审核人		苗××

项目二　设备工具

知识目标

1. 掌握常用修井设备名称、结构、功能等。
2. 了解常用修井辅助设备名称、结构、功能等。

能力目标

1. 掌握修井机使用操作。
2. 了解常用修井辅助设备使用操作。

工作过程知识

修井设备是对井下管柱或井身进行维修或更换时提供动力的一套综合机组，包括动力设备、传动设备、绞车、井架、天车、游动滑车、大钩、水龙头、转盘和其他辅助设备。

一、修井机

1. 修井机主要组成

修井机是用于油、气、水井中小修及大修的一套综合机组。修井工艺对修井机的基本要求是：

（1）具有起下钻具的能力。为了起下钻具，要有一定的起重能力和起升速度，由修井机的起升系统承担。

（2）具有旋转能力。为了带动钻具、整形工具、套铣头、钻头及其他套磨钻铣工具等旋转磨（套、钻）进，要有一定的扭矩和转速，由修井机的旋转系统承担。

（3）具有循环洗井能力。为了保证正常钻（套、磨）进、冲洗井底及携带钻屑等，要有一定的泵注压力和排量以循环修井液，由修井辅助设备的循环系统承担。

一套完整的修井设备主要由以下八大系统组成：

（1）起升系统。起升系统由绞车、井架、天车、游车大钩及钢丝绳等组成。

（2）旋转系统。旋转系统由地面的转盘、水龙头和井下钻具等组成。

（3）循环系统。循环系统设备很多，主要由修井泵（水泥车）、地面管汇、立管、水龙带、修井液净化（处理、配制）设备及井下钻具等组成。

（4）动力设备。动力设备由柴油机或电动机等组成，为钻机的正常运转提供动力。

（5）传动系统。传动系统又称联动机组，指的是动力机与工作机之间的各种传动设备及部件。传动方式一般是机械、电、气、液联合传动。目前大部分转盘修井机是机械传动为主，其他传动为辅的联合传动。

（6）控制系统。较先进的修井机多采用机械、电、气、液联合控制，也有采用专用机械控制、气控制、液压控制、电控制的。机械控制设备有手柄、踏板、操纵杆等；气（液）动控制设备有气（液）元件、工作缸等；电控制设备有基本元件、变阻器、电阻器、继电器、微型控制等。

（7）修井机底座。修井机底座主要由钻台底座、井架底座以及主要辅助设备底座等组成，一般由型钢或管材焊接而成。

（8）其他辅助设备。现代化的石油修井机还有一些辅助设备，如供电、供气、供水、供油，器材储存，防喷防火设施，修井液的配制、储存、处理设施及各种仪器和自动记录仪表等，以满足健康、安全、环保等要求。

2. 常用修井机简介

修井机是修井施工中最基本、最主要的动力来源，按其运行结构分为履带式和轮胎式两种形式。履带式修井机一般不配带井架，其越野性好，适用于低洼、泥泞地带施工；缺点是行走速度慢，在公路上行走时须保护路面不被轧坏。轮胎式修井机一般配带自背式井架，行走速度快，施工效率较高，适合快速转搬的需要；缺点是在低洼、泥泞地带及雨季翻浆季节行走和进入井场相对受限制。

下面主要介绍 XJ350 型和斯太尔修井机。

1）XJ350 型修井机

（1）型号。

JHX5400TXJ（XJ350）修井机。

（2）性能参数。

修井深度（m）	4 000（2⅞ in 加厚油管）
大修深度（m）	3 200（2⅞ in 钻杆）
最大钩载（kN）	900
额定载荷（kN）	600
发动机功率（kW）	269（2 100 r/min）
井架高度（m）	28
底盘驱动形式	HY5400TXJD
滚筒钢丝绳直径（mm）	26
滚筒快绳最大拉力（kN）	171
滚筒绞车最大扭矩（N•m）	43 869

（3）结构组成。

JHX5400TXJ 修井机（简称 XJ350 修井机）为单滚筒自走式修井机，主要由自走底盘（四个驱动桥组成）、角传动箱、滚筒及其刹车系统、刹车冷却装置、Ⅱ型两节伸缩式井架及游动系统、死绳固定器及压力传感指重装置、液压绞车、钻台、司钻控制的气路和液压系统、电路系统等组成，如图 1-10 所示。

2）斯太尔修井机

通用底盘斯太尔修井机如图 1-11 所示。

图 1-10　JHX5400TXJ（XJ350）修井机实物图

图 1-11　斯太尔修井机实物图

（1）总体技术参数。

名义小修深度（m）	2 600
公称载荷（kN）	300
最大静止载荷（kN）	585
装机功率（kW）	165（车上发动机，2 300 r/min）
井架高度（m）	16
游动系统	4×3
整机质量（kg）	23 000
移动状态外形尺寸（长 × 宽 × 高）（mm×mm×mm）	14 072×2 600×3 980

（2）主要部件技术参数。

① 装载底盘车。

型号	斯太尔 1491. 280/O43/6×4
驱动形式	6×4
轴距（mm）	4 325 ＋ 1 350
外形尺寸（长 × 宽 × 高）（mm×mm×mm）	9 196×2 458×2 958
最小离地间隙（mm）	前轴：322；后轴：314
最小转弯直径（mm）	20
接近角（°）	28
离去角（°）	26
侧倾角（°）	＜ 25
底盘车质量（kg）	8 840
满载总质量（kg）	26 000

② 发动机。

型号	道依茨 F8L413F
传动形式	V 形（90° 夹角）直喷式八缸四冲程风冷柴油机
缸径（mm）	125
行程（mm）	130

总排量(L)	12.763
气门间歇(冷态)(mm)	进气门,0.2;排气门,0.3
供油提前角(°)	22±1
喷油器开启压力(bar,1 bar =100 kPa)	175±8
发火顺序	1—8—4—5—7—3—6—2
喷油泵型号	BOSCH
额定功率(kW)	165 [244 hp(1 hp = 735.499 W),2 300 r/min]
最大扭矩(N·m)	740(1 500 r/min)
最低燃料消耗率 [g/(kW·h)]	216
质量(kg)	770

③ 传动箱。

型号	艾里逊 HT750DR
传动形式	常啮合正齿行星齿轮式液力机械传动箱
最大输入功率(kW)	332
最大输入转速(r/min)	2 500
最大输入扭矩(N·m)	1 946
变矩器型号	TC-470
变扭比(最大)	2.65
挡位数	五正、一倒
外形尺寸(长 × 宽 × 高)(mm×mm×mm)	1 041×552×675

④ 井架。

型号	JJ60-16
形式	前开口(Ⅱ型)整体式井架
高度(m)	16
最大静载荷(kN)	585
公称载荷(kN)	300
工作倾角(°)	5.5
井架距井口中心距离(m)	1.274
天车滑轮数(个)	4
质量(kg)	3 313

⑤ 游动滑车。

型号	YG70
最大静钩载(kN)	700
滑轮数(个)	3
外形尺寸(长 × 宽 × 高)(mm×mm×mm)	1 600×660×435

⑥ 滚筒及刹车系统。

筒身(直径 × 长度)(mm×mm)	ϕ345×696
刹车毂(直径 × 宽度)(mm×mm)	ϕ970×210
离合器型号	ATD-124-H 推盘离合器

最大传递扭矩(N•m)	21 500
快绳最大拉力(kN)	114
刹车机构形式	单杠杆手动机械式带刹车
刹带包角(°)	340
刹带块尺寸(长 × 宽 × 高)(mm×mm×mm)	300×203×25.4

⑦ 液压绞车。

型号	YJ-1.5-T
滚筒(直径 × 长度)(mm×mm)	ϕ194×309
滚筒容绳量(m)	50(ϕ11.5 mm 钢丝绳)
最大拉力(kN)	15(额定压力 16 MPa)

⑧ 液路系统。

油泵型号	P37×278-BASD-30-T
公称转速(r/min)	2 100
最大排量(L/min)	265
额定压力(MPa)	14
系统最大工作压力(MPa)	11
液压油箱容量(m^3)	0.684
液压油	40 号抗磨液压油或 YC-N68 低凝抗磨液压油

⑨ 气路系统。

压缩机排量(L/min)	300
系统最高工作压力(MPa)	0.9

3. 修井机故障判断及处理

修井机故障判断及处理见表 1-7。

表 1-7 修井机故障判断及处理

故障特征	原因及处理方法
1. 柴油机启动困难	(1)检查燃油供给系统,观察是否管路堵塞,若堵塞应清洗; (2)电瓶电压低,应充电; (3)空气滤清器堵塞,应清洗或更换滤芯; (4)气温低,柴油结蜡,应更换低温柴油
2. 柴油机无力	(1)按第 1 条检查处理; (2)废气蜗轮增压器接头漏气或损坏,更换接头; (3)其他原因请专业人员检查修理
3. 转速不稳	(1)按第 2 条进行检查处理; (2)调速器需要润滑; (3)负荷高低变化大,调整离合器皮带装置; (4)其他原因请专业人员检查修理
4. 柴油机温度过高	(1)冷却水不够,加够水; (2)散热器堵塞,及时疏通散热器; (3)水泵有问题,应换水泵; (4)冷却系统结垢严重或堵塞,应及时疏通冷却系统; (5)风扇皮带打滑,应调整或更换皮带

续表

故障特征	原因及处理方法
5. 变速箱过热	（1）润滑油太少，应加足润滑油； （2）散热器堵塞，应疏通散热器； （3）离合器打滑或减速机控制阀打开，应及时调整离合器或减速控制阀； （4）其他原因请专业人员检查修理
6. 提升达不到额定负荷或额定速度	（1）首先检查柴油机是否有故障，若有则排除之； （2）若柴油机转速正常，检查变速箱是否有故障，若有则排除之； （3）不能自行解决时，请专业人员检查修理

二、常用修井辅助设备

1. 锅炉车

1）用途

锅炉车是将锅炉装在汽车上的一种专用设备，具有热洗、清蜡等功能。

2）特点

选用斯太尔或其他卡车作为运载车，使锅炉车移动迅速方便，并能适应各种道路的行驶；采用立式水管锅炉，使用柴油作为燃料，具有点火迅速、升温时间短、操作简便、安全可靠的特点，能适应石油矿场各种工作的需要。

3）结构、原理

（1）结构。

锅炉车主要由运载汽车、车台发动机、传动箱、锅炉、水泵、鼓风机、燃料泵、油箱、水箱和管路仪表等组成，如图 1-12 所示。

（2）原理。

启动车台发动机，待温度正常后挂合离合器，通过变速箱分别带动鼓风机、水泵和燃油泵工作，检查各管路压力正常后，点火工作。燃油由油箱经燃油泵过喷油口进炉膛燃烧，水自水箱经水泵进上盘管预热后，到下盘管加热成为饱和蒸汽，再经中盘管变为过热蒸汽。

鼓风机供给的风经炉体夹层预热到炉膛，助燃料充分快速燃烧，使锅炉在短时间内就能供热。过热蒸汽也可根据需要用以吹掉上盘管中的烟灰，当蒸汽用量较小时，可用部分蒸汽预热水箱中的冷水。

2. 水泥车

水泥车是将泵装在汽车上，用汽车发动机或自带大功率柴油机带动泵运转，是进行循环洗井、注水泥、压裂等作业的专用设备。水泥车的机动性能好，使用方便，因而成为油田广泛使用的冲洗设备，如图 1-13 所示。

图 1-12　锅炉车实物图

图 1-13　水泥车实物图

目前，对于浅井或中深井的一般维修作业，多使用 SNC400 型水泥车和 LTJ5220TYL70 型水泥车，其性能参数分别见表 1-8～表 1-11。对于深井及大修作业，需要选用能提供较高压力的泵。

表 1-8　SJX5191TSN12（SNC400）型水泥车柱塞泵排量与压力的相关参数

挡　位	冲次 /(r·min^{-1})	柱塞直径/mm					
		90		100		115	
		排量 Q /(L·min^{-1})	压力 p /MPa	排量 Q /(L·min^{-1})	压力 p /MPa	排量 Q /(L·min^{-1})	压力 p /MPa
Ⅰ	62	236	40. 5	292	32. 80	386	24. 8
Ⅱ	117	447	21. 4	551	17. 44	729	13. 1
Ⅲ	192	733	13. 0	904	10. 60	1 196	7. 9

表 1-9　SJX5191TSN12（SNC400）型水泥车柱塞泵排量与转速的相关参数

变速箱型号	CV5-340		CV5-340-1	
变速箱挡位	转速 /(r·min^{-1})	排量 /(L·min^{-1})	转速 /(r·min^{-1})	排量 /(L·min^{-1})
Ⅰ	622	426	746	510
Ⅱ	1 471	1 000	1 450	999

表 1-10　LTJ5220TYL70 型水泥车三缸泵各挡位排量与压力的关系

变速箱挡位			Ⅰ	Ⅱ	Ⅲ	Ⅳ	Ⅴ
柴油机转速(r/min)							
液力工况			1 800～2 100	2 060～2 100	2 100	2 060～2 100	2 090～2 100
机械工况			1 890～2 100	1 890～2 100	1 890～2 100	1 890～2 100	1 890～2 100
冲次 /(次·min^{-1})							
液力工况			50～65	72～97	107～129	143～192	213～259
机械工况			65～72	97～107	129～143	192～213	259～288
ϕ80 mm 柱塞	液力工况	泵压 /MP	70	50～60	38～40	25～30	18～20
		排量/(L·min^{-1})	159～169	217～293	323～389	431～579	642～781
	机械工况	泵压 /MP	70	45～50	35～38	23～25	17～18
		排量 /(L·min^{-1})	196～217	293～323	389～431	579～642	781～869
ϕ100 mm 柱塞	液力工况	泵压 /MP	45～55	32～38	24～25	15～18	12～13
		排量 /(L·min^{-1})	236～306	339～457	504～608	674～905	1 004～1 221
	机械工况	泵压 /MP	44～45	30～32	22～24	14～15	11～12
		排量 /(L·min^{-1})	306～339	457～504	608～674	905～1 004	122～1 357

表 1-11　LTJ5220TYL70 型水泥车各挡位往复泵工作压力

柴油机转速 /（$r \cdot min^{-1}$）		1 800～2 100				
挡　位		Ⅰ	Ⅱ	Ⅲ	Ⅳ	Ⅴ
三缸泵工作压力/MPa	ϕ80 mm 柱塞	70～50	50～38	38～25	25～18	18～0
	ϕ100 mm 柱塞	45～32	32～24	24～15	15～12	12～0

3. 转盘

转盘是旋转钻进的主要设备，安装在钻台的中间或井口上面，它将发动机提供的动力转变为转台的垂直旋转运动。

1）转盘的用途

（1）传递扭矩和转速，带动井下钻具完成旋转钻进工作。

（2）在起下钻作业中，承载井中全部钻具的重量。

（3）协助处理井下事故，如倒扣、造扣、套铣、磨铣等工作。

2）井下作业对转盘的要求

由于转盘在扭转、冲击和液体腐蚀等复杂条件下工作，因此要求转盘具备如下工作能力，以满足井下作业对转盘的要求：

（1）要有足够的抗震、抗冲击和耐腐蚀能力。

（2）各部件要有足够的强度，以保证能承受一定的载荷和扭矩。

（3）开口直径应能保证通过所使用的最大尺寸工具。

（4）设计要满足操作方便的要求，应适应相同类型修井机的装配互换。

（5）应具有良好的润滑、密封及散热性能，转台应具有灵敏可靠的锁紧装置。

（6）结构紧凑、体积小、重量轻、易于拆装。

3）转盘的结构

转盘是一个伞形齿轮减速器，它将发动机的动力通过传动机构及减速机构转变为转台的垂直旋转运动。

各种转盘的结构原理基本相同，但其外形大小及工作负荷有所区别。转盘主要由底座箱体、转台、传动轴和齿轮等组成。

4）注意事项及保养方法

（1）各种型号的转盘应与相同型号的修井钻台配套使用。

（2）转盘定位后，转盘中心应与井口中心重合，误差不得超过规定标准。

（3）转盘安装时应用水平尺找平，转盘底面与水平面的误差不得超过规定标准。

（4）各种型号转盘的润滑油、润滑脂应符合使用说明中的要求，使用前要检查转盘润滑情况。

（5）使用转盘前，要检查各螺纹连接件并拧紧，调整链条的松紧及对中程度。

（6）旋转作业前，应打开锁紧装置，先低速运转 5～10 min，如正常，即可开始工作。

（7）旋转作业中，如发现有阻卡、不正常声响或箱体严重晃动等现象，应停车进行检查，排除故障后方可继续使用。

4. 活动弯头

活动弯头是改变施工中管线的连接方向和方便管线连接的用具之一，如图 1-14 所示。

活动弯头两臂采用两件组成，中间用高压活动滚珠及密封件连接在一起，其特点是两臂可以自由转向，且一臂连接上管线后另一臂仍可以转向。在连接管线时，活动弯头在上下、左右方向均可在一定范围内进行调整，使得管线连接速度较快，因而在修井施工如冲洗、压裂等工艺中经常使用。

5. 高压由壬

高压由壬是井下作业中用来连接各种施工管线的用具之一，如图 1-15 所示。它具有操作灵活、耐高压等特点。井下作业施工常用的由壬有 ϕ50 mm，ϕ62 mm 和 ϕ76 mm 三种。

图 1-14　活动弯头实物图

图 1-15　高压由壬实物图

1）操作方法

（1）先检查由壬的螺纹，若有损坏应进行更换。

（2）用钢丝刷将活接头刷干净，将螺纹涂上黄油，然后将其接在油管大小头上，并用管钳拧紧。

（3）连接管线时，先检查是否有橡胶密封垫圈，然后用手对上扣，最后用榔头砸紧。

2）注意事项及保养方法

（1）用锤子砸活接头时要防止砸坏螺纹。

（2）卸掉活接头后要及时刷干净并放在工作台上摆好。

6. 水龙带

1）水龙带的用途

水龙带是井下作业中进行循环施工的重要配件，其一端与水龙头的鹅颈管或活动弯头相连，另一端与立管或地面管线相连。循环液自钻井泵或水泥车泵出，经地面管线或立管、水龙带，到水龙头或活动弯头进井下管柱，最后由油套环形空间返回地面，完成循环钻进、冲砂和洗井等工作。

水龙带既能承受一定的压力，又能弯曲和通过液体，因此在钻具上下活动的循环作业中使用较多。

2）水龙带的结构

水龙带是由一层内橡胶、多层帘线布、多层中间橡胶、多层钢丝网和一层外橡胶制成的中空软管。井下作业使用的水龙带外层包有一层细麻绳，目的是在使用时容易抱拿，避免滑手。水龙带的两头装有短节，短节的一头带有倒齿，便于插入水龙带，并由两道铁卡箍通过螺栓上紧，以防脱出；另一头上有丝扣，可与活动接头连接。

3）注意事项及保养方法

（1）水龙带使用前要按规定进行试压，工作时的压力不得超过试泵压力。

（2）拉运和放置水龙带时，上面不得放重物，以防挤压变形。

（3）水龙带不能作挤酸或代替硬管线使用。

（4）使用时，要防止有急弯缠绕阻碍物。

（5）水龙带用完后，要将管中的液体排尽，尤其在冬天，以防冻结。

7. 水龙头

1）水龙头的用途

水龙头是井下作业旋转循环的主要设备，它既是提升系统和钻具之间的连接部分，又是循环系统与旋转系统的连接部分。水龙头上部通过提环挂在游车大钩上，旁边通过鹅颈管与水龙带相连，下部接方钻杆及井下钻具，整体可随游车大钩上下运行。水龙头具有以下用途：

（1）悬挂钻具，承受井下钻具的全部重量。

（2）保证下部钻具可自由转动，而方钻杆上部接头不倒扣。

（3）与水龙带相连，向转动着的钻杆内泵送高压液体，实现循环钻进。

由此可见，水龙头能实现提升、旋转、循环三大作用，是旋转循环的重要部件。

2）井下作业对水龙头的要求

（1）水龙头的主要承载部件，如提环、中心管、负荷轴承等要有足够的强度。

（2）冲管总成密封系统要有抗高压、耐磨、耐腐蚀等性能，易损件更换要方便。

（3）低压机油密封系统要密封良好、耐磨蚀且使用寿命长。

（4）水龙头的外形结构应圆滑无棱角，提环的摆动角要方便挂大钩。

3）水龙头的结构

现场使用的水龙头型号较多，但结构上大体一致，主要由固定、旋转和密封三大部分组成。

4）注意事项及保养方法

（1）新水龙头或长期不用的水龙头在使用前应检查中心管，以一个人用链钳转动无阻卡为合格，若转不动，则应进行修理或更换。

（2）水龙头的保护接头在搬运或运输时应带上护丝或用其他软物包缠，以防碰坏螺纹。

（3）使用前应检查水龙头内的润滑油和润滑脂，若不足或太脏，应按规定加足或更换。

（4）检查水龙头各部件密封情况，发现问题应及时处理。

（5）每次起下时，应检查油面及冲管盘根情况，注意油温及各部件温度不得超过 70 ℃。

（6）每天检查一次水龙头上盖及下部底盖的固定情况，在快速钻进或跳钻严重时，应检查鹅颈管活接头连接及各紧固件的松动情况。

三、地面常用设备

1. 吊卡

1）油管吊卡

（1）用途。

吊卡是用来卡住并起吊油管、钻杆、套管等的专用工具。在起下管柱时，用双吊环将吊卡悬吊在游车大钩上，再用吊卡将油管、钻杆、套管等卡住，便可进行起下作业。

（2）分类。

修井施工中常用的吊卡一般有活门式和月牙形两种吊卡。

（3）结构及组成。

活门式吊卡主要由吊卡体、活门销子、吊卡活门、手柄、锁扣销子、锁扣等部件组成，如图1-16所示。其特点是承重力较大，适用于较深井钻杆柱的起下。

月牙形吊卡主要由壳体、凹槽、活页销、手柄、弹簧和弹簧底垫等部件组成，如图1-17所示。其特点是轻便、灵活，适用于油管柱或较浅井钻杆柱的起下作业。目前月牙形吊卡发展到平式与外加厚油管两用型。

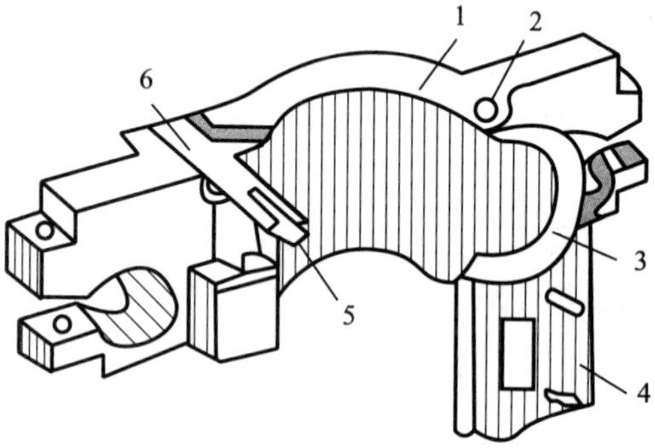

图1-16　活门式吊卡

1—吊卡体；2—活门销子；3—吊卡活门；4—手柄；5—锁扣销子；6—锁扣

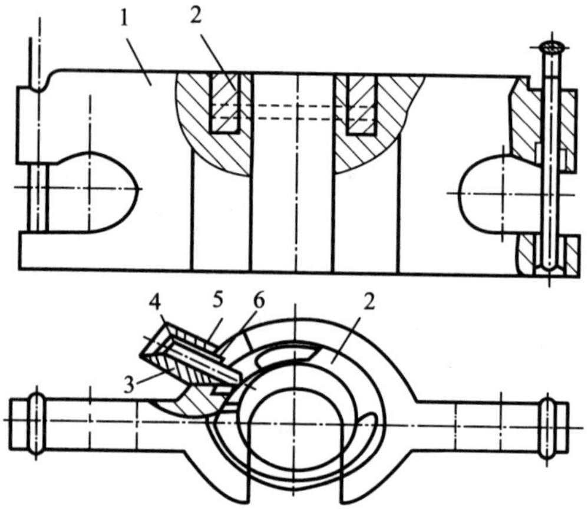

图1-17　月牙形吊卡

1—壳体；2—凹槽；3—活页销；4—手柄；5—弹簧；6—弹簧底垫

（4）技术规范。

不同吊卡技术规范见表1-12。

表1-12　吊卡技术规范

吊卡形式	名义尺寸/in	开口直径/mm	外形尺寸		承重/kN	质量/kg	适用管柱
			宽/mm	高/mm			
活门式	2	62	450	205	230	40.5	油　管
	2½	77，76	440	210	300	40.3	油管、钻杆
	3	92，91	495	230	350	52.0	油管、钻杆
	4	116，115	525	250	400	69.0	油管、钻杆
月牙形	2	62	435	205	230	23.0	油管、钻杆
	2½	77	480	205	420	74.0	油管、钻杆
	3	89	600	205	420	74.0	油管、钻杆
	4	115	600	280	650	121.0	油管、钻杆
月牙轻便两用	2	62，66	450	205	230	41.0	油　管
	2½	76，83	440	210	300	40.0	平式、加厚
	3	91，96	495	230	350	53.0	平式、加厚

(5) 注意事项及保养方法。

① 使用前检查活门、月牙及销子是否灵活好用。

② 操作时应先将活门或月牙拉开到位，然后扣在油管或钻杆上，再合上活门或月牙。

③ 注意要防止加厚油管和平式油管吊卡用错。

④ 吊卡销子要系好保险绳。

⑤ 吊卡使用后要清洗干净，对活门、月牙要经常抹黄油以免锈死。

2) 抽油杆吊卡

抽油杆吊卡是用于起下抽油杆时卡住悬吊抽油杆的专用工具，如图 1-18 所示。油田使用的抽油杆吊卡有旋转卡套式抽油杆吊卡和活动卡芯式抽油杆吊卡两种。

图 1-18　抽油杆吊卡

旋转卡套式抽油杆吊卡使用时将抽油杆送进吊卡的孔中后，通过手柄转动即可将吊卡闭住。这种吊卡中间的卡套是可以更换的，因此在现场使用时，可以更换不同的卡套，以满足不同规格的抽油杆起下作业的需要。

活动卡芯式抽油杆吊卡具有结构先进、体积小、重量轻、使用方便、安全可靠等特点，在现场上使用较多，其技术规范见表 1-13。

表 1-13　活动卡芯式抽油杆吊卡技术规范

吊卡规格 /(mm×mm)	抽油杆范围/mm	额定负荷/kN	外形尺寸/(mm×mm×mm)	质量/kg
CDK16×19	15. 88～19. 05	196	200×170×530	13. 7
CDK19×22	9. 05～22. 23	196	200×170×530	13. 7
CDK22×25	22. 23～25. 40	196	200×170×530	13. 7

注意事项及保养方法：

(1) 使用前检查卡芯是否灵活好用，吊环及吊柄有无裂痕。

(2) 操作时应将吊卡垂直扣入抽油杆，然后检查扣芯是否扣紧并试提。

(3) 吊卡规格与抽油杆规格要匹配。

(4) 摘挂吊卡的井口操作人员与司钻要密切配合。

(5) 使用后要清洗干净，对卡芯、吊环销子要经常抹黄油以免锈死。

2. 吊环

1) 用途

吊环是起下修井工艺管柱时连接大钩与吊卡的专用提升用具，一般用不低于 45 号优质碳素钢经锻造后正火处理而成。

2）结构

吊环分双臂吊环和单臂吊环，如图 1-19 所示。

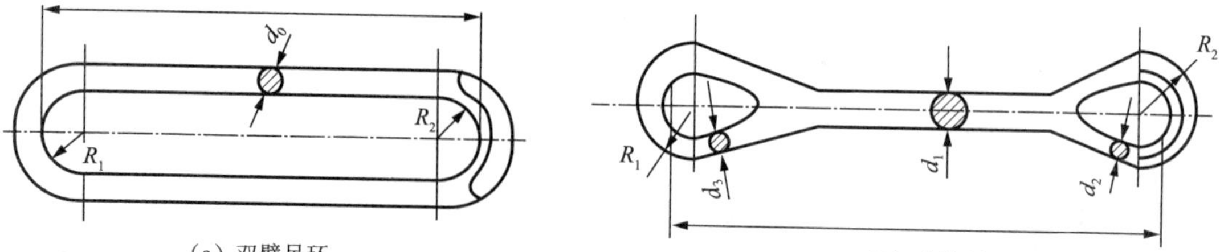

（a）双臂吊环

（b）单臂吊环

图 1-19　双臂吊环和单臂吊环示意图

3）基本参数

双臂吊环和单臂吊环基本参数见表 1-14。

表 1-14　双臂吊环和单臂吊环基本参数

类　型	型　号	一对吊环负荷/kN	一对吊环质量/kg	直径/mm	长度/mm	弧长/mm	小弧/mm	D/mm	H/mm
双　臂	DH-20	200	9.9	22±1	750	40	40		
	DH-30	300	34	34±1	1 100	60	50		
	DH-50	500	54	40	1 100	60	50		
	DH-75	750	78	45	1 300	100	52		
	DH-150	150	170	60	1 750	105	60		
单　臂	YH-50	500	40	38	1 300		50	200	200
	YH-75	750	62	45	1 300		52	215	215
	YH-150	1 500	104	54	1 700		52	260	250
	YH-250	2 500	172	65	2 100		60	260	250
	YH-350	3 500	300	80	2 400		70	260	300

4）注意事项

（1）吊环应配套使用。

（2）不得在单吊环情况下使用。

（3）应经常检测吊环直径、长度变化情况，当直径、长度发生变化时，不得继续使用。

（4）应保持吊环清洁，不得用重物击打吊环。

3. 天车、游动滑车及游车大钩

1）天车

天车是修井机提升系统（游动系统）的组成部分，它与游动滑车组成滑轮系统。天车是滑轮系统的固定部分，安装在井架顶部最高处，用以实现修井施工中的吊升与旋转作业。

由于修井作业时需要提升的负荷很大，有时高达几百 kN，因而要使用滑轮系统来减轻绞车的负荷。目前油田常用的天车有三轮、四轮和五轮三种，负荷为 196～490 kN，轮径有 432 mm，460 mm 和 567 mm 三种，使用的钢丝绳直径为 18.5～25 mm。常用天车技术规范见表 1-15。

表 1-15 常用天车技术规范

型 号	工作负荷/kN	滑轮数/个	滑轮直径/mm	滑轮槽宽/mm
黄河-30	300	4	340	24
XL-30G	300	4	500	18.5
TC-30	300	4	400	24
TC-50	500	5	500	24
TCJ-50	500	4	600	24
TC3-50	500	5	540	24
TC-80	800	5	530	25
C-1000	300	4	435	22
C-1500	400	5	600	25
EY-40	400	5	600	25

注意事项：

（1）天车的安装位置必须对正井口，且在井眼的延长线上。

（2）固定天车的螺丝必须上紧，以免因震动发生移位而造成事故。

（3）所用钢丝绳的直径必须按规定与滑轮槽相匹配。

（4）起下作业时应避免游动滑车顶碰天车，并安装防碰装置。

（5）安装或拆卸天车时应避免碰击轮槽边。

（6）天车使用一段时间后，应更换滑轮的相互位置以延长使用寿命。

2）*游动滑车*

游动滑车由一组游动滑轮组成，使用的钢丝绳直径有 22 mm 和 25 mm 两种。

游动滑车的滑轮用铸钢制成，上面有轮槽，滑轮通过滚柱轴承安装在总轴上，轴承的两边都用带有垫圈的盖子封盖，侧板由两个固定螺栓连成一体。

为避免侧板互相贴近而影响滑轮旋转，在侧板间上、下固定销上套有管状隔筒。隔筒最外面用由铁板制成的外壳保护，外壳上有通过滑车上钢丝绳进、出的孔眼。滑轮系统装置的选用取决于所需悬吊重量，它所能提升的重量由滑轮系统的动滑轮数决定。

3）*游车大钩*

游车大钩是由活动轴承和弹簧连接安装在游动滑车下面的钩状构件，主要由钩体、销子、弹簧、大钩颈、保险销组成。其作用是悬吊井内管柱，实现起下作业。

游车大钩技术规范见表 1-16。

表 1-16 游车大钩技术规范

型 号	起重量/kN	大钩直径/mm	大钩弹簧工作行程/mm	环内径/mm	外形尺寸（长×宽×高）/（mm×mm×mm）
黄河-30	300	94	103		326×473×1 251
XJ-30	300	110	74		65×4 574×490
C-1000	300	115		115	320×400×722

续表

型　号	起重量/kN	大钩直径/mm	大钩弹簧工作行程/mm	环内径/mm	外形尺寸(长×宽×高)/(mm×mm×mm)
C-1500	400	105	115	78	470×390×1 565
BY-40	400	130	140	85	520×470×485
ZA-312	800	195	183	90	

4. 液压油管钳

1）结构

液压油管钳主要由钳体(包括钳头、液压马达和行星减速器)、弹簧悬挂器、节流阀、扭矩指示器、尾绳、背钳组成，如图 1-20 所示。

图 1-20　液压油管钳示意图

2）用途

用于上、卸油管扣与井下工具等。

3）安装方法

(1) 油管钳在井口吊装时，其吊装钢丝绳一端固定在井架上，固定位置离地面不得小于 10 m，另一端拴在油管钳的弹簧悬挂器上，油管钳悬吊高度以背钳能卡住井口油管接箍为准。

(2) 吊装好的油管钳应推向井口工作位置，检查钳子是否平正，如不平正可调节悬挂器下部调平螺钉。

(3) 油管钳不管是否使用背钳，均须拴牢尾绳，压钳吊装要牢固可靠；尾绳必须使用钢丝绳，不得用其他绳代替，尾绳直径不得小于 12. 5 mm，其长短以保证安全和操作方便为宜，最好使尾绳与钳体中心线垂直。

(4) 高压胶管要在开泵前安装。安装前，快速接头要保持清洁干净。

4）使用操作

(1) 使用前，首先应调整好齿轮上盖上的定位旋钮位置(上扣时旋钮箭头指向开口齿轮顺时针方向，卸扣时指向逆时针方向)。

(2) 上扣时，将操作手柄推向右边，并始终握住手把，直到上扣完毕为止，然后立即将手柄拉向左边并迅速撤手，开口齿轮腭板架同壳体缺口自动对正复位并停止转动。卸扣操作动作的方向正好相反。

(3) 一般情况下，上扣用高速挡，卸扣用低速挡。只有在某种钢级或管径的最佳上扣扭矩值超过额定压力下的高挡扭矩值时，才允许用低速挡上扣，但此时必须限定在适合的液马达油泵压力下进行，以免上坏油管丝扣。为了提高速度，也可用低速挡卸松后再用高速挡卸扣。

5）维护保养

(1) 钳头部位进入水或砂后，需及时拆开清洗，涂黄油后再组装。正常情况下，每工作 5～10 井次应拆开清洗一次。拆钳头时需将开口齿轮旋到开口里外对正时才能取出。

(2) 拆装快速接头时要注意保护接头端面清洁，不得有泥砂等脏物进入液压管路。

(3) 油箱内液压油要保持清洁。加注油时，要用 120 目滤网过滤，油泵滤网要保持完好。液压油一年更换一次，更换时要彻底清洗油箱及管路。

（4）最好使用液压油。夏季使用 20 号机油或 11 号柴机油，冬季使用锭子油或稠 20-1 稠化液压油，高寒及高温地带应使用相应的液压油。

（5）操纵杆系统转动部位每 2～3 井次注一次机油，以保持操纵灵活。

（6）油管钳长时间不用时，应涂抹黄油防锈，并采取防尘、防腐蚀措施。

6）故障分析处理

液压油管钳常见故障原因及分析处理方法见表 1-17。

表 1-17　液压油管钳故障原因及分析处理方法

故　障	发生原因	处理方法
腭板轮不爬坡、不伸出	1. 定位旋钮箭头方向倒错，或没有旋到预定位置，或旋过了头	将箭头旋到正确位置
	2. 旋钮下部缺口方向装反	将缺口反方向安装
	3. 制动盘螺钉过松或脱落，或弹簧已断裂	拧紧螺钉或换新弹簧
	4. 腭板及滑道变形或被脏物卡住	修理腭板和滑道，或更换新弹簧，或更换制动片
腭板不退回	1. 腭板或滑道变形	修理腭板或滑道
	2. 腭板弹簧断裂	更换新簧片
上卸油管时打滑	1. 钳牙磨损过度或牙齿崩裂	更换新钳牙
	2. 钳牙槽被较硬的脏物堵塞	清理脏物
	3. 制动调节螺钉过松，或弹簧过软或断裂，或制动片严重磨损	拧紧调节螺钉，更换新弹簧或制动片
开口齿轮缺口对中复位不佳	复位机有松动或调整不当	重新调整复位机构
背钳打滑	1. 钳牙磨损	更换新牙
	2. 背钳方向装反	调整方向

四、手用工具

1. 管钳

管钳是用来上卸管子和其他圆筒形工作物的工具，也可在起下作业时在井口上卸油管和抽油杆。其规范按钳柄长短尺寸来分，包括 150～1 200 mm 多种，管钳的各种规格和使用范围见表 1-18，其结构及使用如图 1-21 所示。

表 1-18　管钳规格和使用范围

长度	/in	6	8	10	12	14	18	24	36	48
	/mm	150	200	250	300	350	450	600	900	1 200
夹住管子的最大外径/mm		20	25	30	40	50	60	70	80	100

注意事项及保养方法：

（1）使用管钳时应先检查固定销钉是否牢固，钳头、钳柄有无裂痕，有裂痕者不能使用。

（2）较小的管钳不能用力过大，不能使用加力杠。

（3）不能将管钳当榔头或撬杠使用。

（4）使用后要及时清洗并涂抹黄油，防止旋转螺母生锈；使用后放回工具架上或工具房内。

2. 扳手

在修井中经常用扳手上卸螺钉和螺帽，一般常用的有活扳手（见图 1-22）和死扳手。

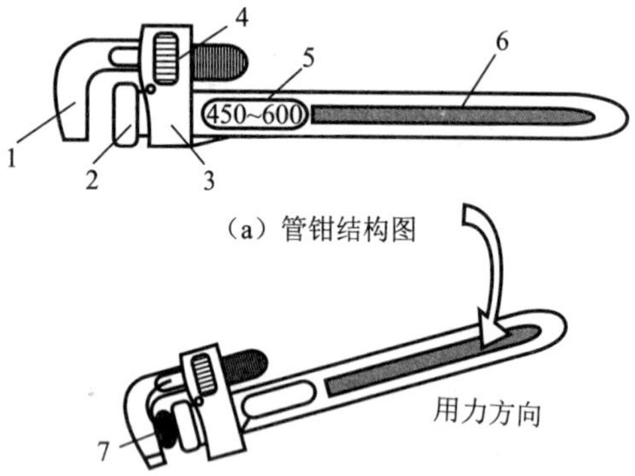

（a）管钳结构图

（b）管钳使用示意图

图 1-21　管钳结构及使用示意图

1—活动钳口；2—固定钳口；3—固定钳口架；4—开口调节环；5—尺寸标注；6—管钳把；7—被转动管件

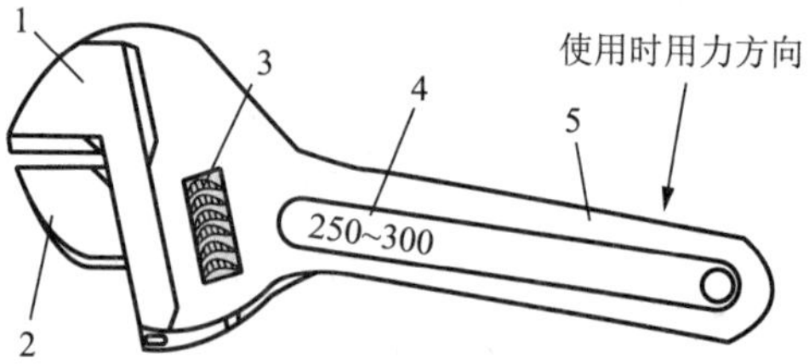

图 1-22　活扳手示意图

1—呆板唇；2—活络板唇；3—涡轮和轴销；4—尺寸标注；5—手柄

1）活扳手

活扳手的开口可以在一定范围内进行调节，其使用较为普遍，其尺寸和使用范围见表 1-19。

表 1-19　活扳手尺寸和使用范围

活扳手长度/mm	100	150	200	250	300	350	375	450	600
最大开口（使用尺寸）/mm	14	19	24	30	36	41	46	55	65

正确使用方法：

（1）使用时应根据所需上卸的螺帽、螺母的规格选用扳手的规格。

（2）使用活扳手夹螺帽应松紧适宜。

（3）拉力的方向要与扳手的手柄成直角。

注意事项及保养方法：

（1）禁止采用套筒式加力杠。

（2）禁止反打扳手。

（3）禁止锤击扳手。

（4）使用后要及时清洗干净并涂抹黄油。

2）死扳手

死扳手只能用来上卸一种规格的螺钉和螺帽，其规格繁多。修井作业常用的有 54 mm，47 mm 和 42 mm 的单头死扳手及双头死扳手。

正确使用方法：

（1）选择与螺栓、螺母的对方尺寸大小相适应的死扳手。

（2）检查死扳手的虎口及手柄有无裂痕，无裂痕的才能使用。

注意事项及保养方法：

（1）使用时可以锤击，但应防止死扳手飞起或断裂伤人。

（2）转死扳手时应逐渐用力，防止用力过猛造成滑脱或断裂。

（3）手扶死扳手时，要防止被夹伤。

（4）使用后要及时清洗干净，放好。

3. 安全卡瓦

安全卡瓦是起下钻铤、加长套铣筒等无接箍管柱的专用工具，它由许多环节构成，少则七八节，多则十余节，环节数量随钻铤等管柱的直径不同而变。每环节的内表面上装有卡瓦牙，环节与环节之间由销钉铰链连接，呈带状，可曲可直。带状两端通过一副螺栓、螺母可以闭合，呈环状，抱在钻铤等外面。由于钻铤的两端没有接头，螺纹是直接车在管体上的，这样在接钻铤时就无法使用吊卡将钻铤坐在转盘上，只能使用卡瓦。又由于起下钻铤时钻柱的重量总是太小，卡瓦抱紧力也就小，万一卡瓦失灵卡不住，钻铤就会掉进井里，造成事故。为了防止事故发生，在卡了卡瓦以后，还要在其稍上位置再卡上安全卡瓦，相当于在钻铤端增加一个接头台肩，万一卡瓦失灵，钻铤下掉时可由安全卡瓦挡住。

1）结构

安全卡瓦结构如图 1-23 所示。

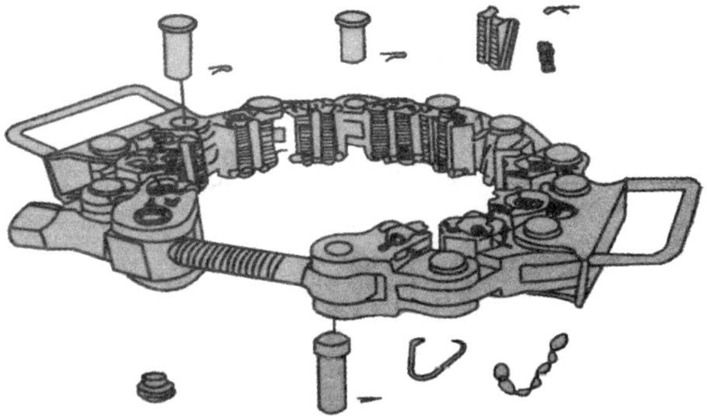

图 1-23　安全卡瓦

2）技术规范

安全卡瓦技术规范见表 1-20。

表 1-20　安全卡瓦使用规范

卡物外径/mm	环节数/节
95. 25～117. 5	7
114. 3～142. 9	8
139. 7～193. 7	9

3）使用要求

（1）修井施工作业要根据钻具负荷和尺寸选择相匹配的安全卡瓦，以保证施工作业的安全。

（2）螺纹上卸要灵活。

（3）各连接孔磨损不得超过 1 mm。

（4）各连接件若有断裂、变形或缺件则不得使用。

五、采油配套工具

1. 筛管（花管）

1）用途

筛管是采油过程中油流从井筒进入采油管柱的通道，它连接下部尾管和上部采油管柱。

2）注意事项

（1）与采油管柱规格相匹配，符合下井要求。

（2）下井前应对其进行检查，丝扣应完好，发现腐蚀应及时更换，有结垢、结蜡、脏物应及时清除。

（3）对于易出砂的井，应缠绕铜丝布或金属丝。

（4）不得弯曲、变形。

2. 气砂锚

多级高效气砂锚具有分离、阻止气体及挡住砂粒进入深井泵的双重作用，它安装在含气和含砂较高的油井中的抽油泵下方。随着抽油泵的往复运动，气液混合物通过外筛管进入筛层，过滤层将油流中的大部分砂子阻挡在油套环空中，仅有少量泥砂随气液混合物通过过滤层进入油气分离腔体内并沿螺旋组件做螺旋上升，在离心力的作用下，较重的液体质点被摔向分离器外筒的内壁，较轻的气体则沿心轴外表面向上运动，通过上接头排气孔进入油套环空中，油流通过中心管进入泵内，从而提高泵效和延长抽油泵的使用寿命。气砂锚的性能参数见表 1-21。

表 1-21　气砂锚性能参数

外径/mm	连接扣型	防砂粒径/mm	适用油气比/($m^3 \cdot t^{-1}$)
90	2⅞TBG	0. 10	60～550

3. 强磁防蜡器

磁防蜡是一项原油防蜡新技术，其主要原理是利用高性能稀土永磁材料作为磁能体，建立一个稳定的强磁场，对流过该磁场原油中的石蜡分子进行整体激励，使原来分子之间存在的吸引力（结晶色散力）在一定时间内变成相互排斥的力，使分子保持相对运动，不靠近、不结合，以单晶体游离态存在，从而达到防蜡的目的。

一般，强磁防蜡器主要采用聚积式磁场在油管内部形成横向的磁场，对分子的磁化效果不是最理想。螺旋交变强磁防蜡器通过对永磁铁的特殊组合形成螺旋式磁场，通过加磁使磁场强度倍增，形成螺旋交变强磁场，对原油分子的磁化效果比较理想。

1）结构

该装置是一套组合装置，由 XC-LCQ-1 聚积交变强磁防蜡器和一台 XC-LCQ-2 螺旋交变强磁防蜡器组成。

该装置由上接头、永磁体、磁鄂、下接头、外壳等组成。根据油井的结蜡情况，可采用上面两种防蜡器的不同组合，达到油井磁防蜡的最佳效果。

2）特点

（1）对原油分子多次激励，使分子活性倍增。

（2）成套使用可形成长的磁程，使原油分子的活性保持时间长。

（3）产生螺旋交变磁场，激励效果明显。

（4）通过对小梯形磁块的特殊组合，在油管的内壁环形空间形成强大的磁场，这样就集中了有限的场强对油管中易于结蜡的分子进行激励；而在油管中心位置磁场相对较弱，中心位置是抽油杆，对抽油杆来说磁场强度越弱越好，以避免抽油杆被磁化。

4. 泄油器

泄油器是抽油泵的一种配套工具，在起下油管时泄油器连通油套管通道，将油管内的液体泄到油套环空中。有些泄油器还可配合完成不动管柱的洗井作业。这样可改善井口操作条件，减少井场污染，同时提高井内液面，在一定程度上避免井喷。目前各油田上应用的泄油器主要有液压式和机械式两大类。

5. 回音标

回音标是测动液面的标深工具，其直径以遮住环形空间面积的 50%～70%为准。回音标一般下在距井口以下 50～100 m 处。有些油田已不采用下入回音标来测动液面的方法，而是利用下入井内的上部油管接箍的已知深度来代替回音标的作用。

6. 脱接器

脱接器是在抽油泵活塞直径大于上部油管内径的情况下，用于抽油杆和活塞之间的对接和脱开以解决小油管下大直径抽油泵的井下工具。脱节器一般是利用卡簧爪、卡子或锁爪和锁紧滑套等机构实现脱接。目前很多抽油机井都下入了内径为 ϕ83 mm 和 ϕ95 mm 的大泵，而用的是内径为 ϕ76 mm 的油管，活塞不能通过油管下井，只能将活塞随泵筒先下入井内，但活塞的上部必须在下井前与脱接器的下半部相连接，然后在抽油杆最下端接上脱接器的上半部分，使脱接器上半部分随抽油杆下入井内，在泵筒内完成对接，同时依靠装于锁套上的凸形密封盒与释放接头上的密封面形成密封，阻断油流通道，实现不压井下油管和抽油杆。在检泵时，上提抽油杆，当脱接器上行至接在泵筒上部的脱卡器时，使脱接器上下两部分脱开，从而实现分别起出抽油杆和油管的目的。

脱接器主要有自锁式脱接器、双卡式脱接器和爪式脱接器三种。其中，爪式脱接器较为常用，主要由弹性爪、中心杆、锁套、下接头、泄压套、泄压杆、释放接头、凸形密封盒、卡簧栓和卡簧等部件组成。

7. 抽油杆防脱器

抽油杆柱在上下往复变速运动过程中，由于井斜，造成油管安装中心与抽油杆柱重力方向不一致，使得柱塞和抽油杆柱受到附加扭矩的作用，随着抽油杆柱运动方向的变化，这个扭矩方向也发生改变，形成了对抽油杆柱螺纹的旋松扭矩。另外，由于抽油杆弯曲、变速引起的振动等都会形成冲击载荷，产生附加扭矩，使得这种旋松扭矩进一步加强。防脱器的作用是释放抽油杆上下运动过程所产生的旋转扭矩，防止抽油杆脱扣。

8. 扶正器和刮蜡片

刮蜡、防偏磨双作用扶正环的刮蜡杆由隔环和导环组成。隔环固定在抽油杆上(一般是用环氧树脂将事先加工好的金属环粘在抽油杆上),以限制导环的活动范围。导环(扶正环)一般采用活动式的,由尼龙材料注塑成形。扶正环有四道螺旋支筋,支筋的螺旋夹角为5°,保证油流冲击螺旋面时可产生足够的旋转力,使扶正环在上下冲程时做旋转运动,在油管和抽油杆所形成的环形空间中既起扶正作用,又起刮蜡作用。

对卡式扶正环由两个相同的半圆柱体扶正块构成,外侧设有十字纵向筋,内侧槽面设有横向防位移筋,每个扶正块一端的两边沿上设有一对称导轨,导轨外端部设有卡口,另一端的两边沿与加强筋结合部位设有与导轨相匹配的凹槽,凹槽外端部的外侧边沿上设有与卡口相匹配的卡台。这种扶正环必须安装在抽油杆接箍以下20～25 cm范围内,要避开打吊卡的位置,同时又不能离接箍太远,否则防偏磨效果不好。冬季要求现场用50 ℃的温水将扶正环浸泡5～10 min后才能安装。

六、测量工具

1. 压力表

压力表的种类很多,矿场和井下作业常用的结构为单圈C形弹簧管式压力表,精度等级最高为1级,测量值大于大气压力。

扁曲弹簧管固定的一端与压力表的接头连通,另一端通过连杆齿轮机构与指针连接,当压力通过表接头传入弹簧管时,弹簧管受压伸直,压力越大,伸长越多,经连杆、齿轮机构的传动,指针转动,指示压力值。弹簧管是压力表的感压元件,将压力变换成为位移,机芯能将弹簧管自由端的微小位移量放大,达到易于观察读数的程度。

压力表使用注意事项:

(1)压力表低于1/3量程部分,精度较低。

(2)选择测量上限时,一般应高于测量压力的4/3。

(3)选择使用范围时,最高不得超过刻度的3/4,一般以选用全量程的1/3～2/3之间为宜,在这一范围内准确程度较高,适用于平稳、波动两种负荷。

(4)压力表经过一段时间的使用与受压,难免由于内部机件的变形和磨损而产生误差和故障,因此为保持其原有精度,要定期检修压力表。一般测压部位安装的压力表的检定周期不得超过半年;测压部位介质波动大、使用频繁、精度要求较高、安全因素要求较严的,可将检定周期适当缩短。

(5)压力表的装、卸操作方法及技术要求。

①装压力表。

a. 根据井口压力选择量程合理的压力表,即压力表正常工作时显示的压力值在压力表量程的1/3～2/3范围内。

b. 在压力表保护接头的螺纹上涂上少许密封脂或缠上密封带。

c. 用600 mm的管钳将压力表保护接头安装在采油树生产闸门、套管闸门或其他测压部位上。

d. 在压力表接头的螺纹上涂密封脂或缠上少许密封带,用扳手将其安装在压力表保护接头上，且使表盘朝着便于观察压力的方向。

e. 用扳手将压力表保护接头上的放压顶丝拧紧。

f. 将压力表保护接头闸门打开。

g. 测量人员站在与压力表相反的方向开生产或套管闸门，使压力表显示井口压力。若各连接部位无刺漏现象，则安装完毕；否则，应放压后卸掉重装。

② 卸压力表。

a. 若卸生产闸门上的压力表，则关生产闸门或压力表保护接头闸门；若卸套管闸门上的压力表，则关套管闸门或压力表接头闸门。

b. 操作人员站在压力表保护接头闸门放压孔相反方向的位置上，用扳手拧松放压顶丝以放压。

c. 当放压孔不出油气，压力表显示为零后，用扳手卡在压力表接头四棱体部位，逆时针方向旋转，卸下压力表。

③ 技术要求。

a. 装压力表时，必须在压力表和压力表接头的螺纹上涂上密封脂或缠上少许密封带并上紧，但注意不能用管钳等加大力矩上扣。

b. 卸压力表时，必须先关闸门，拧松压力表保护接头放压顶丝放压后，确认无压力时才能进行下一步工作，同时应注意一只手卸压力表，另一只手扶住压力表，勿使压力表掉在地上。

c. 放压时，操作人员必须站在放压孔的侧面或背面。

d. 指针不回零的压力表不能使用。

e. 装卸压力表时，禁止用手直接转动表盘壳体，必须用扳手卡在压力表接头四棱体部位上转动压力表上卸丝扣。

2. 拉力计

拉力计是在修井作业过程中用于指示并记录钻具悬重和钻压变化的一种显示仪器，主要记录和显示起重大绳的拉力，帮助司钻掌握修井机在修井作业中的工作参数和判断钻具的工作状态，以防超过提升系统或者井下管柱的安全负荷而造成生产事故。拉力计主要由死绳固定器、重量指示仪、记录仪三部分组成，其工作环境温度为－40～50 ℃，仪器传压介质为45号变压器油。

目前有液压式、机械拉力式、电子式三种拉力计。指重表只显示单股绳的拉力，施工时要按滑轮组的有效绳数乘以读数来确定负荷。

3. 钢卷尺、内外卡、钢板尺

1）钢卷尺

钢卷尺长度15 m，用于丈量油管及下井工具配件的长度。

（1）钢卷尺用完后要及时擦洗干净，卷好后收回。

（2）丈量油管或抽油杆时，中间部位必须用一根油管或抽油杆垫起，以防止钢卷尺打卷、扭转、折弯或夹到油管缝隙内。

（3）丈量油管前必须先把油管冲洗干净，保证钢卷尺清洁及丈量油管的正确性。

（4）丈量油管不许戴脏手套，以免弄脏钢卷尺而影响量具的准确性。

（5）必须定期校验。

2）内外卡

（1）用途。

内外卡与钢板尺配合丈量工件的内外尺寸，如图 1-24～图 1-26 所示。

图 1-24　内卡

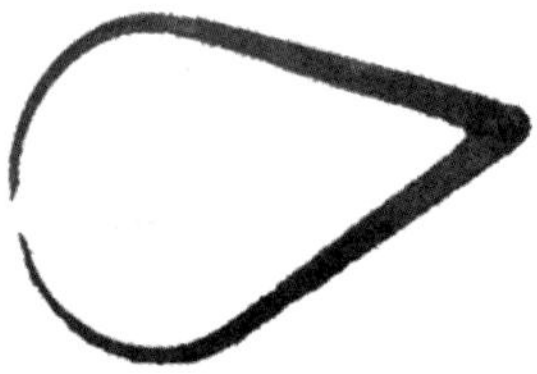

图 1-25　外卡

图 1-26　使用内卡测量内径

（2）操作方法。

使用时，将卡尺开口开到被测工件的相应幅度，保持测量卡点在被测工件的垂直截面，测后轻轻取出卡尺，用钢板尺测量开口的张开尺寸，即为被测工件的尺寸。用完后要及时将卡尺擦洗干净。

3）钢板尺

（1）用途。

钢板尺用于测量工件的长度、宽度或划线。

（2）规格。

150 mm，300 mm，500 mm 和 1 000 mm。

（3）操作方法。

使用时要保持钢板尺平直，使钢板尺的零度对准被测工件的一端，在被测工件中的另一端读出与工件端点对齐的刻度，即为被测工件的长度或宽度。用完后要及时将钢板尺擦洗干净。

技能训练

训练操作一　修井机操作

一、准备工作

（1）检查油底壳内的机油量、水箱水位、燃料油量，柴油滤清器的三通阀应处于通路位置。

（2）用手摇机油泵泵油，使油压表的指示达到 0.1 MPa 以上，同时盘车 2～3 圈。

（3）活动油门操纵装置并控制在怠速位置。

（4）压下油压低自动停车装置的板杆，使拔叉与齿条上挡块脱开。

（5）检查启动电路或气路系统是否符合要求。

（6）清除周围障碍物，合上电源开关，准备启动。

二、操作步骤

1. 启动与正常运转的操作

（1）使用启动按钮时，应速按速放，连续按下时间一般为 3～5 s，最长不超过 10 s。如反复 3 ～ 5 次启动不着，应检查原因，排除故障后重启动，严禁马达长时间运转，以免烧坏马达，更不允许车带车启动。

（2）柴油机发动以后，应稳定在 600 r/min 的转速下运转，注意油压变化，排气烟色是否正常，听各缸爆发是否均匀，有无异响，同时用手摸各缸排气支管的温度，确定各缸是否工作，并打开 1～2 个缸头罩，检查摇臂上油情况。

（3）启动后（怠速时间不宜过长）情况正常，则应逐渐升高转速到 900 r/min 左右，进行预温，待油水温度达到 45 ℃以上时，再将转速升高到 1 300～1 400 r/min，方可加负荷。严禁猛轰油门使转速突然升高。

（4）预温过程中，应检查水箱冷却液量是否充足，有无油花，油底壳机油面是否在规定范围内，水泵工作是否正常。

2. 柴油机负荷及运转

（1）柴油机带负荷时，为避免转速猛变，要求操作平稳，气囊离合器应三次合上。

（2）加负荷后，应注意机油压力变化、油水温度变化，排气烟色及响声有无异常。

（3）加负荷运转中，应经常检查油水温度变化，保持油水充足；在用风扇冷却时，避免使温度忽高忽低，柴油机正常工作温度应保持在 70 ℃以上。

3. 柴油机的停车

（1）临时停车。

① 停车前，应对柴油机各部分进行全面检查，检查运转中有无异常声音或其他故障，以便停车后检修保养。

② 停车前，必须先卸去负荷，中速运转，待油水温度降低后方可停车。

③ 停车后，必须将气路三通旋塞阀关闭，防止误操作而发生事故。

（2）长期停车。

① 冷却系统放尽冷却水。

② 润滑系统放尽机油，并清洗机油滤清器。

③ 蓄电池如不使用，须在放电后倒空电液以使极板干燥。

④ 对于柴油管线油路，要从进粗滤器管处卸掉清洗滤清器并用压缩空气吹净各滤清器、高压油泵及管线中剩余的柴油。

⑤ 清洁机件外表，在外露接头、螺栓、螺帽的丝扣处涂抹防护油脂。

⑥ 橡胶、塑料制成的零件应用肥皂水清洁干净并擦干。

⑦ 油底壳加机油口、曲轴箱通风口、空气滤清器进口、排气管出口等处应用油纸覆盖并用塑料布包扎好。

⑧ 凡是没有连接好的油、水、气管孔腔，均用塑料布进行包扎，防止杂物、灰尘、雨水侵入。

⑨ 仪表盘、保护板要盖上，原有的护罩边盖要装上，有条件时应将整台机器进行覆盖。

三、注意事项

（1）禁止带负荷启动。

（2）禁止高转速预温。

(3) 柴油机空运转不到 1 200 r/min 以上，不准带负荷。
(4) 禁止在转速表、油压表、温度表损坏或短缺情况下运转。
(5) 禁止在高转速下突然停车或猛减油门。
(6) 非紧急情况下严禁带负荷停车。
(7) 禁止在超负荷的情况下憋灭柴油机。
(8) 禁止在运转中用冷水冲洗柴油机，以防损坏机件。
(9) 禁止给水箱加污水和不经处理的硬水。

训练操作二　拉力计操作

一、准备工作

工具、用具及设备：经校验合格的 120 kN 拉力计 1 个，Y7-22 mm 钢丝绳卡 15 个，ϕ22 mm×4 m 钢丝绳 2 根，300 mm×36 mm 活动扳手 2 把。

二、操作步骤

(1) 用 1 根 ϕ22 mm×4 m 的钢丝绳穿过靠近井架底座的井架主梁根部及拉力计下环，环绕井架 1 周，并分别在每个主梁上系成猪蹄扣后，将每个绳头与主绳分别用 2 个 Y7-22 mm 绳卡卡紧。猪蹄扣要拉紧、卡匀，拉力计位置要居中，以防吃力不均。

(2) 将死绳穿过拉力计上拉环后，两头对折，用 4 个 Y7-22 mm 绳卡以同方向将死绳卡紧。

(3) 慢慢上提游动滑车至井架中部，将死绳和拉力计拉起，把提升大绳死绳头端剩余部分的钢丝绳在井架的悬绳器上系成猪蹄扣。

(4) 将猪蹄扣两绳头拉直，用 5 个 Y7-22 mm 绳卡卡紧。

(5) 将 1 根 ϕ22 mm×4 m 的钢丝绳穿过拉力计上下环，围成一个圆圈，用 4 个 Y7-22 mm 绳卡卡紧，当作安全绳。

三、注意事项

(1) 卡死绳时各股要拉直，各股吃力要均匀。

(2) 绳卡与钢丝绳直径相符合，ϕ22 mm 钢丝绳的卡距为 150～200 mm，绳卡数为 5 个。卡紧程度以钢丝绳直径变形 1/3 为准。

训练操作三　使用液压管钳上、卸扣操作

一、准备工作

工具、用具及设备：修井机 1 台，液压钳 1 套，1 200 mm 管钳 1 把，ϕ73 mm 油管 10 根。

操作人员要求：本项目所需操作人员 2 人。

二、操作步骤

(1) 上油管扣时,将液压管钳上的上卸扣旋钮向右转,使其箭头端指向上扣的方向。

(2) 将变速挡手柄向上扳到高速位置。

(3) 操作人员面对钳体将钳体开口拉向井口油管。

(4) 当油管进入液压管钳开口腔内时,用一只手稳住钳头,另一只手向外扳钳尾部的节流手柄上扣。

(5) 上紧扣后,将节流手柄向里推。

(6) 用右手推钳尾部的节流手柄,将钳体开口从油管本体上退出。

(7) 卸油管扣时,将液压钳体上的上卸扣旋钮向左扭转 180°。

(8) 操作人员面对钳体将液压管钳体开口拉向井口油管。

(9) 油管进入开口腔内后,操作人员一只手稳住钳头,另一只手把住尾部的侧面把手。

(10) 用右手将挡把下搬挂至低速挡。

(11) 挂好挡后,用手推操作杆开始卸扣。

(12) 卸完扣再将操纵杆拉回复位。

(13) 用手推钳尾部的侧面把手,将钳体开口从油管本体退出。

三、注意事项

(1) 液压钳上扣或卸扣过程中,操作人员的手一定要始终握住操纵杆,不能让操纵杆向中间位置回动。

(2) 复位对缺口时一定要用低速挡。

(3) 操纵液压管钳时,尾绳两侧不准站人,严禁两人同时操作液压管钳。

(4) 液压管钳使用中要注意液压管线是否有憋压、渗漏现象。

(5) 操作液压管钳人员要穿戴好劳保用品,操作动作不要过快过猛,以免发生事故,特别要防止"咬手"事故的发生。

(6) 换钳牙及使用液压管钳完毕后必须将接合器、作业机离合器分开。

(7) 严禁在施工现场修理液压管钳。

(8) 注意观察背钳、尾绳,防止尾绳断开伤人。

(9) 修理液压管钳时必须切断动力源。

»» 思考题 ««

1. 什么叫原始地层压力、井底静压、目前地层压力、流动压力?
2. 什么叫井身结构? 画出井身结构图,并说明下入各层管柱的作用。
3. 抽油杆的材料及等级如何分类?
4. 什么叫油井完成方法? 油井的完成方法有哪几种? 优缺点各是什么?
5. 组配管柱的程序、调配原则及要求是什么?
6. 怎样计算实配管柱的长度?
7. 管柱组配的操作步骤及技术要求是什么?

8. 如何画油井井身结构示意图?
9. 常见的抽油杆柱与油管柱组合有哪些?
10. 修井工艺对修井机的基本要求是什么?
11. 修井机启动前的检查与准备工作包括哪些?
12. 修井机故障判断及处理的方法有哪些?
13. 试述各种常用修井辅助设备的作用。
14. 试述各种地面常用设备的作用及正确使用方法、注意事项。
15. 试述各种常用手工具的正确使用方法及注意事项。
16. 试述各种采油配套工具的正确使用方法及注意事项。
17. 试述各种测量工具的正确使用方法及注意事项。

学习情境二

常规修井作业

学习情境描述

在本学习情境，通过学习常规修井作业的基本知识，重点掌握压井、通井、洗井、冲砂、套管刮削、清蜡、清垢等作业的目的、技术要求、操作步骤及录取资料等，培养常规修井作业操作技能。

项目一　常规作业

知识目标

1. 了解井场调查及搬迁的步骤。
2. 掌握接井的相关知识。

能力目标

1. 掌握立、放井架操作。
2. 掌握校正井架操作。
3. 掌握安装井口装置操作。
4. 掌握挽绳扣操作。
5. 掌握卡绳卡操作。

工作过程知识

一、井场调查及搬迁

1. 井场调查

1）井位

（1）对照井位图调查施工井的地理位置。

（2）对照井位图和地质开发方案核实井号。

（3）调查施工井所属单位，并由所属单位确认。

2）地面调查

（1）调查通往井场的道路状况、运输距离。

（2）调查沿途道路上的障碍物、输电线路、通信线路等情况。

（3）调查沿途经过的桥梁、涵洞的承载能力。

（4）调查桥涵的宽度及允许的拖挂长度。

3）井场

（1）调查井场可供井下作业施工使用的有效面积。

（2）调查井场可供立放井架及摆放油管、抽油杆、工具台、值班房、油水容器和停放车辆的位置能否满足施工要求。

（3）调查井场是否有妨碍立放井架和作业施工的输电线路、通信线路、地下管线及其他障碍物。

（4）调查井场土壤状况能否满足地基承载安全要求。

（5）调查井场周围 2 500 m^2 以内有无易燃易爆的危险品，有无怕振动、怕噪声的民用设施。

4）供电电源

（1）调查可向井场供电的电源、电压和供电距离。

（2）调查电源接线方式。需要上杆接线时，应查清电线杆类型、高度、变压器情况等。

5）采油树

（1）调查采油树的型号及完好情况。

（2）调查井口装置能否与施工装置配套，以及所需要的连接工具。

6）地面流程

（1）调查油、水井所属的计量间、配水间。

（2）调查流程的类型，调查冬季施工时有无冻管线的危险及应采取的必要措施。

7）井场设备及装置

（1）调查井口房类型及能否整体吊装或移动。

（2）调查抽油机型号、冲程、冲次、安装的方位、驴头的拆装方式及手刹车的完好情况。

（3）调查油气分离器、加热炉、点滴加药装置、配电计量装置等是否有碍于井下作业施工。

2. 接井

（1）在作业施工前，双方要在井场进行交接，并在交接书上签字，一式两份，施工完毕后仍要交接签字。

（2）交接的主要内容包括井场地面情况、井场设备情况、井口采油树及地面流程、井场用电设施、井场安全环保情况。

3. 搬迁

（1）将施工所用的井口控制装置、各种容器等进行拆卸，以便于搬迁。

（2）用专用绳套挂牢被吊重物，经专人指挥，用牵引绳牵引吊物缓慢将施工设备吊装到专用运输车辆上，并用钢丝绳或棕绳捆紧绑牢。吊杆下不许站人。

（3）超高超宽的设备在运输途中要有瞭望人员，车上要有超高超宽的标志，防止刮碰路上设施。

（4）油管、抽油杆、钻杆和方钻杆的外螺纹端要有护丝，且要将它们平整地放置在专用的运输车辆上，装车和卸车时都要轻装轻放，以免弯曲变形。

4. 井场布置

（1）施工设备和设施要做到平稳就位，摆放整齐，符合安全规定，便于施工操作。

（2）各种容器摆放在距井口 30 m 以外便于车辆通行处，并做到水平放置、排列成行，井场受限时，尽可能远离井口。操作台、井口控制装置等放在距井口 3 m 处。

（3）油管、抽油杆、方钻杆卸在油管桥两侧，接箍朝向井口。

（4）井场应有醒目的安全警示标志，如：必须戴安全帽、禁止动火、上井架必须戴安全带、当心触电、防机械伤人等。施工现场平面图如图 2-1 所示。

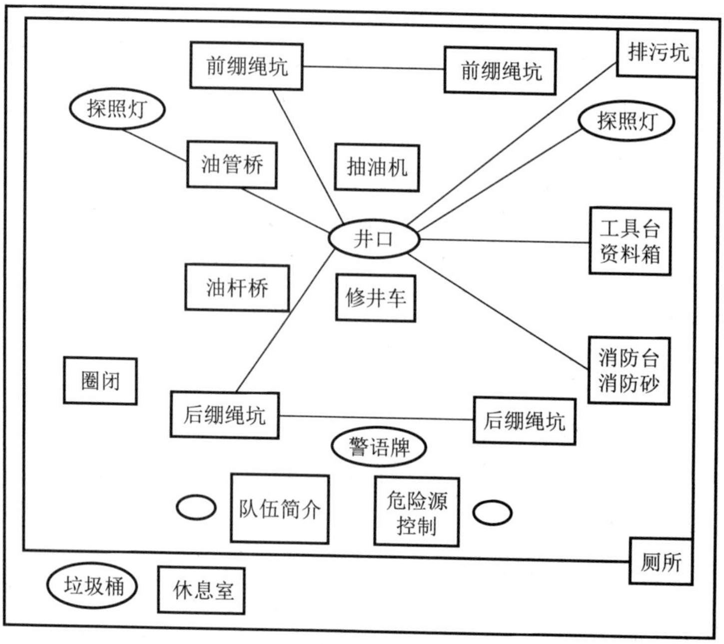

图 2-1　施工现场平面图

5. 井场用电

（1）井场所用电线应满足载荷要求且绝缘可靠，不准用照明线代替动力线。

（2）线路整齐，不得穿越井场和妨碍车辆交通，不得在油水池内通过，照明线架设高度不低于 2. 5 m，严禁拖地或挂在绷绳、井架或其他铁器上。

（3）井架照明应采用防爆灯，电线保证绝缘且固定可靠。

（4）井场照明应采用直流低压设备，不准直射司机或井口操作人员。

（5）电器开关应装在距井口 25 m 以外的开关盒内，低压照明灯、闸刀应分开设置且不准放在地面上。所有熔断丝应规范使用，严禁用铜、铝等线代替。

6. 连接地面管线

（1）替喷、放喷、气举、洗井等各项施工管线必须用钢质管线连接。进口管线长度应大于 20 m，出口管线应用地锚固定，各连接部位无泄漏。

（2）高压放喷管线上应安装压力表。

（3）冬季施工时，循环管线的出口应低于进口，以便于管线内液体排放。

（4）管线流程应按规定试压，合格后方可使用。

7. 绷绳、地锚坑

按照规定的尺寸打好四个绷绳地锚坑。每个锚坑沿绷绳方向的拉力不小于 65 kN，地锚坑的推荐尺寸为深 1. 5 m、上宽 0. 8 m、上长 1. 2 m、下宽 0. 8 m、下长 1. 5 m。绷绳、地锚坑参数分别见表 2-1 和表 2-2。

表 2-1　车载式井架绷绳参数

修井机吨位/t	代　号	绷绳根数/根	最小直径/mm	长度/m	张力/N	绷绳垂度/(°)	钢丝绳曲率半径/mm
80	A	4	15.88	56.0	4 540	152	63.5
	B	2	12.70	48.0	2 270	127	57.2
	C	2	19.05	32.0	—	76～101.6	76.0
	D	2	19.05	23.0	—	76～101.6	76.0
50	A	2	15.88	53.0	5 000	152～254	63.5
	B	2	12.70	45.0	5 000	152～254	57.2
	C	2	19.05	33.0	6 000	152～254	76.0
40	A	4	15.88	24.7	—	76～100	63.5
	C	2	12.70	17.2	—	—	57.2

注：A—天车至地面绷绳；B—二层平台至地面绷绳；C—天车至车头载荷绷绳；D—二层平台至车头载荷绷绳。

表 2-2　车载式井架地锚坑与井口中心距

修井机吨位 /t	前头道/m	前开挡 /m	后头道/m	后开挡/m
120	38.5±1.0	54.6±1.0	38.5±1.0	54.6±1.0
80	27.0±3.0	54.0±3.0	27.0±3.0	54.0±3.0
50	23.0±3.0	46.0±3.0	23.0±3.0	46.0±3.0
40	12.5±3.0	20.0±0.5	12.5±3.0	20.0±0.5

目前现场广泛利用地锚车打入四个长度为 2 m 的地锚，施工完成后起出。

二、立、放校正井架操作

以 JHX5232TJC30 斯太尔修井机为例介绍立、放井架操作及要求。

1. 立井架

（1）松开井架与前支架的锁定以及游车大钩在井架支架上的固定装置。

（2）将绷绳沿地锚方向分别拉开。

（3）稍提高液压压力，进行试立，必要时松开起落液缸放气嘴进行放气，当溢出油液无气泡时，将放气嘴拧紧。

（4）井架起升过程中应随时调整大钩位置：当井架离开前支架 100～200 mm 时，停留 1～2 min，检查液压系统有无渗漏。

（5）在确保钢丝绳互相无缠绕牵挂、井架起立行程范围内无障碍的情况下，手不要离开操作阀手柄，平稳起升井架到使用说明书规定的倾角位置，并穿上井架的连接销。

（6）按规定要求先拉好四道地面绷绳，校对井架，然后调整绷绳松紧，使其受力均匀，并锁定各支腿千斤背帽。

2. 放井架

（1）必要时排放起落液缸内的空气。

（2）松开井架前绷绳，将绷绳拉向车身合理位置。

（3）取出井架与支座的连接销。

（4）在确保井架无任何牵挂、井架起立行程范围内无障碍的情况下，手不要离开操作阀手柄，平稳下落井架到前支架上。下落过程中要随时调整游车大钩的位置。

（5）收起全部绷绳，固定游车大钩，将井架与前支架锁定。

（6）收起全部支腿千斤。

3. 井架安装质量要求

（1）倒车时，井架中心与井口成一直线，井架与井口中心距离为1.274 m，左右偏差小于50 mm。

（2）车身要求倒正且左右平衡，轮胎用三角方木掩实。

（3）四个车身千斤底座及井架基础要夯实、平整，垫正方木（40 cm×25 cm×30 cm），使四个车身千斤底座受力均匀，同时锁紧千斤防滑套（背帽），不要使之长时间被油（水）浸泡，井架各连接部位锁销到位。

（4）井架立起后，天车、游车、井口在同一垂直线上，井架的倾斜度应在5.5°左右。

（5）各道绷绳受力均匀，与地锚坑连接处必须有法兰螺丝调节，每道绷绳三个绳卡，卡距130～180 mm，卡向符合规定，卡紧程度以咬扁钢丝绳为准。

4. 立、放井架的安全要求

（1）立、放井架必须由专人指挥，专人操作，专人观察。

（2）操作人员必须经培训合格后方能上岗。

（3）立、放井架期间，非工作人员应远离井架，工作人员不得站立在井架下面。

（4）立、放井架作业不能在夜间或五级风以上的天气进行。

（5）立、放井架过程中，操作要平稳，防止碰、挂。若发生异常现象，应立即停止立、放操作，排除故障后方可继续立、放井架。

（6）作业过程中，若发生井架失衡，应将井架放倒，垫平夯实基础后，再立井架。严禁采用调整绷绳的方法来校正井架。

（7）在放井架过程中，应将大绳整齐地排列在滚筒上，并注意大钩所处位置。

（8）井架下放完毕后，应将井架之间的安全钩挂牢，并固定游动滑车。

（9）每次立、放井架前后，应对井架进行全面详查，发现开焊、断裂等问题应及时处理。

三、拆装驴头

1. 拆卸式

直接将整个驴头拆卸下来，放在地面上，并保持清洁。

2. 侧转式

（1）将棕绳系在驴头上，打开固定驴头的锁定装置，用人力将驴头向侧面拉动。

（2）安装时，用棕绳将驴头向相反方向拉正并锁紧。

3. 上翻式

（1）在抽油机驴头处于下死点时挂好专用提升绳套和牵引绳。

（2）启动抽油机，将驴头抬起至上死点后刹紧抽油机刹车。

（3）打开驴头锁紧装置。

（4）用游动滑车缓慢提升驴头上的专用绳套，当驴头上翻接近最高点时，拉紧牵引绳，停止上提游车大钩，缓慢放下驴头，使其翻转在抽油机游梁上。

（5）安装驴头时，在驴头上挂好专用绳套，用游动滑车将驴头缓慢复位并锁紧。

四、安装井口控制装置

常规作业使用的井口控制装置一般有自封封井器、单闸板防喷器、双闸板防喷器、油管旋塞等。

1. 自封封井器

（1）结构。

自封封井器由壳体、压盖、压环、密封圈、胶皮芯子和丝堵等组成，如图 2-2 所示。它依靠井内油套环空的压力以及胶皮芯子自身的伸缩力来密封油套环空，井内油管和下井工具能顺利通过自封芯子，最大通过直径应小于 115 mm。

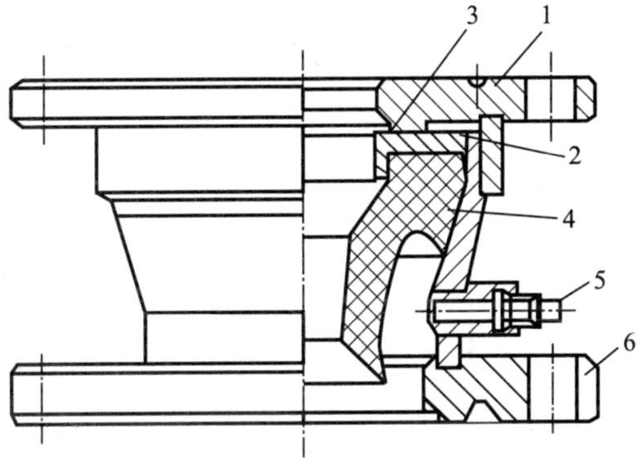

图 2-2　自封封井器

1—压盖；2—压环；3—密封圈；4—胶皮芯子；5—丝堵；6—壳体

（2）技术规范。

自封封井器的技术规范见表 2-3。

表 2-3　自封封井器的技术规范

技术指标	数　值
试验压力/MPa	10
工作压力/MPa	6
使用范围/mm	ϕ178～ϕ114
连接方式	ϕ173 mm 法兰，ϕ211 mm 钢圈
高度/mm	235
质量/kg	80
压环内径/mm	115
胶皮芯子内径/mm	69

2. FZ18-21 手动单闸板防喷器

（1）结构。

FZ18-21 手动单闸板防喷器由壳体、闸板总成、侧门、手控总成及密封装置等组成，如图 2-3 所示。

图 2-3　FZ18-21 手动单闸板防喷器实物图

（2）技术规范。

FZ18-21 手动单闸板防喷器的技术规范见表 2-4。

表 2-4　FZ18-21 手动单闸板防喷器的技术规范

技术指标	数　值
公称直径/mm	180
最大工作压力/MPa	21
闸板最大行程/mm	105
手轮最大扭矩/(N•m)	＜412
闸板规格	60. 3 mm，73 mm，全封
适用管柱	60. 3 mm 和 73 mm 钻杆，60. 3 mm 和 73 mm 油管
适用介质	钻井液、清水、原油、天然气
外形尺寸/(mm×mm×mm)	1 244 ×455 ×266
质量/kg	405

（3）手动单闸板拆卸程序见表 2-5。

表 2-5　手动单闸板拆卸程序

序　号	步　骤	注意事项
1	打开侧门	检查 O 形圈；打开侧门时，闸板要开到位
2	取下闸板芯	检查闸板总成、防喷器内腔及各连接件；取闸板芯时，应先将闸板芯向关的方向关一段距离，再左右移动，方可取下闸板芯
3	打开小边盖	固定螺钉不要丢失
4	取出丝杠	先卸去止退锁钉，然后顺时针旋转丝杠，取出后要检查丝杠
5	卸去大边盖	取下保护套，卸去定位卡环并检查
6	取下密封盘根	先取下卡簧，再取密封盘根，检查盘根、压圈、轴承、丝杠轴及盘根室；取丝杠闸板轴时，应用软质材料来打，以免损坏零部件

3. 双闸板防喷器

当高压油进入左右油缸关闭腔时，推动活塞、活塞杆，使左右闸板总成沿着闸板室内导向筋限定的轨道分别向井口中心移动，从而达到封井的目的。当高压油进入左右油缸开启时，左右两个闸板总成分别向离开井口中心的方向移动，从而达到开井的目的。双闸板防器一般在 3～8 s 内即能开关井。双闸板防喷器如图 2-4 所示。

手动开关井工作原理：当需要半封闸板封井时，同时转动两翼丝杠，使半封胶芯向井眼中心移动以达到封井的目的；当需要封空井时，先转动中间丝杠，将密封堵头推到中间位置，然后转动两翼丝杠，使半封胶芯紧包住堵头，即可起到全封井口的作用。

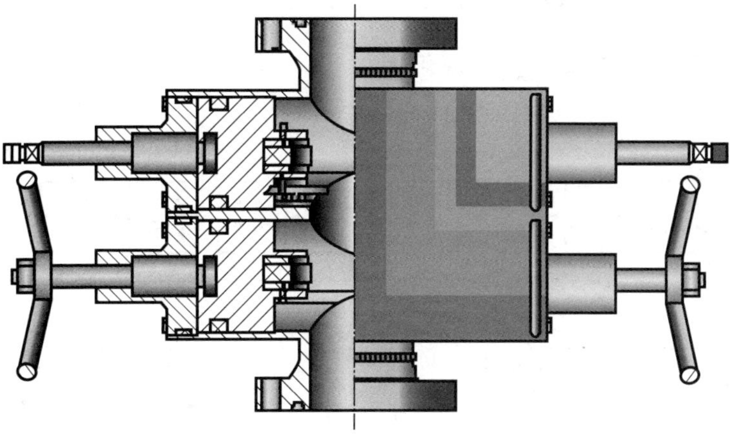

图 2-4 双闸板防喷器结构图

手动锁紧与解锁要领：

锁紧：顺旋→到位→回旋 1/4～1/2。

解锁：逆旋→到位→回旋 1/4～1/2。

手动开关井，锁紧杆左右两边的开关圈数要一致。

4. 油管旋塞

（1）用途。

在修井、完井等标准化作业中，要求井口必须安装井控设备。油管旋塞是井控设备之一，当起下钻作业过程中发生井涌或井喷时，使用油管旋塞关闭油管，实现关井，关井后即可连接压井设备，然后打开油管旋塞，可实现正反压井。油管旋塞具有结构紧凑、承压高、操作维修方便等特点。油管旋塞如图 2-5 所示。

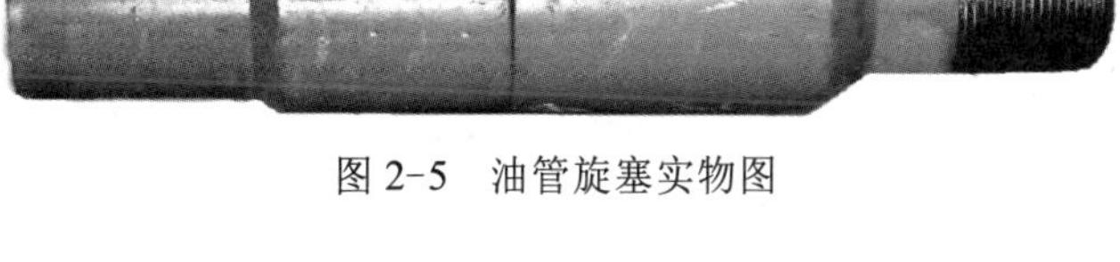

图 2-5 油管旋塞实物图

（2）使用方法。

① 在起下钻作业过程中，当发生井涌时，应先使用防喷器或封井器封隔油套环空。

② 打开油管旋塞阀门，连接到井内油管柱上。

③ 关闭油管旋塞阀门，再连接压井设备，进行压井。

（3）保养。

油管旋塞在 2 个月之内必须进行保养、试压，超过 10 个月，所有密封件必须更换。

五、安全检查

（1）后地锚桩→地锚桩绳套→花篮螺钉→绷绳→前地锚桩→地锚桩绳套→花篮螺钉→绷绳→井架基础→大绳死绳头→拉力表→井架→天车→游动滑车→大绳→滚筒刹车。

（2）管汇→进口管线→水龙带→水龙头→出口管线→套压表。

六、修井施工和服务实现过程流程图

修井施工作业的一般实现过程流程图如图 2-6 所示。

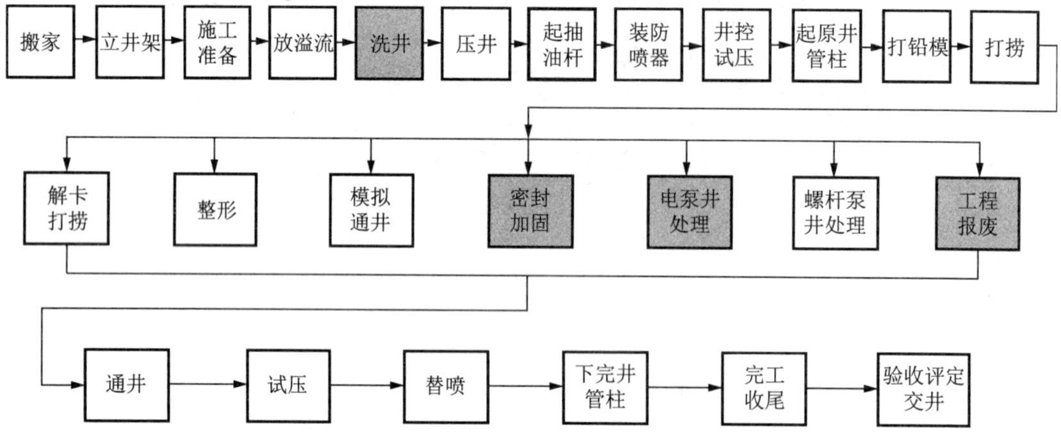

图 2-6　修井施工和服务实现过程流程图

知识拓展

WS-3 模拟修井仪简介

为了更好地掌握井下作业操作技能，有些实训项目在由西南石油大学成都盛特石油装备模拟技术开发有限公司和天津石油职业技术学院石油工程系共同开发的 WS-3 井下作业模拟器上进行技能训练。该模拟器分为硬件和软件两部分，其中硬件部分由修井机控制台、防喷器、阻流器、高压管汇和节流管汇组成。下面对硬件各部分进行简单介绍。

一、修井机控制台

WS-3 井下作业模拟器仿真模拟修井机控制台如图 2-7 所示。

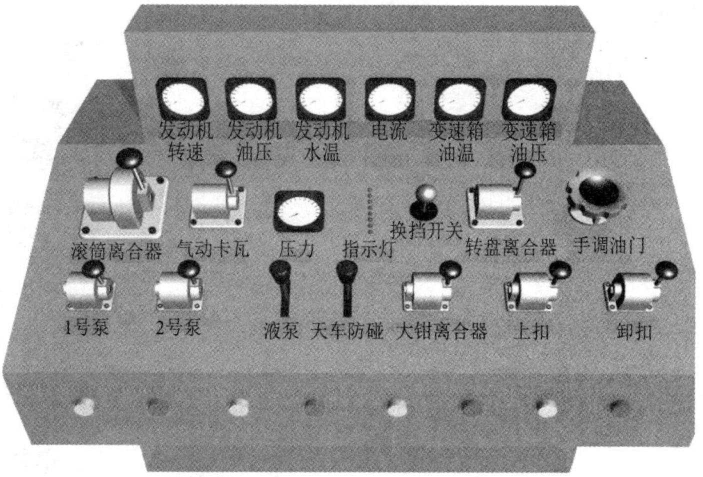

图 2-7 仿真模拟修井机控制台

1. 启动柴油机

(1) 摘开所有离合器及开关。

(2) 按 1 号钮,启动柴油机。

2. 钻井泵的开、停操作

(1) 扳动 1 号泵开关(或 2 号泵开关)手柄向上,为开泵。

(2) 扳动 1 号泵开关(或 2 号泵开关)手柄向下,为停泵。

3. 泵冲(排量)大小的调节

(1) 选择合适的挡位。挡位越高,最大泵冲(排量)越大;反之,则越小。

(2) 逆时针旋动手油门,为减小泵冲(排量)。

(3) 顺时针旋动手油门,为增大泵冲(排量)。

4. 钻具的上扣、卸扣操作

(1) 挂合大钳离合器。

(2) 扳动上扣离合器至挂合位置,为钻具上扣。

(3) 扳动卸扣离合器至挂合位置,为钻具卸扣。

5. 钻具的上提、下放操作

(1) 选择合适的挡位。挡位越高,上提速度越大;反之,则越小。

(2) 扳动滚筒离合器手柄向上或向下至适当位置,为上提钻具。

(3) 松开滚筒离合器手柄恢复至中间位置,为下放钻具。

(4) 根据操作滚筒离合器的不同位置,提供不同的上提力。

注意:在进行不压井起下油管作业时,扳动滚筒离合器手柄向上为下放,扳动滚筒离合器手柄向下为上提,滚筒离合器在中位为刹车。

6. 转盘的启、停操作

(1) 扳动转盘离合器手柄向上至挂合位置,为启动转盘。

(2) 扳动转盘离合器手柄向下至摘开位置,为停止转盘。

7. 转盘转速调节

（1）选择合适的挡位。挡位越高，最大转速越大；反之，则越小。

（2）逆时针旋动手油门，为减慢转盘转速。

（3）顺时针旋动手油门，为加快转盘转速。

二、防喷器

WS-3 井下作业模拟器仿真模拟防喷器如图 2-8 所示。

1. 防喷器阀门的开关方法

一手将气源开关扳至“左”或“右”位置，一手将相应的控制阀扳至“开”或“关”位置，停留一段时间后，可以打开或关闭相应的阀门。

2. 防喷器指示灯含义

防喷器上的红灯表示对应的阀门为“关”状态，绿灯表示对应的阀门为“开”状态。

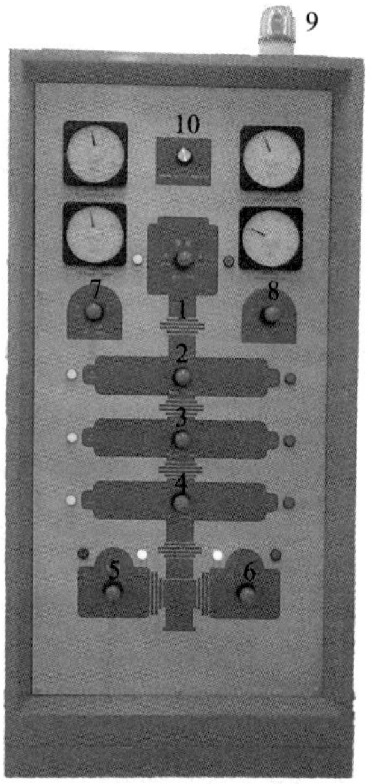

图 2-8　仿真模拟防喷器

1—环形闸板控制器；2—上半封闸板控制阀；3—全封闸板控制阀；4—下半封闸板控制阀；5—备用控制阀；6—放喷阀；7—气源开关；8—旁通控制开关；9—警灯；10—环形调压旋钮

三、阻流器

WS-3 井下作业模拟器仿真模拟阻流器如图 2-9 所示。

图 2-9　仿真模拟阻流器

1—电源；2—立管压力表；3—套管压力；4—系统油压表；5—阀位开度表 1；6—阀位开度表 2；7—节流速度调节旋钮；8—节流调节阀 1；9—节流调节阀 2

阻流器上两个节流调节阀，即节流调节阀 1 和节流调节阀 2，分别用于控制调节两个阀位开度表，即阀位开度表 1 和阀位开度表 2。左下角的节流速度调节旋钮用于控制节流调节阀打开或关闭的速度。其中，阀位开度表 2 和节流调节阀 2 用于备用。

四、高压管汇

WS-3 井下作业模拟器仿真模拟高压管汇如图 2-10 所示。

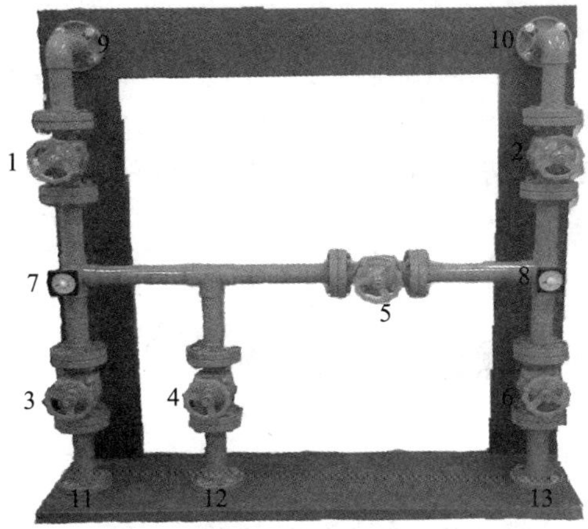

图 2-10　仿真模拟高压管汇

1—1 号平板阀；2—2 号平板阀；3—3 号平板阀；4—4 号平板阀；5—5 号平板阀；6—6 号平板阀；7—立管压力表 1；8—立管压力表 2；9—立管出口 1；10—立管出口 2；11—立管入口 1；12—灌浆入口；13—立管入口 2

1. 阀门开关方法

（1）顺时针旋转阀门到底，为关闭阀门。

（2）逆时针旋转阀门到底，为打开阀门。

2. 初始状态设置

1 号平板阀和 3 号平板阀打开，2 号平板阀、4 号平板阀、5 号平板阀和 6 号平板阀关闭。当 1 号平板阀和 3 号平板阀同时打开，其他阀门都关闭时，为循环状态；当 3 号平板阀和 4 号平板阀同时打开，其他阀门都关闭时，为灌浆状态。

五、节流管汇

WS-3 井下作业模拟器仿真模拟节流管汇如图 2-11 所示。

图 2-11　仿真模拟节流管汇

1，6—液动指示灯；2—J2A 平板阀；3—J2B 平板阀；4—J3A 平板阀；5—J3B 平板阀；7—J5 平板阀；8—J6B 平板阀；9—J6A 平板阀；10—J7 平板阀；11—J8 平板阀；12—J9 平板阀；13—J10 平板阀；14—防喷入口；15，17—分离器出口；16—放喷出口；18—放喷阀开关指示；19—J11 平板阀；20—节流阀初始状态设置：

打开阀门 J2A 平板阀、J2B 平板阀、J3B 平板阀、J5 平板阀、J6B 平板阀和 J8 平板阀，其余阀门全都关闭。

在所有作业中，只需要控制左下角的 J2A 平板阀的开和关，其他阀门不动即可。

技能训练

训练操作一　装、卸井口压力表

一、准备工作

工具、用具及设备：压力表 1 块，压力表保护接头 1 个，600 mm 管钳 1 把，250 mm×30 mm 活动扳手 1把，密封脂少许，麻绳丝或密封带少许。

操作人员要求：本项目所需操作人员 1 人。

二、操作步骤

1. 装压力表

（1）根据井口压力选择量程合理的压力表，即压力表正常工作时所显示的压力值在压力表量程的 1/3～2/3 范围内。

（2）在压力表保护接头的螺纹上涂少许密封脂或缠上少许密封带。

（3）用 600 mm 管钳将压力表保护接头上到采油树生产闸门或套管闸门上。

（4）在压力表接头的螺纹上涂密封脂或缠上少许密封带。用 250 mm×30 mm 活动扳手将其上到压力表保护接头上，且使表盘朝向便于观察压力的方向。

（5）用 250 mm×30 mm 活动扳手将压力表保护接头上的放压顶丝拧紧。

（6）将压力表保护接头闸门打开。

（7）操作人员站在与压力表相反的方向开生产闸门或套管闸门，使压力表显示井口压力。若各连接部位无刺漏现象，则安装完毕；否则，应放压后卸掉重装。

2. 卸井口压力表

（1）若卸生产闸门上的压力表，则关生产闸门或压力表保护接头闸门。若卸套管闸门上的压力表，则关套管闸门或压力表保护接头闸门。

（2）操作人员站在压力表保护接头闸门放压孔相反方向的位置，用 250 mm×30 mm 活动扳手拧松放压顶丝以放压。

（3）当放压孔不出油气，压力表显示为零后，将 250 mm×30 mm 活动扳手卡在压力表接头四棱体部位，逆时针旋转，卸下压力表。

三、注意事项

（1）装压力表时，必须在压力表和压力表保护接头的螺纹上涂上密封脂或缠上少许密封带并上紧，但注意不得用管钳等加大力矩上扣。

（2）卸压力表时，必须先关闸门，拧松压力表保护接头放压顶丝放压后，在确认无压力时，才能进行下一步工作，同时应注意用一只手卸压力表，另一只手握住压力表，勿使压力表掉在地上。

（3）放压时，操作人员必须站在放压孔的侧面或背面。

（4）指针不回零的压力表不能使用。

（5）开关闸门时，操作人员必须站在闸门侧面，禁止正对丝杠操作。

训练操作二　放修井机井架（JC30 修井机）

一、准备工作

（1）根据作业井场的实际情况，选择修井机的停放位置。修井机应停放在地势较高、没有积水的地方，还应特别注意风向对修井作业的影响。

（2）按照规定的尺寸打好四个绷绳地锚坑。每个地锚坑沿绷绳方向的拉力不小于 65 kN，地锚坑的推荐尺寸为深 1.5 m、上宽 0.8 m、上长 1.2 m、下宽 0.8 m、下长 1.5 m。或采用其他地锚方式。

（3）放井架底梁的地面应平坦，并能承受 585 kN 的均布载荷。

（4）将修井机按选好的位置和要求对准井口，启动车上发动机（传动箱处于空挡位置）。

（5）使发动机略高于怠速运转（传动箱处于空挡位置），并挂合主油泵。

（6）分别操作底盘车前、后支腿液缸的液压换向阀手柄，使液缸伸出并支承在各自的千斤底座和垫木上，观察水平仪（底盘车前、后、左、右均应处于水平位置），然后将支腿液缸的锁紧螺帽锁住。

（7）操纵底盘液缸的液压换向阀手柄，使液缸伸出，并使底梁支撑在地面上，然后将锁紧螺帽锁住。

（8）操作人员要求：本项目所需操作人员 4 人。

二、操作步骤

1. 立井架操作

（1）松开前支腿处的井架固定装置和大钩上的连接绳索，然后将绷绳散开，检查游动系统的钢丝绳，不得有挂连。

（2）将发动机转速控制在 1 500 r/min 以下，艾里逊 HT750DR 传动箱处于空挡位置，挂合油泵。

（3）向上抬起升降液缸液压换向阀手柄，当油压表的指示压力为 2 MPa 时，将换向阀手柄恢复到中间位置，并打开升降液缸顶部的放气塞，待液缸中的空气排除干净后，将放气塞关上（如果一次空气排除不净，应反复排几次），再操作液缸液压换向阀手柄，使井架缓慢升起，当井架升起到接近垂直位置时，应减小液缸液压换向阀的开度，以使井架平稳地立起到工作位置，最后将换向阀放回中位。

（4）井架立起到工作位置后，挂好两根车上绷绳，拉好四根地面绷绳，并调节各绷绳的垂度使之在 100～200 mm 范围内（绷绳拉力为 5～6 kN）。

（5）井架的工作倾角和限位绳在出厂时已经调好，井架立起到工作位置后，不需进行调节。

2. 放井架操作

（1）摘开四根地面绷绳和两根车上绷绳，松开锁紧螺母，拔出拉杆上的销子。

（2）将发动机转速控制在 1 500 r/min 以下，艾里逊 HT750DR 传动箱处于空挡位置，然后挂合主油泵。

（3）向下压升降液缸液压换向阀手柄，当油压表的指示压力为 2 MPa 时，将换向阀手柄恢复到中间位置，并打开升降液缸顶部的放气塞，待液缸中的空气排除干净后，将放气塞关上（如果一次空气排除不净，应反复排几次），再压下液缸液压换向阀手柄，使液缸缓缓收缩，井架缓慢收回，将井架平稳地放倒在前支架上，最后将换向阀手柄放回中位。

（4）将绷绳绕在井架侧面的绳钩上。

（5）分别将底座液缸的锁紧螺母和四个支腿液缸的锁紧螺母松开，并转到最下端，然后先后收回底座液缸和四个支腿液缸到行车位置，再将锁紧螺母锁住，最后摘开主油泵离合器。

（6）分别用绳索将井架固定在支架上，并将大钩挂连限定。

三、注意事项

起井架和放井架是使用修井机的重要环节。

（1）为了保证安全，起井架和放井架都必须在白天进行，且必须由专人操作、专人观察和指挥。

（2）必须严格遵守操作规程，当风力在 5 级或 5 级以上时，严禁起井架和放井架。

训练操作三　校正井架

一、准备工作

工具、用具及设备：修井起重设备 1 套（包括作业机和穿好提升大绳的游动系统），吊卡 1 只，吊环 2 只，油管 1 根，撬杠 2 根，250 mm×30 mm 活动扳手 1 把。

操作人员要求：本项目所需操作人员 2 人。

二、操作步骤

（1）用作业机将油管上提至油管下端距井口 10 cm 左右（注意：无风情况下），观察油管是否正对井口中心。

（2）如果油管下端向井口正前方偏离，说明井架爬度过大，松井架前两道绷绳，紧后四道绷绳，使其对正井口中心为止。

（3）如果油管下端向井口正后方偏离，说明井架爬度过小，紧井架前两道绷绳，松后四道绷绳，使其对正井口中心为止。

（4）如果油管下端向正左方偏离井口，松井架左侧前后绷绳，紧井架右侧前后绷绳，直到对正井口中心为止。

(5) 如果油管下端向正右方偏离井口，松井口右侧前后绷绳，紧左侧前后绷绳，直到对正井口中心为止。

(6) 如果油管下端向左前方偏离井口，松前左绷绳，紧后右绷绳，直到对正井口中心为止。

(7) 如果油管下端向右前方偏离井口，松前右绷绳，紧后左绷绳，直到对正井口中心为止。

(8) 如果油管下端向左后方偏离井口，松后左绷绳，紧前右绷绳，直到对正井口中心为止。

(9) 如果油管下端向右后方偏离井口，松后右绷绳，紧前左绷绳，直到对正井口中心为止。

除以上校正方法外，有时可能由于井架底座基础不平而导致井架偏斜，遇此情况应与安装单位联系，由安装单位校正。

三、注意事项

(1) 校正井架后，每条绷绳吃力要均匀。

(2) 校正井架一定要做到绷绳先松后紧。

(3) 若花篮螺丝紧到头而绷绳还未绷紧，则可将花篮螺丝松到头，将绷绳卡松开拉紧后再卡紧，然后再紧花篮螺丝母套(注意：大风天气不能做此项工作，而且只能松开一道绷绳，拉紧卡紧后，再松开另一道绷绳，不能同时松开两道以上的绷绳)。

(4) 花篮螺丝要灵活好用，要经常涂抹黄油以防止生锈。黄油以防水性的钙基、锂基为佳。

(5) 只有在井架底座基础及井架安装合理的情况下，由作业施工队校正井架，对井架天车不对准井口进行微调；因井架安装不合格而对井架的校正应由井架安装工进行。

训练操作四　安装井口装置

一、准备工作

工具、用具及设备：作业起重设备1套，钢丝绳套1个，大榔头1把，46 mm套筒扳手1把，密封带1卷，黄油少量。

二、操作步骤

(1) 采油树运送到井场后，首先检查各部件是否齐全、完好，闸门开关是否灵活好用，然后用46 mm套筒扳手从套管短节法兰处卸开。

(2) 取下钢圈槽内的钢圈，放置在不易被磕碰的地方。

(3) 卸去套管接箍和采油树套管短节的护丝后，用钢丝刷子将套管短节螺纹和套管接箍螺纹刷干净，并认真检查螺纹是否完好，螺纹损坏者不能安装。

(4) 将密封带按逆时针方向从靠近法兰一端缠绕在套管短节螺纹上。

(5) 两手端平，将套管短节公扣慢慢放在井口套管接箍上，逆时针转1～2圈对扣。

(6) 对好扣后，按顺时针方向正转上扣，当用手转不动时，将一根4～6 m长的加力杆一头平放在法兰上，并用两条井口螺栓别住加力杆(注意：螺栓要带上螺帽以保护螺纹)，推动加力杆顺时针旋转，将套管短节、底法兰上紧。

(7) 钢圈槽内抹足黄油，将钢圈放入槽内上部，再涂抹黄油。

(8) 将钢丝绳套挂在采油树本体和游动滑车大钩上，缓慢吊起采油树本体和大四通。

(9) 缓慢下放，将采油树本体和大四通坐在套管短节法兰上。

(10) 左右转动采油树，使钢圈进入大四通底法兰的钢圈槽内，转动调整采油树方向，对角上紧四条法兰螺栓，摘掉绳套。

(11) 将剩余的法兰螺栓对角用 46 mm 套筒扳手上紧并用榔头砸紧。

三、注意事项

(1) 采油树拉送到井场后，值班人员或专门负责人员要验收采油树出厂合格证和清单，并按清单详细检查采油树各部件是否齐全，闸门开关是否灵活，螺纹及手轮丝杠有无变形，钢圈及钢圈槽是否损伤，损坏的不能使用。

(2) 采油树安装一定要按操作顺序进行，大四通上下法兰缝间隙要一致，螺栓上紧后上部统一留半扣，采油树安装后要平直、规范、美观。

(3) 钢圈上只能涂钙基、锂基、复合钙基等黄油，不允许用钠基黄油。

(4) 安装过程中要相互配合，确保操作安全。

(5) 对于没有塑料密封带的施工单位，在连接套管短节和套管接箍时也可用其他合格的螺纹密封脂(油)。

训练操作五　挽绳扣

一、直套式绳结

1. 操作步骤

(1) 将一根绳索弯成 U 形。

(2) 将另一根绳索同样弯成倒 U 形，开口必须与前者相反。然后将第二根倒 U 形绳压于第一根 U 形绳上，将第二根倒 U 形绳的两边绕过第一根 U 形绳的两边，并从后向前穿插拉出，即可将两绳边接构成直套式绳结(图 2-12)。

2. 注意事项

此种接法一般用于绳套和绳之间的连接；若两根绳索均较长，采用此法结扣不方便。

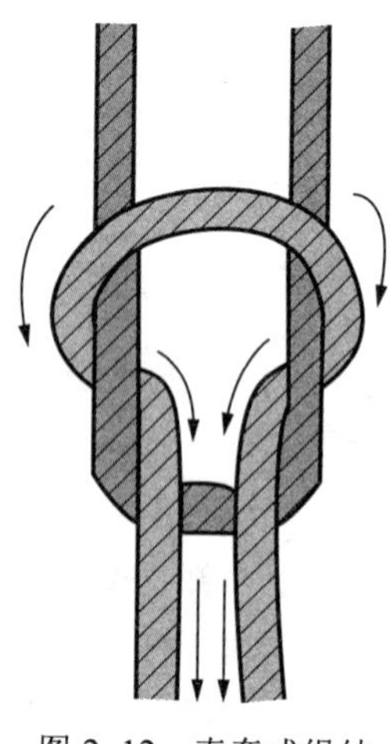

图 2-12　直套式绳结

二、简单绳结

1. 操作步骤

(1) 将被套物件平放于垫杠上，离地 50 cm。

(2) 将绳头绕过被套物，再从右向左绕过本绳，将绳头从被套物件和绳之间由前向后穿插拉出即可(图 2-13)。

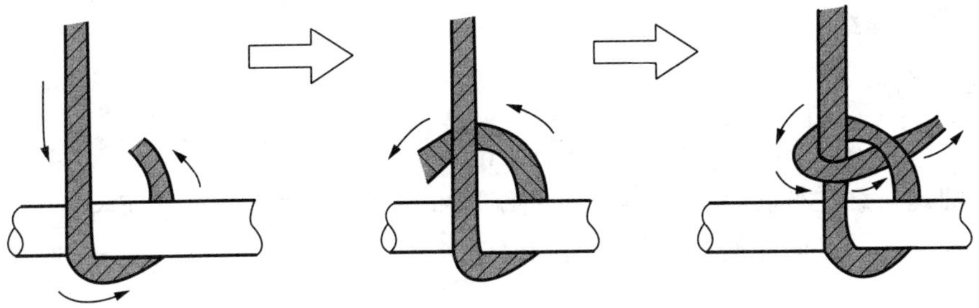

图 2-13　简单绳结

2. 注意事项

绳结打好后，绕过物件绳头余长不得少于 40 cm，以防止因绳头余长不够而散扣。

三、压头绳结

1. 操作步骤

（1）将被套物件平放于垫杠上，离地 50 cm。

（2）将绳头绕过被套物件，再从左向右绕过本绳，并从物件与绳之间（被套物件前面）穿插拉出即可（图 2-14）。

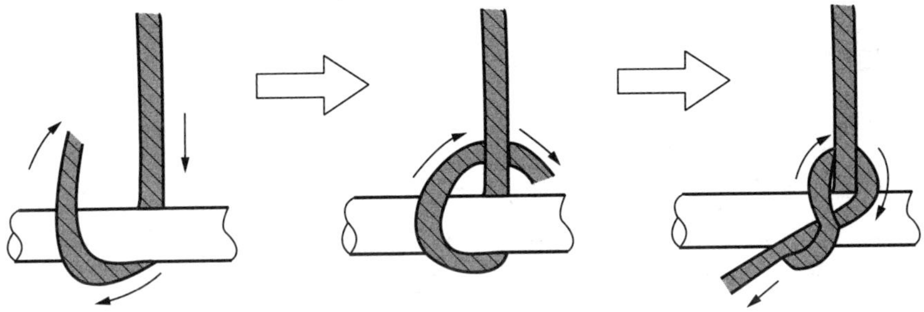

图 2-14　压头绳结

2. 注意事项

绳结打好后，绕过被套物件绳头余长不得少于 30 cm，以防止起吊或拖拉过程中绳套滑脱。

四、双扣简单绳结

与前面所讲简单绳结的操作步骤相同，不同之处是在简单绳结的基础上，再绕一个绳扣（图 2-15）。

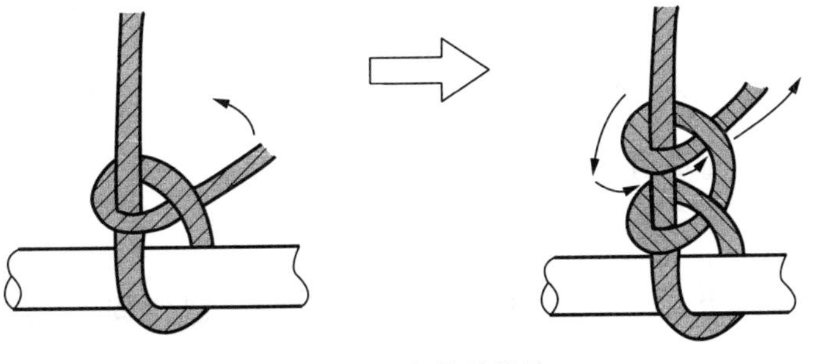

图 2-15　双扣简单绳结

五、渔夫绳结

1. 操作步骤

（1）将被套物件平放于垫杠上，离地 50 cm。

（2）将绳头绕过被套物件，再从左向右绕过本绳并越过被套物件前面的绳索，将绳头从被套物件下边与绳之间穿插拉出即可（图 2-16）。

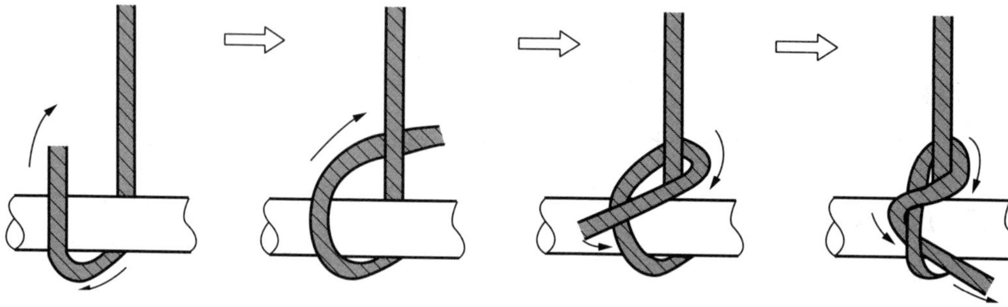

图 2-16　渔夫绳结

2. 注意事项

为防工作过程中绳扣松脱，绳扣结好后绳头余长不得少于 20～30 cm。

六、死扣绳结

1. 操作步骤

（1）将被套物件平放在垫杠上，离地 50 cm。

（2）绳头从前往后绕过被套物件，再从上往下压过本绳，然后从前往后绕过被套物件，将绳头从绳与被套物之间穿插拉出即可（图 2-17）。

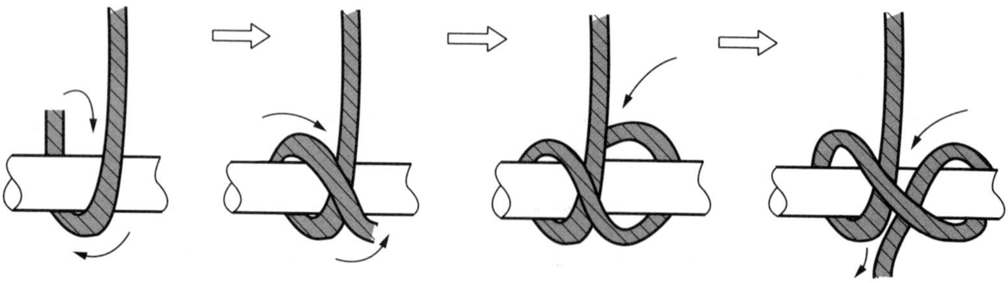

图 2-17　死扣绳结

2. 注意事项

为保证安全，绳头余长不得少于 50 cm。

七、直提钢梁或圆木用绳结

1. 操作步骤

（1）将圆木平放于垫杠上，离地 50 cm（也可直立于地面上并固牢，练习时以平放为准）。

（2）绳头由后向前绕过圆木，再从右向左绕过本绳，在距绳扣 15 cm 处将绳头从后向前绕过圆木，并将绳头从圆木与绳索之间穿过，然后将绳头从后向前绕过绳索，并将绳头从绳和圆木之间穿插拉出，最后将绳头从右向左绕过绳索并再次从圆木与绳之间穿插拉出（图 2-18）。

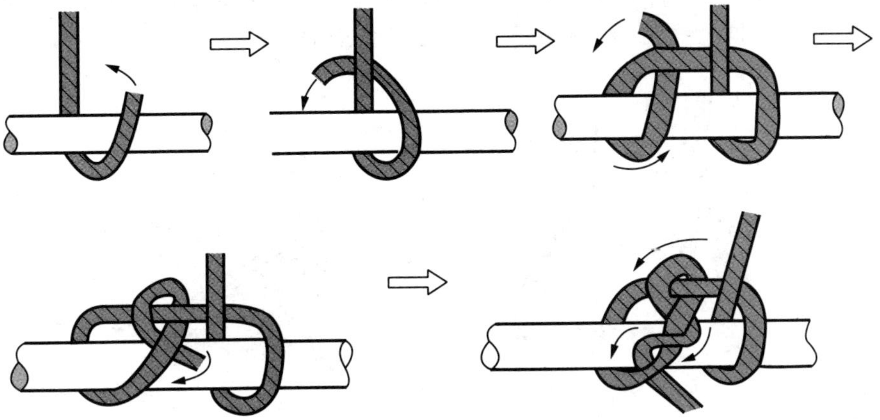

图 2-18 直提钢梁或圆木用绳结

2. 注意事项

如果将圆木直立于地面上，其绳结的操作步骤与平放圆木时相同。为保证安全，绳头余长不得少于 50 cm。

八、套扣式绳结

1. 操作步骤

（1）将被套物件平放于垫杠上，离地 50 cm。

（2）将绳套绕过被套物件，然后将绳套一端从绳套另一端中间穿插拉出（图 2-19）。

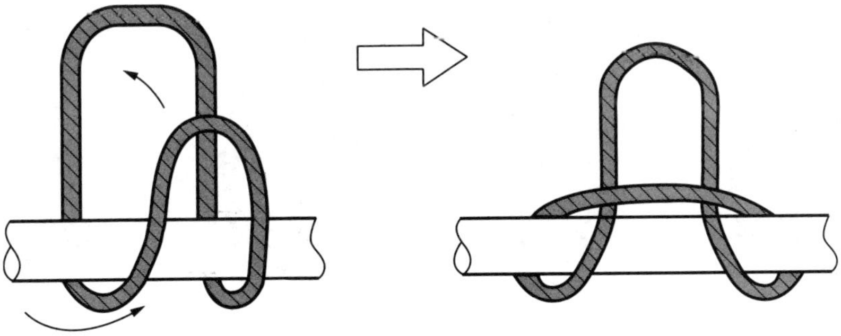

图 2-19 套扣式绳结

2. 注意事项

（1）打绳结前，应检查绳套套扣连接是否牢靠，避免工作中由于绳结扣不牢脱开而发生事故。

（2）绳结打好后，应保证吊钩钩身能顺利穿过并钩住绳套。

（3）为防止绳套脱出吊钩钩身，应用细铁丝将钩口锁住。

九、单扣绳结

1. 操作步骤

将两绳索相对绕成方向相反的U形，并将其中一绳索的两边分别绕过另一绳的两边，然后从另一U形绳中间(一边在外，一边在内)，交叉穿过(图2-20)。

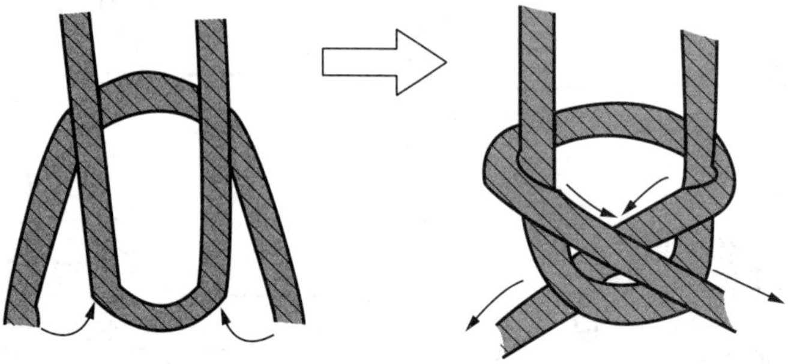

(a)　　(b)

图2-20　单扣绳结

2. 注意事项

一根绳的两边从U形中间交叉穿过时，一定要保证绳的一边在外，另一边在内，不然就成为直套式绳结。

十、锁扣式绳结

1. 操作步骤

将绳头由下向上绕过本绳，构成一小环，然后将绳头由下向上从环中穿过，再将绳头由本绳后面从右向左绕过本绳，并从上向下从小环中穿插拉出(图2-21)。

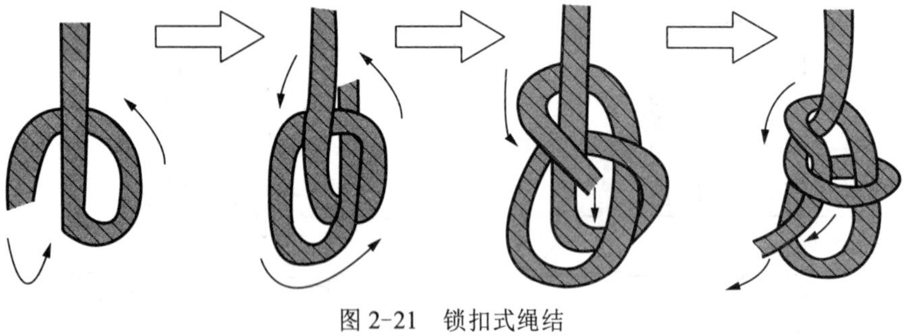

图2-21　锁扣式绳结

2. 注意事项

绳结打好后，应保证绳头余长不少于30 cm，以防止工作中因绳头滑脱而发生事故。

十一、套钩用绳结

1. 操作步骤

(1) 将一带钩小滑车固定于支架上，要求滑车距地面2 m。

（2）将绳索从钩身后向前绕过钩身，并将绳索两边在钩口内交叉后向下拉紧即可（图2-22）。

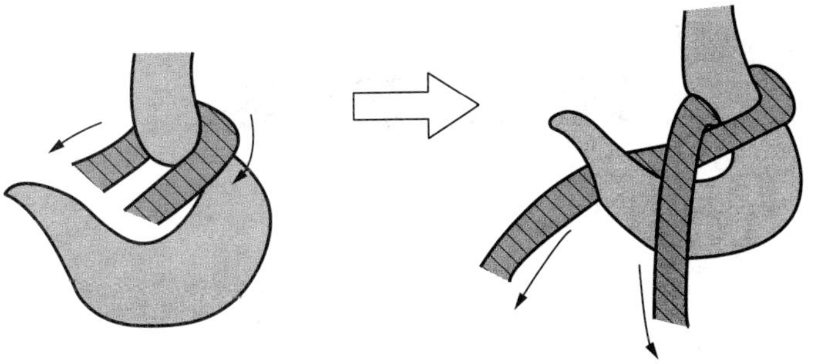

图 2-22 套钩用绳结

2. 注意事项

绳索交叉拉紧后，一定要分居于钩身两侧，不得将钩子置于交叉绳外，否则在吊升重物时，绳索易从钩口脱出。

训练操作六 卡绳卡

一、准备工作

工具、用具及设备：ϕ20 mm 钢丝绳若干，绳卡 4 个，扳手 1 把，U 形螺栓 4 个。

二、操作步骤

（1）首先根据钢丝绳的规格选用合适的绳卡规格及数量。

（2）将钢丝绳一端弯成 U 形或绕过某一固定物件，使钢丝绳活端紧靠钢丝绳的死端，此时应由其他人扶持，以保证钢丝绳不伸长。

（3）卡绳卡。卡绳卡时，卡子对着钢丝绳活端，而 U 形螺栓对着死端绳，在绳卡 U 形螺栓的螺纹上滴几滴机油，再上螺帽，即可上紧钢丝绳卡。卡绳卡时，绳卡之间的间距不得小于钢丝绳直径的 6 倍。

（4）用扳手对称拧紧绳卡螺帽。绳卡上紧程度应以钢丝有轻微压扁为宜。

三、注意事项

（1）在初次紧好钢丝绳卡后，应经常检查绳卡 U 形螺栓上的螺帽是否上紧。

（2）使用钢丝绳卡时，方法要适当；否则，绳卡所形成的绳结强度较低。

（3）紧绳卡螺帽时，不得将一边螺帽拧紧后，再拧另一边的螺帽，否则，绳卡紧固不牢。

项目二 压井施工

知识目标

1. 掌握压井的概念及目的。
2. 了解井喷的危害及其预防。
3. 掌握现场上常用的压井方法。
4. 掌握压井作业施工步骤及技术要求。

能力目标

1. 掌握压井液密度测量操作。
2. 掌握压井液黏度测量操作。
3. 掌握司钻法压井操作。
4. 掌握工程师法压井操作。
5. 掌握反循环司钻法压井操作(灌浆状态)。

工作过程知识

一、压井的概念及目的

从地面往井里注入密度适当的液体(即压井液),使井筒中的液柱在井底造成的回压与地层的压力平衡,阻止地层中的油、气、水流到井筒后喷至地面,这一工艺过程叫做压井。

压井时,要保护油气层,应遵循“压而不喷,压而不漏,压而不死”的原则。因此,压井必须采取以下四项产层保护措施:

(1) 选用优质压井液。

(2) 低产低压井可采取不压井作业,严禁挤压井作业(特殊井除外)。

(3) 保证地面盛液池罐干净无杂物,作业泵车及管线要进行清洗。

(4) 加快施工速度,缩短作业周期,完工后要及时投产。

二、井喷的危害及其预防

地层中的流体(油、气、水)无控制地涌入井筒、喷出地面的现象,称为井喷。井喷是一种恶性工程事故。

1. 井喷的危害

(1) 打乱全面的正常工作秩序,影响全局生产。

（2）使事故复杂化。

（3）井喷失控极易引起火灾，造成机毁人亡、环境污染，带来巨大的经济损失。

（4）伤害油气层，引起地层坍塌，导致油气井报废。

（5）涉及面广，造成不良的社会影响。

2. 预防井喷的措施

（1）地质设计应力求准确，应在充分调查研究的基础上提出有关地层变化及油、气层位置资料，以便工作人员准确掌握情况。

（2）施工设计应根据地层压力梯度提出配备相应压力等级的井控装置要求。

（3）严格按地质设计的压井液密度施工，不得随意降低密度；若压井液密度降低，必须及时维护或更换。

（4）装好完整适用的井口装置及相应的控制管线，确保防喷器与管柱直径相吻合，控制开关灵活，封闭严密，试压检验合格。

（5）井场内动用明火时应严格执行动火程序，并配有数量齐全且完好的消防器材。

（6）在油、气活跃的井中，起钻时应灌注压井液，下钻时应观察溢流变化情况。

（7）不得空井时间过长。

（8）在注意高压井防喷的同时，也要注意中、低压井的防喷。

三、压井方法

目前，现场上常用的压井方法有循环法、灌注法和挤注法三种。

1. 循环法

循环法压井是目前油田应用最广泛的方法，它是将配好的压井液用泵泵入井内进行循环，使油层中的液体不能进入井筒，并将井筒中的原油用压井液顶替出来，使原来被油、气、水充满的井筒改为用压井液充满。

循环法压井又分为反循环压井和正循环压井两种。

（1）反循环压井：压井液从套管和油管环形空间进入，然后将油管中的液体替出，构成从油套管环形空间到油管的反循环通道，从而将井压住。

使用条件：这种方法多用在压力高、产量大的油井，以及有深井泵和单流凡尔的油井。

（2）正循环压井：压井液从油管打入，然后经过油管鞋进入油管与套管环形空间并返至地面，构成从油管到油套管环形空间的正循环通道，从而将井压住。

使用条件：正循环压井用于低压、气量较大的油井效果较好。

2. 灌注法

灌注法是通过往井筒内灌注一段压井液而将井压住的方法。

这种方法多用于井底压力不高、修井工作难度不大、工作量小、修井时间短的简单修井作业，如换油井采油树总闸门、解除井口附近卡钻事故、焊接井口、更换四通法兰等。

3. 挤注法

靠井筒内压井液柱的重量将井压住的方法称为挤注法。

这种压井方法不同于灌注法，它是利用泵车往井内打入压井液，并将井内的油、气、水挤回地层；也不同于循环法，它在压井时只有进口没有出口。

这种压井方法的缺点是：在用高压将井筒内的油、气、水挤回地层的同时，也有可能将井内的脏物（如沙、泥等）压入油层，造成油层孔道堵塞。但挤注法压井有着工程上的实际意义，即可以解决用循环法压井不能解决、用灌注法压井也不能解决的压井问题，如砂堵井、蜡堵井或因事故不能进行循环的高压井，都必须采用挤注法压井。

四、压井液

1. 修井液

修井液的作用为：

（1）携带和悬浮钻屑、沉砂、铁屑等（如在钻水泥塞、冲砂和铣磨时），可避免因它们下沉而导致卡钻事故。

（2）修井液的密度、黏度能在较大范围内调节，因此可以建立起与地层压力相平衡的液柱压力，防止井喷、井漏并减少修井液对油层的损害。

2. 低固相和无固相压井液

1）定义

无固相含量的压井液称为无固相压井液，如清水或盐水等；固相含量低于5%的压井液称为低固相压井液。

2）优点

（1）由于这种压井液中的固相含量很低，甚至无固相含量，因此在压井过程中不会造成固体颗粒堵塞油层。

（2）压井液的密度和黏度在加入适量添加剂后能在较大范围内调配，因此压井液在一定范围内能适应不同压力系数的地层。

五、压井液密度、黏度的测量

1. 密度的测量方法

将待测压井液装满泥浆杯，加盖并洗净从小孔中溢出的压井液，然后置于支架上，移动游码，杠杆呈水平状态（水平气泡位于中央），读出游码左侧所示刻度，即为压井液相对密度，如图2-23所示。

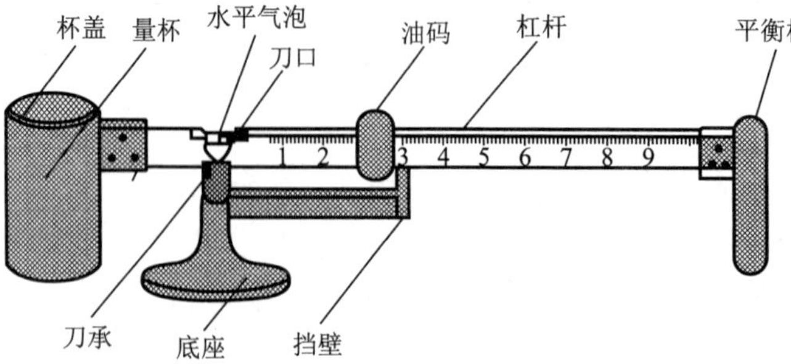

图2-23　泥浆密度计

2. 黏度的测量方法

现场常用野外标准漏斗黏度计测量压井液的黏度。测量时，用量杯分别量取 200 mL 和 500 mL 压井液，通过滤网注入漏斗，然后使压井液从漏斗流出，流满 500 mL 量杯所需要的时间(s)即为所测压井液的黏度。范氏黏度计是一种常用的标准漏斗黏度计，如图 2-24 所示。

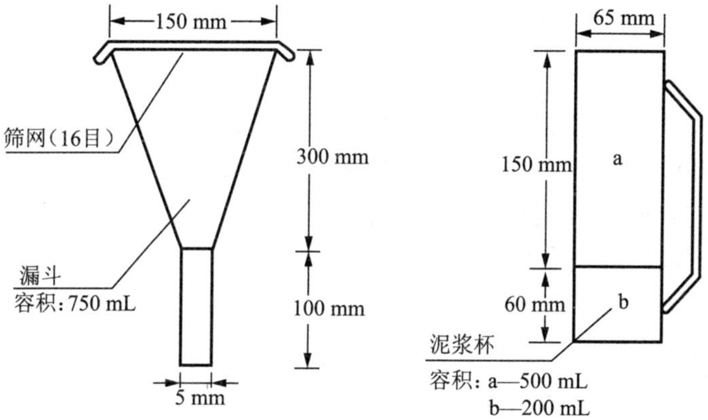

图 2-24 范氏黏度计示意图

六、压井液的配制与计算

1. 配制定量定密度的压井液

所需黏土量计算：

$$M = \frac{\gamma_1 V(\gamma_2 - \gamma)}{\gamma_1 - \gamma}\rho \tag{2-1}$$

式中 M —— 所需黏土量，kg；

γ —— 水的相对密度，无因次；

ρ —— 水的密度，$\rho = 1\,000$ kg/m^3；

γ_1 —— 黏土相对密度，无因次；

γ_2 —— 压井液相对密度，无因次；

V —— 所需配制压井液量，m^3。

所需水量计算：

$$Q = V - \frac{M}{\gamma_1 \rho} \tag{2-2}$$

式中 Q —— 所需水量，m^3。

例 1 某油田 ×× 井打捞井下落物时需要用相对密度为 1.14 的压井液压井，总共需 30 m^3。若用相对密度为 2.3 的黏土配制，问黏土和水分别需要多少？

解 所需黏土量为：

$$M=\frac{\gamma_1 V(\gamma_2-\gamma)}{\gamma_1-\gamma}\rho=\frac{2.3\times30\times(1.14-1)}{2.3-1}\times1\,000=7\,430(\text{kg})=7.43(\text{t})$$

所需水量为：

$$Q=V-\frac{M}{\gamma_1\rho}=30-\frac{7\,430}{2.3\times1\,000}=26.77(\text{m}^3)$$

2. 压井液密度调制

对于按一定密度配制的压井液，因条件改变或配制的密度未完全达到现场要求，需要对已经配制好的压井液密度进行调整。调整方法如下：

1）计算加重压井液密度所需的加重剂

加重压井液密度所需加重剂用量为：

$$G=\frac{S_1V(S_2-S)}{S_1-S_2}\rho \tag{2-3}$$

式中 G——所需加重剂用量，kg；

V——原压井液体积，m^3；

ρ——水的密度，kg/m^3；

S_1——加重剂相对密度，无因次；

S_2——重压井液相对密度，无因次；

S——原压井液相对密度，无因次。

例 2 某油田 ×× 井在处理井下卡钻事故时用相对密度为 1.2 的压井液压井，未压住。根据该油田地层压力情况需将现有压井液相对密度加大到 1.4，问每 1 m^3 原有压井液需加入多少重晶石？若全井共需压井液 60 m^3，问需要多少重晶石加重压井液？（重晶石的相对密度为 4.0）

解 1 m^3 原有压井液需加入重晶石的量为：

$$G=\frac{S_1V(S_2-S)}{S_1-S_2}\rho=\frac{4.0\times1\times(1.4-1.2)}{4.0-1.4}\times1\,000=308(\text{kg})\approx0.31(\text{t})$$

加重 60 m^3 压井液所需重晶石总重量 $=0.31\times60=18.6(\text{t})$

2）计算降低压井液密度所需的加水量

若原配制的压井液密度过大，则需要对原压井液进行稀释，加水量按下式计算：

$$X=\frac{V(S-S_2)}{S_2-1} \tag{2-4}$$

式中 X——降低压井液密度所需加入的清水量，m^3。

例 3 某油田 ×× 井在打捞落物过程中，由于周围注水井停注，地层压力下降，故需要降低压井液密度。原压井液相对密度为 1.25，现在需将 100 m^3 此种压井液的相对密度降低到 1.15，问需要加水多少？

解 所需加水量为：

$$X=\frac{V(S-S_2)}{S_2-1}=\frac{100\times(1.25-1.15)}{1.15-1}=66.7(\text{m}^3)$$

七、压井液的选择

压井效果的好坏取决于压井液柱压力与油层压力的对比关系及压井液本身的性质，因此，正确选择压井液是保证压井质量的重要环节。选取的压井液既要能压住井，使之作业时不喷，又要无损于油层。

1. 压井液密度选择法

压井液相对密度计算式为：

$$\gamma_{液}=\frac{100Kp_{油}}{H} \tag{2-5}$$

式中 $\gamma_{液}$——压井液相对密度，无因次；

$p_{油层}$——油层静压，MPa；

H——井深，m；

K——考虑平衡不稳定的安全系数，一般常取 1.05～1.10。

压井液相对密度见表 2-6。

表 2-6　压井液相对密度

压井液	原　油	清　水	地层水	50%氢氧化钠液	盐　水		油基压井液	水基压井液	无固相压井液
					普通盐水	加入氯化钙			
相对密度	0.78～0.98	1.00	1.00～1.03	1.00	1.00～1.18	1.00～1.26	0.80～1.80	1.05～2.00	1.00～1.68

2. 地层压力倍数选择法

选择压井液主要是确定压井液的密度，以使液柱所造成的回压等于(或大于)油层压力。目前，现场采用压井液柱压力为油层压力的 1.05～1.10 倍的简便方法进行选择，具体判别如下：

（1）当计算出的 $p_{油层}$>1 MPa 时，可用压井液压井。

（2）当计算出的 $p_{油层}$<1 MPa时，应用清水半压井，或用气化液或新型轻密度压井液压井。

八、压井作业施工步骤及技术要求

1. 施工步骤

1）反循环压井施工

（1）用扳手对称上紧井口螺栓。

（2）接好油、套管管线。从套管一翼接好进口地面管线，靠井口处装好单流阀；从油管一翼接好出口地面管线，靠井口处装好针形阀。

（3）从油管放压。

（4）将水泥车与进口管线连接并将由壬上紧，对管线进行试压。

（5）倒好反循环压井流程。

（6）用压井液反循环压井。

（7）观察 30 min，当进出口均无溢流且无喷显示时，完成反循环压井操作。

2）正循环压井施工

（1）用扳手对称上紧井口螺栓。

（2）接好油、套管管线。从油管一翼接好进口地面管线，靠井口处装好单流阀；从套管一翼接好出口地面管线，靠井口处装好针形阀。

（3）从套管放压。

（4）将水泥车与进口管线连接并将由壬上紧，对管线进行试压。

（5）倒好正循环压井流程。

（6）用压井液进行正循环压井。

（7）观察 30 min，当进出口无溢流且无喷显示时，完成正循环压井操作。

2. 技术要求

（1）出口管线用硬管线连接。

（2）进口管线必须在井口处装好单流阀（高压井进行压井时采用高压单流阀），以防天然气倒流至水泥车而造成火灾事故。

（3）用压井液压井前，先替入井筒容积 1.5～2 倍的清水脱气，出口见水后再泵入压井液。

（4）压井前，必须严格检查压井液性能，不符合设计性能的压井液不能使用。

（5）压井时，应尽量加大泵的排量，中途不能停泵，以避免压井液气浸。

（6）压井时，应用针形阀控制出口流量，采用憋压方式压井，待压井液接近油层时，保持进出口排量平衡，这样一方面可避免压井液被气侵，另一方面又可防止出口量小于进口量而造成油层污染。

（7）挤压井时，为防止将压井液挤入地层而造成污染，要求替入隔离液，一般要求是将压井液挤至油层顶界以上 50 m。

（8）重复挤压井时，要先将前次挤入井筒内的压井液放喷干净，然后才能再次进行压井作业。

（9）洗、压井时，进出口罐必须放置在井口的两侧（不同方位），距井口 30～50 m 以外，以防井内油、气引起着火。

（10）气井，尤其是含硫化氢气井压井，要特别制定防火、防爆、防中毒措施。

3. 井被压住的表现

（1）泵压平稳，进口排量等于出口排量，进口密度等于出口密度。

（2）返出液体无气泡，停泵后井口无溢流，进口与出口压力表上读数近于相等。

4. 注意事项

（1）压井前，应用油嘴排出井筒上部存气。

（2）压井前，应检查泵注设备，以免中途停泵而造成压井液气浸。

（3）用改性压井液压井时，压井前应先替入部分前置液脱气；高油气比井可用清水循环除气，待出口见水后，再替入改性压井液。

（4）为保护产层，应避免压井时间过长，以减少压井液对产层的污染。

（5）若进口液量超过理论井筒容积时仍不返出或大量漏失，则应停止作业，并请示有关部门，采取有效处理措施。

(6) 压井时，泵的排量应尽可能大；为防止管线堵塞，应装过滤网。

(7) 压井时，不应在高压区穿行；如出现刺漏，应停泵泄压后再处理；开关闸门应侧身操作。

5. 影响压井作业的主要因素

1) 压井液性能影响

压井过程中，井和地层内各种条件都对压井液产生影响，促使性能合适的压井液不断发生变化，影响压井的成功率。压井液性能破坏的主要原因是“四浸”，即水浸、气浸、钙浸(水泥浸)、盐水浸。

2) 设备性能影响

钻井泵的排量达不到设计要求，上水不好，使压井液不能连续注入，甚至出现设备故障，延误作业时间，导致压井失败。

3) 造成压井失败的主要因素

(1) 井下情况不明(或不详)。对井下结蜡、高压水层、油气比、静压及周围连通情况等不清，可导致在压井过程中发生预料不到的问题而使压井失败。

(2) 准备不充分。没有必备的处理剂，无法调配压井液性能；管线未上紧或有破裂处，检查不严格，导致压井过程中管线渗漏；准备压井液数量不足，迫使压井工作半途而废。

(3) 技术措施不当。在压井过程中，井口压力控制不当会影响压井的进行；如果出口控制压力过大，则会使地层流体进入井筒，致使压井失败；如果出口控制压力过小，则会使大量压井液注入产层，侵害产层。

6. 压井时应录取的资料

压井时主要录取如下资料：水泥车型号、压井液名称、压井液数量、压井液相对密度、压井方式、压井深度、进口与出口压井液的排量及相对密度、泵压、压井时间、有无漏失等。

技能训练

训练操作一　压井液密度测量操作

一、准备工作

穿戴好劳保用品，准备好密度计、支架、待测压井液、清水、毛巾，量杯 1 个，起子 1 把，棉纱少许。

操作人员要求：本项目所需操作人员 1 人。

二、操作步骤

(1) 检查密度计表面是否有变形、残缺。

(2) 测量前应先用水校正密度计。校正方法是：将密度计量杯灌满清水，慢慢旋转杯盖并盖好，擦净杯盖周围溢出的水，将密度计放在支架上(支架座要平整)，移动游码到刻度“1”的位置。

(3) 看水平气泡是否在中间。若气泡向量杯方向偏移，说明密度计平衡圆柱过重，应减少铅粒，使气泡居中；若气泡向圆柱方向偏移，说明平衡圆柱过轻，应增加铅粒，使气泡居中。

（4）密度计校验合格后，将待检验的压井液充分搅拌后注满清洁、干燥的量杯。

（5）盖上杯盖并慢慢拧紧，使多余的液体从盖上小孔溢出。

（6）用手指压住盖上小孔，清洗或擦净量杯外壁及壁梁上的液体。

（7）将刀口放在支架上，移动并调整游码。当水平气泡在中间时，读出内侧所示刻度数值，即为压井液的相对密度。

（8）测完后，将密度计洗净、擦干。

三、注意事项

（1）密度计使用前必须进行检查，用清水校验合格后方可使用。

（2）所测量数据要真实准确，取小数点后两位。

（3）现场使用前应准备 1 桶清水及毛巾等。

（4）密度计用完后要妥善保管，防止刀口损伤而影响测量精度。

训练操作二　压井液黏度测量操作

一、准备工作

工具、用具：漏斗黏度计 1 套，棉纱少许，秒表 1 只。

二、操作步骤

（1）在测定压井液黏度之前，先将压井液黏度计用水刷干净，再在化验用的压井液搅拌机中搅拌压井液 1 min，用量杯将 500 mL 及 200 mL（700 mL）的压井液通过筛网注入黏度计，其流出口用手指堵住使之不流出。

（2）测量时，将 500 mL 量杯置于流出口下，当放开堵住出口的手指时，同时按动秒表，待压井液流满 500 mL 量杯（达到其边缘）时，再按动秒表，记下压井液流出的时间，即为压井液的黏度。

（3）假如在测定黏度以前没有将压井液按照上述方法在搅拌机中充分搅拌，则应把压井液从量杯中重新倒入压井液黏度计中，重复测量，直到压井液流出的时间不再减少为止。

（4）测量后，需用水将黏度计、筛网和量杯冲洗干净。压井液黏度计应当经常用清洁的水来测量其流出的时间，这称为黏度计的水泥浆黏度计值，简称水值。如水值大于 15 s，表示流出管未冲洗干净，可用软毛刷、布条等刷洗管子；如小于 5 s，就不能再使用了。正常水值为 15±0.5 s。

三、注意事项

（1）测量黏度前必须用清水校验黏度计，合格后方可使用。

（2）被测液体有杂草、泥砂块等杂物时，应加滤网过滤，但过滤完后应去掉滤网，否则测得的黏度不真实。

（3）黏度计用后必须先清洗干净，然后放入工具箱内，严禁磕碰。

训练操作三　司钻法压井操作

本次操作在 WS-3 井下作业模拟器上进行技能训练。

一、准备工作

（1）设置高压管汇为循环状态。

（2）关闭 J2A 阀门。

二、操作步骤

（1）当屏幕上出现作业初始画面时，开泵。

（2）调节排量为 10 L/s（泵冲数为 25 冲/min）。

（3）打开节流管汇上的 J2A 阀门。

（4）按 1 号钮，开始本次作业。

（5）通过调节阻流器上的节流调节阀，使控制压力曲线尽量接近司钻法理论压井曲线。

（6）观察图形，当气柱全部放喷后，关泵。

（7）关闭节流管汇上的 J2A 阀门。

（8）在参数显示台上，调整压井液密度为压井施工单上规定的密度值；开泵，调整排量为 10 L/s（泵冲数为 25 冲/min），打开节流管汇上的 J2A 阀门，再次按 1 号钮，开始注入压井液，重建井内压力平衡。

（9）通过调节阻流器上的节流调节阀，使控制压力曲线尽量接近司钻法理论压井曲线。

（10）按 1 号钮，结束本次作业。

三、注意事项

可利用阻流器控制台上的节流速度调节旋钮来控制节流阀开度，从而调节节流速度。

训练操作四　工程师法压井操作

本次操作在 WS-3 井下作业模拟器上进行技能训练。

一、准备工作

（1）设置高压管汇为循环状态。

（2）关闭 J2A 阀门。

二、操作步骤

（1）当屏幕上出现作业初始画面时，根据语音提示调节压井液密度为压井施工单上规定的密度值。

（2）开泵，调整排量为 10 L/s（泵冲数为 25 冲/min）。

（3）打开节流管汇上的 J2A 阀门。
（4）按 1 号钮，开始本次作业。
（5）通过调节阻流器上的节流调节阀，使控制压力曲线尽量接近理论压井曲线。
（6）按 1 号钮，结束本次作业。

三、注意事项

可利用阻流器控制台上的节流速度调节旋钮来控制节流阀开度，从而调节节流速度。

训练操作五　反循环司钻法压井操作（灌浆状态）

本次操作在 WS-3 井下作业模拟器上进行技能训练。

一、准备工作

（1）设置高压管汇为灌浆状态。
（2）关闭 J2A 阀门。

二、操作步骤

（1）当屏幕上出现作业初始画面时，开泵。
（2）调节排量为 10 L/s（泵冲数为 25 冲/min）。
（3）打开节流管汇上的 J2A 阀门。
（4）按 1 号钮，开始本次作业。
（5）通过调节阻流器上的节流调节阀，使控制压力曲线尽量接近反循环司钻法理论压井曲线。
（6）观察图形，当气柱全部放喷后，关泵。
（7）关闭节流管汇上的 J2A 阀门。
（8）在参数显示台上，调整压井液密度为压井施工单上规定的密度值；开泵，调整排量为 10 L/s（泵冲数为 25 冲/min），打开节流管汇上的 J2A 阀门，再次按 1 号钮，开始注入压井液，重建井内压力平衡。
（9）通过调节阻流器上的节流调节阀，使控制压力曲线尽量接近反循环司钻法理论压井曲线。
（10）按 1 号钮，结束本次作业。

三、注意事项

可利用阻流器控制台上的节流速度调节旋钮来控制节流阀开度的调节速度。

项目三　通井施工

知识目标

1. 掌握通井施工工艺过程。
2. 了解通井施工的相关准备知识。

能力目标

掌握通井操作。

工作过程知识

根据套管尺寸，用一定长度和外径的通井规将套管畅通至人工井底或要求的位置，再起出通井规的全部工作称为通井。通井用以保证射孔和其他作业的顺利进行。

一、通井的目的

通过通井可以了解井内套管的变化情况；探出人工井底位置，核实人工井底深度；清除套管内壁上的杂物或毛刺，使套管内畅通无阻，以确保下步施工安全顺利地进行。

通常，向井内下入施工管柱前都要进行通井，特别是射孔、补孔前后，试油施工开始和处理任何井下事故及下入大直径工具前都要进行通井。现多用油管带通井规在套管内通井。

二、通井规及其选择

通井规是通井用的专用工具，其结构如图 2-25 所示。

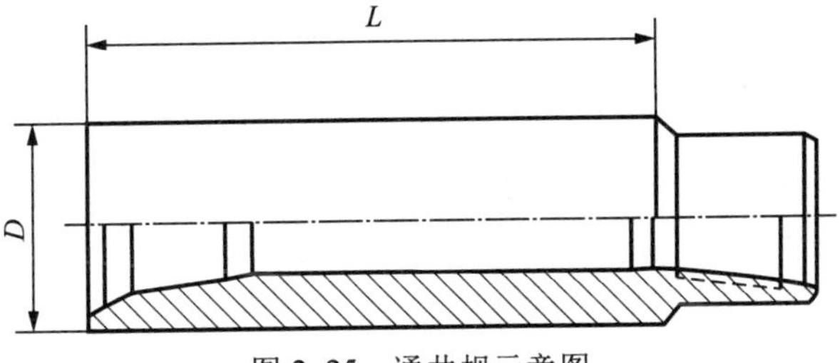

图 2-25　通井规示意图

在选用通井规时，通井规外径要比套管最小内径小 6～8 mm，壁厚为 3. 5～5 mm，有效长度为 1. 2～1. 5 m；当向井内下入直径较大的工具（如封隔器等）时，通井规大端外径不能小于工具钢体最大直径，大端长度 L 不得小于下井工具长，大端不得为锥体；在特殊作业井中，通井规有效长度应比下井工具的大直径管长度长 50～100 mm；对于水平井、斜井，通井规的尺寸选择要根据套管记录而定，采用橄榄形状，最大外径比套管最小内径小 6～8 mm，有效长度为 30～40 mm。套管系列通井规规范见表 2-7，油管系列通井规规范见表 2-8。

表 2-7　套管系列通井规规范

套管规格/mm（in）	114.3（$4\frac{1}{2}$）	127（5）	139.7（$5\frac{1}{2}$）	146（$5\frac{3}{4}$）	168.2（$6\frac{5}{8}$）	177.8（7）
外径 D/mm	92～95	102～107	114～118	116～128	136～148	146～158
长度 L/mm	500	500	500	500	500	500
上部接头螺纹	NC26-12E	NC26-12E	NC31-22E	NC31-22G	NC31-12E	NC38-32E
	60.3（$2\frac{3}{8}$）	73（$2\frac{7}{8}$）	73（$2\frac{7}{8}$）	73（$2\frac{7}{8}$）	60.3（$2\frac{3}{8}$）	88.9（$3\frac{1}{2}$）
	TBG	TBG	TBG	TBG	TBG	TBG
下部接头螺纹	NC26-12E	NC26-12E	NC31-22E	NC31-22G	NC31-12E	NC38-32E
	60.3（$2\frac{3}{8}$）	73（$2\frac{7}{8}$）	73（$2\frac{7}{8}$）	73（$2\frac{7}{8}$）	60.3（$2\frac{3}{8}$）	88.9（$3\frac{1}{2}$）
	TBG	TBG	TBG	TBG	TBG	TBG

表 2-8　油管系列通井规规范

油管规格/mm（in）	48.3（$1\frac{1}{2}$）	60.3（$2\frac{3}{8}$）	73（$2\frac{7}{8}$）	88.9（$3\frac{1}{2}$）	101.6（4）	114.3（$4\frac{1}{2}$）
外径 D/mm	38	48	59	73	84	95
长度 L/mm	500	500	500	500	500	500

三、通井准备工作的一般顺序

（1）根据油层套管内径，在技术规范数据中选择通井规尺寸。

（2）了解套管的技术情况，丈量油管，测量通井规直径、长度、壁厚、表面状况，画出草图。

（3）排放和丈量油管。

（4）检查、安装井场照明。

（5）安装地面设备，包括在油层套管头上安装井口以下部分、检查并安装防喷器、安装井口作业操作台。

四、通井的质量标准

（1）通井必须通至人工井底或设计要求深度，通井规起出后应无伤痕、无变形。

（2）通至规定深度后，进行充分循环洗井，清除从井壁上刮下的脏物。

（3）通井过程中遇阻或通至人工井底时，加压不得超过 30 kN。

五、通井操作要求

1. 普通井通井

（1）通井时，通井规的下放速度应小于 0.5 m/s。通井规下至距人工井底 100 m 时，要减慢下放速度。

（2）通井规下至人工井底后，上提通井规至距人工井底 2 m 以上，用 1.5 倍井筒容积的洗井液反循环洗井，以保持井内清洁。

（3）起出通井规后，要详细检查，发现痕迹须进行描述，分析原因，并上报技术部门，采取相应的处理措施。

2. 老井通井

通井规下放速度小于 0.5 m/s；通至射孔井段、变形位置或预定位置以上 100 m 时，要减慢下放速度，缓慢下至预定位置。

其他操作与普通井通井相同。

3. 水平井、斜井

（1）通井规下至 45° 拐弯处时，下放速度要小于 0.3 m/s，并采用下一根→提一根→下一根的方法。

（2）通井至井底时，加压不得超过 30 kN，并上提通井规至距井底 2 m 以上，充分反循环洗井。

（3）起出通井规时，起钻速度为 10 m/（45～60）s，最大负荷不得超过油管的安全负荷，否则停止作业，研究好措施后再通井。

（4）起出通井规后，要详细检查，并进行描述。

六、注意事项

（1）对于井斜小于 45° 和未进行射孔、大修等作业的井，采取普通井通井操作。

（2）老井通井前一般先要探清井内砂面位置，特殊情况下要进行热洗和刮削，然后再进行通井施工。当通井中途暂停施工时，无特殊情况通井规应提至射孔井段顶界以上 30 m，并彻底反循环洗井，然后方能坐封井口暂停。

（3）水平井、斜井通井时，通井规进入井斜 45° 井段后必须连续作业；通井规通至预定位置后必须用低固相修井液循环替出井内液体，并彻底洗井。

七、安全管理要求

（1）操作人员必须穿戴劳保用品才能上岗。

（2）井场应注意防火，不得将火种带进井场；井场应配备消防设备，且应摆放在距井口 10 m 以外的合理位置；消防器材要求清洁、无油污、无杂物，处于有效完好状态，且不得乱拉或移做他用。

（3）施工井场应注意环保。不得破坏井场外的土地；所有废物不得随便乱扔，必须妥善处理。

（4）井场照明应配备防爆灯具。

八、资料录取

（1）管柱类型和规格、单根长度、下入根数。

（2）通井规型号、外形尺寸。

（3）通井深度、遇阻位置、指重表变化值及对应深度。

（4）起出通井规上的痕迹描述。

技能训练

训练操作　通井操作

一、准备工作

工具、用具及设备：修井机 1 台，实训井 1 口（配有管柱），通井规 1 个，1.5 m 长钢板尺 1 把，自封封井器 1 个，铅模 1 个，数码相机 1 台。

二、施工过程

（1）按要求选好通井规，并将其接在下井油管第一根的底部，上紧。在下入 8～10 根油管时装好自封封井器。

（2）正常通井，油管下放速度要求为 40 根/h。通到距人工井底 100 m 时，要减慢下放速度，仔细观察指重表的悬重变化。

（3）通井规中途遇阻或到人工井底时，加压不得超过 30 kN。通井遇阻后，记录下井油管根数，并在最后一根油管与自封封井器上平面平齐的位置上打上标记。

（4）起出最后入井的一根油管，丈量油管方入长度并记录：

油管方入＝自记号到油管公扣螺纹消失端的长度－封井器高度

（5）根据下井油管根数计算井底和遇阻深度，复查是否与钻井等所给数据相符，如相差较大则请有关部门制定处理措施。

（6）通至人工井底或设计深度后，卸掉封井器，坐好井口，反循环洗井。当进出口水质一致时，停泵，装好封井器，起出井内油管、通井规。

（7）对起出的通井规要进行详细检查，发现痕迹要进行描述，并分析造成痕迹的原因。

三、注意事项

（1）通井操作要平稳，中途遇阻应上下活动管柱，或起出检查，找出原因，采取措施后再进行通井，绝不允许硬下。

（2）通井管柱要能循环。

（3）必须通到人工井底或设计深度。

（4）严禁带通井规冲砂、注灰。

（5）对于裸眼井通井，通井规不准出套管鞋，裸眼井段另下管柱探底。

（6）老井起通井规时要注意防喷。通井管柱下到一定深度后，应随时检查井架绷绳、地锚等地面设备是否完好。

（7）在预计人工井底附近，下放管柱三次，若每次所加钻压为 30 kN 不变且遇阻深度不变，则可认为此深度即为实探人工井底的深度。

项目四　洗井施工

知识目标

1. 掌握洗井的质量要求。
2. 洗井应收集的资料。

能力目标

1. 掌握接洗管线的正确操作。
2. 掌握洗井操作。

工作过程知识

洗井是将管柱下到预定位置或利用井内原有管柱，用准备好的洗井液（多为清水），在井内进行循环、冲洗，清除井筒内脏物的过程。

一、洗井的目的

通过洗井可以清除套管内壁及油管内外黏附的杂质、污物，以确保井筒清洁。

二、洗井的方式

洗井有正循环、反循环和正反交替循环三种方式，其性能对比见表 2-9。

表 2-9　洗井方式性能对比表

洗井方式	冲洗能力	携带脏物能力
正循环	强	弱
反循环	弱	强
正反交替循环	强	强

三、洗井的质量要求

（1）洗井要求达到“一大，二平，三一致”。

“一大”是指洗井要求排量大而稳定。

“二平”是指控制进口和出口的水量平衡，做到不喷、不漏、连续平稳，一次将井洗好。

“三一致”是指洗井必须达到进口、井底、出口三点水质分析结果一致并合格为止。

（2）洗井要连续进行不得中断，以保证洗井质量。对漏失井，可用混气水代替清水进行洗井，这不但可降低静水柱压力，而且可通过气水比的调节使井筒液柱压力变成可调节的，从而避免洗井液漏入地层。

（3）控制好进出口液量，达到油层微吐，严防漏失。

（4）要彻底清洗油管和油套管环形空间、射孔井段及井底口袋内杂物。

（5）洗井液的排量应由小到大，最大排量不超过 30 m^3/h。

（6）从井内返出的原油要进行回收，返出的污水或清水要进排污池，不准乱排；要求洗井液对地层无伤害。

（7）洗井合格标准为：从井中返出的水的含铁量不超过 0.5 mg/L，机械杂质不超过 0.2%。

技能训练

训练操作一　接洗管线

一、准备工作

工具、用具及设备：ϕ73 mm 油管 100 m，ϕ73 mm 活动弯头 4 副，ϕ73 mm 由壬 4 副，ϕ73 mm 三通 2 只，900 mm 管钳 1 把，1 200 mm 管钳 1 把，ϕ60 mm 快速连接管线 6～8 根，大榔头 1 把，针形阀 2 只，单流阀 2 个，平式油管接箍 2 个，钢丝刷子 1 个，密封脂少许。

二、操作步骤

1. 摆放油管，连接管线

（1）选择丝扣完好、管体无裂痕的油管，其累计长度相当于管线长度。

（2）将选择好的油管从井口至水泥车预停放位置一字摆放，并在连接丝扣处涂上密封脂，作为进口管线。

（3）将选择好的管线从井口至放空罐一字摆放，并在连接丝扣处涂上密封脂，作为出口管线。

（4）用 900 mm 管钳依次将两条管线的油管连接上紧，并在每条管线的两端接上由壬，其由壬的母扣部分接在井口一端，公扣部分接在另一端。

2. 连接正循环压井管线

（1）在采油树靠近井口管线一翼的生产闸门处装一单流阀，并装一公扣由壬，与进口管线母扣由壬对接。

（2）在采油树靠近出口管线一翼的套管闸门处装一针形阀，并装一公扣由壬，与出口管线母扣由壬连接。

（3）将水泥车尾部的母扣由壬与进口管线的公扣由壬对接，将出口管线的出口处接在放空罐上。

（4）用大榔头从井口开始将两条管线的由壬砸紧。

这样就形成了一条从水泥车经采油树生产闸门、总闸门入油管至井底，经油套环空返至套管闸门，过针形阀和出口管线至放空罐的通道。

3. 连接反循环压井管线

将正循环管线的进出口管线在井口处对换，即成为反循环管线，操作方法同上。

三、注意事项

（1）连接管线前，要仔细检查管线是否完好、畅通。

（2）检查由壬及丝扣是否完好，规格是否相符；接管线时，要将丝扣及由壬上的脏物清除干净，连接丝扣要上紧，由壬要砸紧。

（3）抬摆油管、使用大榔头时，要注意安全操作，以防伤人。

训练操作二　洗井操作

一、准备工作

工具、用具及设备：实训井 1 口（配有管柱），井口装置 1 套，洗井管线 1 套，洗井车 1 台，废液池 1 个。

二、操作步骤

（1）按施工设计的管柱结构要求，将洗井管柱下至预定深度。

（2）连接地面管线，地面管线试压至设计施工泵压的 1.5 倍，5 min 后不刺不漏为合格。

（3）开套管闸门，打入洗井液。洗井时要注意观察泵压变化，泵压不能超过油层吸水启动压力；洗井液排量由小到大，出口排液正常后逐渐加大排量，将设计用量的洗井液全部打入井内。

（4）洗井过程中，随时观察并记录泵压、排量、出口排量及漏失量等数据。当泵压升高洗不通时，应停泵及时分析原因并进行处理，不得强行憋泵。

（5）严重漏失井应在采取有效堵漏措施后再进行洗井施工。

（6）出砂严重的井优先采用反循环法洗井，保证不喷不漏、平衡洗井。

（7）洗井应准备 2～4 倍井筒容积的洗井液，洗井液要清洁，且性能符合施工要求。洗井过程中开泵连续大排量（500 L/min 以上）进行循环。当循环两周以上，井内返出液体与注入液体密度、水色及水质一致时结束。

（8）录取洗井时间、洗井方式、洗井液性能、排量、泵压、深度、出口液体密度、漏失量、水泥车型号等资料。

三、注意事项

（1）操作人员必须穿戴劳保用品才能上岗。

（2）洗井管线应试压合格，启泵后关小，待出口正常后方可大排量洗井，以防止管线爆、脱、摔伤人。

（3）洗井施工中，提升动力设备要连续运转，不得熄火。

（4）出口管线连接平直，末端用地锚固定。

项目五　冲砂施工

知识目标

1. 掌握冲砂施工前准备的相关知识。
2. 了解冲砂施工应录取资料。

能力目标

掌握冲砂操作。

工作过程知识

冲砂是利用水泥车向井内泵入高速流动的液体而将井内的砂子冲散，并利用液体循环上返的携带能力将冲散的砂子带到地面的工艺方法。

一、冲砂液的要求

冲砂液是施工的主要工作介质，对它的要求是：

（1）有一定的黏度，以保证具有良好的冲砂和携砂能力。

（2）有一定的密度来压井，以防止冲砂过程中发生井喷事故。

（3）与油层配伍性好，不损害油层，性能稳定。

（4）来源广，价格便宜。

能做冲砂液的液体有钻井液、原油或成品油、水、乳化液、气化液等，最常用的是清水、活性水和无机盐水。

二、冲砂方式

冲砂方式按冲砂液在井内的循环通路分为正冲砂、反冲砂、正反冲砂等；按所用的管柱分为油管冲砂、联合冲砂管柱冲砂、冲管冲砂、气化液冲砂等。

1. 正冲砂

冲砂液从油管进入，沿冲砂管向下流动，在流出冲砂管口时以较高的流速冲散井底沉砂，冲散的砂子与冲砂液混合后沿冲砂管与套管环空返至地面。

冲砂管可以是油管、钻杆，也可以是其他管子。通常冲砂管最下端带斜尖，这样可以防止下放过快而憋泵，也可利用斜尖刺松砂堵，便于冲砂，如图 2-26 所示。

（1）优点：冲砂管直径较小，冲刺力大，易于冲散砂堵。

（2）缺点：套管与冲砂管环形空间面积比较大（特别是大直径套管），冲洗液上返速度小，携砂能力弱，大颗粒砂子不易被带出。

为了提高携砂能力，可以提高冲砂液的黏度或加大泵的排量；为了防止在接单根过程中砂子下沉而造成卡钻，在接单根前要进行较长时间的循环冲洗，并要求接单根速度尽可能快。

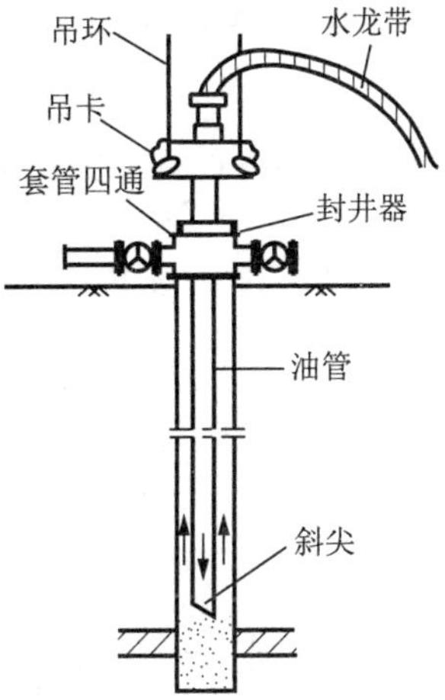

图 2-26　正冲砂示意图

2. 反冲砂

冲砂液由套管和冲砂管环形空间进入，冲起并携带泥砂沿冲砂管上返到地面。

（1）优点：冲砂管内径小，冲砂液上返速度快，携砂能力强，泥砂不易沉淀，所以可消除冲砂过程中卡钻的可能性。

（2）缺点：液体下行速度较低，冲刺力不大，且易堵塞冲砂管。

3. 正反冲砂

正反冲砂就是用正冲的方式冲散砂堵，使其呈悬浮状态，然后快速改为反冲，将泥砂带到地面。这样就可以提高冲砂效率。正反冲砂时，必须在地面安装总机关，以便倒换冲砂流程时方便、迅速。

4. 漏失井冲砂

在一些地层压力低的井中，冲砂时往往由于液柱压力过大而产生漏失，严重时无法进行循环，此时常采用气化液冲砂（又称混气冲砂）。

气化液是由用水泥车打出的油（或水）和压风机供给的气混合而成的。气化液冲砂时，压风机与水泥车并联，要先开水泥车，后开压风机，使泵不受气体影响，保证上水正常。压风机出口与水泥车之间要装单流阀，以防液体倒流。接单根前要先停压风机，继续开泵 5～10 min，使液体充满冲砂管柱。液体的气化程度按需要来调节。气化液冲砂时，返出管线要用硬管线固定好，以防管线跳动而发生事故。

5. 冲管冲砂

冲管冲砂是用小直径的管子下入油管内冲砂，以清除砂堵。其优点是操作轻便，不拆井口，不动油管即可冲砂至井底。冲管冲砂现场施工示意图如图 2-27 所示。

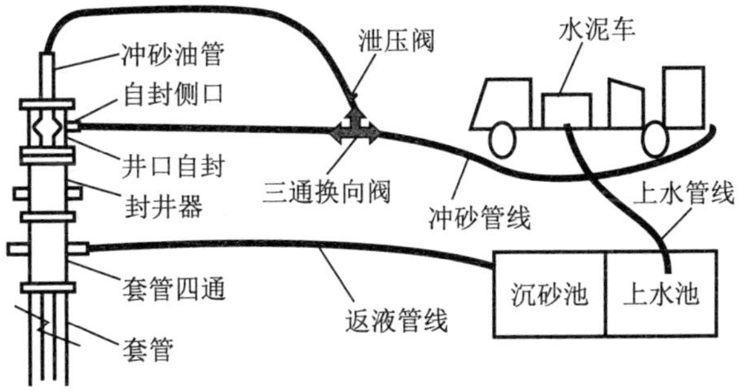

图 2-27　冲管冲砂现场施工示意图

三、探砂面

探砂面是下入管柱实探井内砂面深度的施工。通过实探井内砂面深度，可为下一步下入其他管柱提供参考依据，也可了解地层出砂情况。

四、技术要求

（1）气化液冲砂排量为 500 L/min 左右，压风机排量为 8 m^3/min 左右，冲至砂面时加压小于 10 kN。

（2）禁止用带封隔器、通井规等大直径的管柱冲砂。

（3）冲砂施工必须在压住井的情况下进行。

（4）冲砂过程中要缓慢均匀地加深管柱，以免造成砂堵或憋泵。

（5）冲砂施工需有沉砂池，进出口罐应分开，不得将冲出的砂又带入井内。

（6）需有专人观察出口返液情况，若发现出口不能正常返液，应停止冲砂施工，迅速上提管柱至原砂面以上 30 m，并活动管柱。

（7）混气水或泡沫冲砂施工时，井口应装高压封井器，出口必须接硬管线并用地锚固定牢。

（8）冲砂施工中途，若作业机出故障，必须进行彻底循环洗井；若水泥车或压风机出现故障，应迅速上提管柱至原砂面以上 30 m，并活动管柱。

（9）因管柱下放过快而造成憋泵，应立即上提管柱，泵压正常后，可继续加深管柱冲砂。

（10）对冲砂地面罐和管线的要求同压井作业，尤其是气井要特别注意防火、防爆、防中毒。

五、质量标准

冲砂的质量标准是：

（1）井底循环洗井至含砂量为 0.3%以下。

（2）替入净液为井筒容积的 1.2～1.5 倍。

（3）停泵 2 h 以上探砂面，砂面上升不超过井深的 0.2%。

六、注意事项

（1）不准带泵、封隔器等其他井下工具探砂面和冲砂。

（2）冲砂工具距油层上界 20 m 时，下放速度应小于 0.3 m/min。

（3）冲砂前油管提升至距砂面 3 m 以上，开泵循环正常后方可下放管柱。

（4）接单根前应充分循环，操作速度要快，开泵循环正常后方可再下放管柱。

（5）冲砂过程中应注意中途不可停泵，避免沉砂将管柱卡住或堵塞。

（6）对于出砂严重的井，接单根前必须充分洗井，加深速度不宜过快，以防止堵卡及憋泵。

（7）连续冲砂 5 个单根后要洗井一周，以防止井筒悬浮砂过多。

（8）若循环系统出现故障，停泵时应将管柱上提至砂面以上，并反复活动。

（9）若提升系统出现故障，必须保持正常循环。

（10）泵压力不得超过管线的安全压力，泵排量与出口排量应保持平衡，以防止井喷或漏失。

（11）水龙带必须拴保险绳。

七、资料录取

冲砂应录取的资料包括：

（1）探砂面深度、冲洗时间、冲洗方式；

（2）冲砂液名称、水泥车型号、排挡、泵压；

（3）返出物的描述；

（4）加深油管的根数、规范、长度，冲砂深度；

（5）砂中有无漏失及井喷情况；

（6）替清水数量、最后探砂面深度。

技能训练

训练操作　冲砂操作

本次操作在 WS-3 井下作业模拟器上进行技能训练。

一、准备工作

设置高压管汇为循环状态。

二、操作步骤

（1）按 1 号钮，开始本次作业。

（2）下放钻具探砂面，当发现指重表下降时，表示已探到砂面；上提钻具 10 m 以上，再次下放钻具探砂面，当发现指重表再次下降时，表示再次探到砂面。

（3）上提钻具到大钩高度 8 m 以上，开泵，并调整排量大于 20 L/s。

（4）控制刹把，缓慢下放，开始冲砂。当入口排量等于出口排量，冲洗一段时间并有相应的语音提示时，冲砂完成。

（5）关泵，上下活动几次钻具，按 1 号钮，结束本次作业。

三、注意事项

（1）探砂面加压不得超过 10 kN。

（2）在整个冲砂过程中，不得关泵，否则将导致作业异常结束。

（3）不要将大钩高度下降到 6.33 m 以下，否则将导致作业异常结束。

项目六　套管刮削

知识目标

1. 掌握套管刮削相关知识。
2. 了解套管刮削准备工作。

能力目标

掌握套管刮削操作。

工作过程知识

一、套管刮削相关知识

1. 套管刮削

套管刮削是指消除套管壁上的水泥、硬蜡、盐垢及炮眼毛刺等的工艺过程。

2. 套管刮削器

套管刮削器可用于清除残留在套管内壁上的水泥块、水泥环、硬蜡、各种盐类结晶和沉积物、炮眼毛刺以及套管锈蚀后所产生的氧化铁等，清除下钻或打捞工具因撞击磕碰而在套管内壁上形成的致密斑点等，以便畅通无阻地下入各种下井工具。根据结构特征，套管刮削器可分为胶筒式（代号为 J）和弹簧式（代号为 T）两类。

套管刮削器的产品代号（型号）如图 2-28 所示。

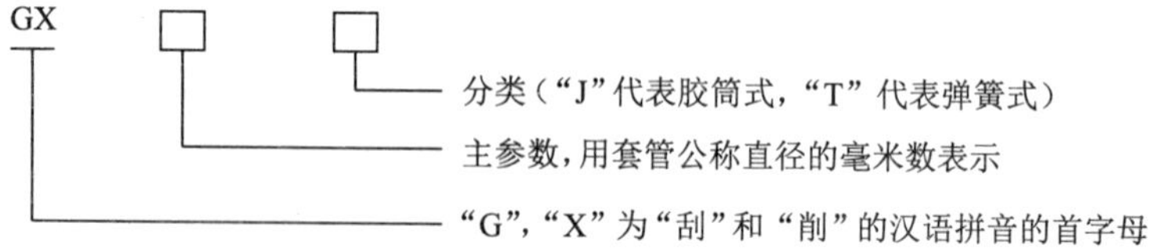

图 2-28　套管刮削器产品代号

型号示例：

公称外径为 102 mm 套管用的胶筒式套管刮削器，其型号为 GX102J。

公称外径为 102 mm 套管用的弹簧式套管刮削器，其型号为 GX102T。

1）胶筒式套管刮削器

（1）结构。

胶筒式套管刮削器由上接头、冲管、胶筒、刀片、壳体、O 形密封圈下接头等组成，如图

2-29 所示。

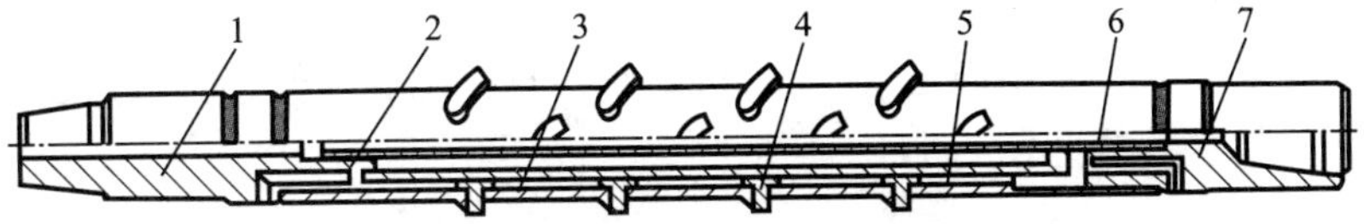

图 2-29 胶筒式套管刮削器结构

1—上接头；2—冲管；3—胶筒；4—刀片；5—壳体；6—O 形密封圈；7—下接头

（2）工作原理。

套管刮削器组装之后，刀片最大外径略大于套管内径，当其进井口时，必须施加一个压缩力才能进入。下入套管之后，胶筒的弹力使刀片紧贴套管内壁，并给刀片施加一定的动压力。工具下行时，各刀片的主刀刃沿套管内壁向下运动，对内壁上的脏物进行刮削。在 360° 圆周范围内均有刀片主刀刃的作用面，而且每一方向从下至上均有三只刀片产生重复的刮削作用，因而能将套管内壁上的脏物刮净。

（3）使用方法及注意事项。

① 在地面检查工具各部分是否完好，接头螺纹、刀片外形、刀刃、壳体各部分是否适合。

② 工具无上下之分，可任意连接。接上钻柱之后，在井口需加压下入。若重量不够，条件允许时，可在下端接上一定数量的尾管。

③ 下钻速度要慢，防止突然遇阻而将刀片及壳体顿坏，造成事故。如遇阻，应停止下钻，接上水龙头洗井，旋转下放，下放速度视遇阻阻力大小而定。

④ 工具与钻具的连接扣必须上紧，防止因刀片角所产生的螺旋效应而倒扣。

⑤ 对下一步施工作业要求较高的井段（如坐封井段），应充分刮削，反复多次划眼，以保证套管内壁清洁光滑，增加工具作用效果。

⑥ 刮削完毕之后，应充分洗井，将井内刮削下的脏物洗出地面。

（4）基本参数。

胶筒式套管刮削器的基本参数见表 2-10。

表 2-10 胶筒式套管刮削器的基本参数

型 号	刀片伸出最大外径/mm	刮削范围/mm	水眼直径/mm	壳体外径/mm	接头螺纹代号
GX102J	92	88～90	21	75	NC26
GX114J	108	96～104	21	85	NC26
GX127J	119	106～116	25	95	NC26
GX140J	130	117～127	35	111	NC31
GX146J	136	125～134	35	111	NC31
GX168J	158	146～156	38	127	3½REG
GX178J	168	148～164	38	140	3½REG
GX194J	180	166～178	38	140	3½REG
GX219J	208	191～203	63	178	4½REG
GX245J	233	215～228	63	178	4½REG
GX273J	261	248～261	89	229	6⅝REG

2）弹簧式套管刮削器

（1）结构。

弹簧式套管刮削器主要由固定块、内六角螺丝、刀板、螺旋弹簧、壳体、刀板座等组成，如图 2-30 所示，其基本参数见表 2-11。

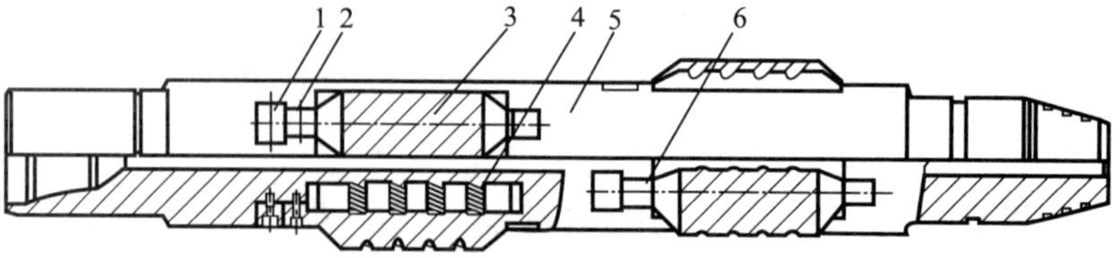

图 2-30　弹簧式套管刮削器结构

1—固定块；2—内六角螺钉；3—刀板；4—螺旋弹簧；5—壳体；6—刀板座

表 2-11　弹簧式套管刮削器的基本参数

型　号	刀片伸出最大外径/mm	刀片伸出最小外径/mm	刮削范围/mm	水眼直径/mm	壳体外径/mm	接头螺纹代号
GX114T	107	94	96～104	15	90	NC26
GX127T	120	104	106～116	18	100	NC26
GX140T	133	115	117～128	25	110	NC31
GX146T	139	120	122～134	25	110	NC31
GX168T	162	137	140～156	25	130	3½REG
GX178T	170	146	148～166	30	136	3½REG
GX194T	186	162	165～180	30	136	3½REG
GX219T	212	185	191～206	30	142	4½REG
GX245T	238	210	216～231	56	200	4½REG
GX273T	268	240	248～259	56	228	6⅝REG

（2）作用原理。

弹簧式套管刮削器工作在固定尺寸的套管空间内，因此对比这一尺寸小的内壁上的黏附物均可刮切。这种刮切作用如同机械加工中的圆柱形铰刀，用坚韧的刀刃修光材料的表面。由于刮削器工作在井下，工作环境空间很小，因此有其特殊的工作方式。

（3）使用方法。

① 根据套管内径选择合适的弹簧式套管刮削器，并确定刮削深度。

② 拧紧各部螺纹后，可直接将弹簧式套管刮削器下至刮削部位，开泵循环。

③ 待循环正常后，边缓慢旋转工具，边缓慢下放，然后上提工具，反复进行。

④ 当指重表无特殊显示，即下放悬重不降，上提悬重不升时，说明刮削干净。

（4）注意事项。

① 工具与管柱的连接丝扣必须拧紧，防止接头松扣。

② 刮削器公接头可朝上，也可朝下。

③ 下井过程中如遇阻，可缓慢旋转几圈再下放。

④ 在刮削过程中，必须自始至终保持循环畅通。

二、现场施工套管刮削准备工作

1. 材料准备

油管：ϕ73 mm 油管，累计长度大于井深 100 m。

清水：井筒容积的 2 倍。

方罐：40 m^3，总容积为井筒容积的 2 倍。

铅油：5 kg。

2. 设备准备

提升设备 1 套，已安装且运转正常；SNC-300/JN162 水泥车 1 台；井口装置 1 套；水龙带 1 条（8 MPa）。

3. 工具、用具准备

液压油管钳 1 台（已安装调试）；900 mm 管钳 2 把；300 mm×36 mm 活动扳手 2 把；M46 死扳手 2 把，大榔头 1 把；自封封井器 1 个；BD76×76/585 吊卡 2 只；ϕ73 mm 活动弯头 2 副；ϕ73 mm 活接头 4 个；套管刮削器 1 个；拉送油管小滑车 1 辆。

三、现场施工套管刮削操作

（1）将刮削器刀片朝下接在管柱底部并上紧。

（2）刮削管柱的下放速度应小于 0.3 m/s，通过射孔井段时应小于 0.1 m/s。

（3）刮削方式是利用管柱自重下放加压进行刮削。

（4）刮削次数：未射孔井段刮削一次，悬重正常为合格；射孔井段上提下放刮削三次，悬重正常为合格。

（5）刮削加压：正常情况下加压 10～50 kN，在遇阻严重的位置可加压到 80 kN。

（6）刮削冲洗：刮削时，液面以上井段每下入 500 m 油管反循环洗井一次，液面以下井段每下入 100 m 油管反循环洗井一次，射孔井段在刮削过程中始终保持反循环，排量 300～500 L/min。

（7）一般刮至射孔井段以下 10 m。

（8）刮削完毕后，以大于 500 L/min 的排量反洗井一周以上，然后起出刮削器。

四、技术要求

（1）起下管柱过程中要装好自封封井器，防止小件工具等落井。

（2）井口装好防喷装置。

（3）起完管柱后，要把井口装好。

（4）起下管柱要平稳，并随时检查井架、绷绳、游动系统等，同时观察指重表负荷。

（5）刮削器管柱不得带有其他工具。

（6）在射孔井段要缓慢下放刮削；当遇到较大堵塞物时，应逐渐加压，并缓慢上下活动刮削，不得猛提猛放或超载上提。

（7）刮削器使用一次后，要及时检修刀片并检查弹簧，保持刀片在弹簧作用下处于最大外径状态。

技能训练

训练操作 套管刮削操作

本次操作在 WS-3 井下作业模拟器上进行技能训练。

一、准备工作

设置高压管汇为循环状态。

二、操作步骤

（1）按 1 号钮，开始本次作业。

（2）开泵，开转盘，控制转盘转速在 10 r/min 以下。

（3）缓慢上提下放钻具，在大钩高度 4～6 m 内反复刮削三次。刮削三次后有相应的语音提示。

（4）加大排量（大于 20 L/s），上下活动钻具几次。

（5）按 1 号钮，结束本次作业。

三、注意事项

（1）刮削过程中不要关泵。

（2）刮削过程中不要改变转盘转速。

（3）加压不得超过 100 kN。

项目七　清蜡施工

知识目标

掌握清蜡相关知识。

能力目标

掌握洗蜡操作。

工作过程知识

一、清蜡相关知识

1. 油井结蜡的危害

（1）油井结蜡给日常管理增添大量工作，并会增大井下事故发生的可能性。

（2）油井结蜡后，使出油通道内径逐渐缩小，增大油流阻力，降低油井产能，甚至将油流通道堵死，造成油井减产或停产。

（3）机械采油井结蜡后，不仅使油流通道减小，还会使抽油泵失灵，降低抽油效率，严重者会将深井泵卡死，损坏设备等。

（4）油层结蜡将堵塞油层孔隙，阻碍油流进入井筒，减小出油面积，从而使油井减产。

（5）油井结蜡严重时，给清蜡带来困难，且容易发生顶钻、卡钻及井下落物事故。同时，有些油井用一般清蜡方法难以处理，必须采取作业清蜡，这给修井带来大量的工作。

（6）油井结蜡严重时，会增加日常清蜡或作业清蜡时间，影响油井出油时间，降低油井开采效率，影响油井产量和油田开发速度。

（7）油井结蜡给油气集输、油田开发带来许多困难，需要采取许多工艺技术措施，导致开发成本增高，影响油田开发的经济效果。

2. 油井结蜡的规律

（1）原油含蜡量越高，油井结蜡越严重。

（2）油田开采后期较开采初期结蜡严重。

（3）高产井及井口出油温度高的井结蜡不严重或不结蜡，反之结蜡严重。

（4）油井见水后，低含水阶段结蜡严重，含水量升高到一定程度后结蜡减轻。

（5）表面粗糙的油管容易结蜡，油管清蜡不彻底的容易结蜡。

（6）出砂井容易结蜡。

（7）对于油井结蜡位置（见图 2-31），自喷井和机械抽油井有所不同。

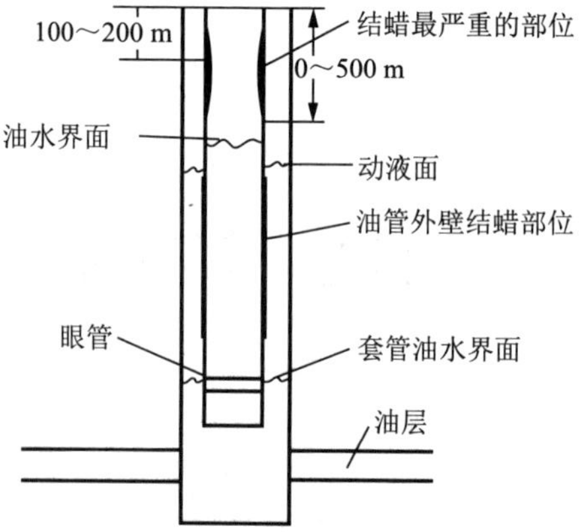

图 2-31　油井结蜡位置示意图

3. 清蜡方法

清蜡就是将黏附在油井管壁、抽油泵、抽油杆等设备上的蜡清除掉。常用的方法有机械清蜡和热力清蜡。

1）机械清蜡

在清除油管壁及抽油杆上的蜡的过程中，刮蜡器以抽油杆的上下运动作为动力来源，依靠刮蜡片转向齿与油管壁间的摩擦力及弹簧片与抽油杆间的摩擦力产生相对运动，使刮蜡器可以上下运动，从而去除油管及抽油杆上的蜡，达到清蜡的目的。

机械清蜡分为以下两种：

（1）抽油井自动清蜡。

抽油井自动清蜡装置技术是一种使用、管理方便的井下清蜡工具。该工具主要由刮蜡器及上下转换接头组成。刮蜡器是油管内除蜡的主体，由弹簧片、刮蜡器本体、复位扭簧、转向齿及弹簧片等组成。刮蜡器套在抽油杆上并与之一同下井。上下转换接头连接于需要清蜡的直井段，限制刮蜡器的运动范围，同时在刮蜡器上下运动时起转变刮蜡器运动方向的作用。刮蜡器如图 2-32 和图 2-33 所示。

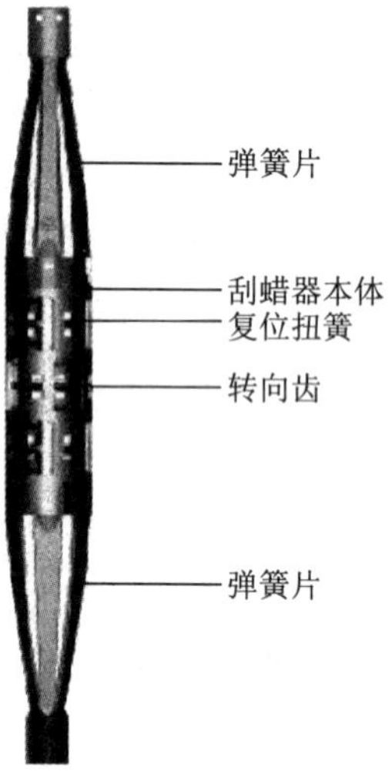

图 2-32　刮蜡器示意图

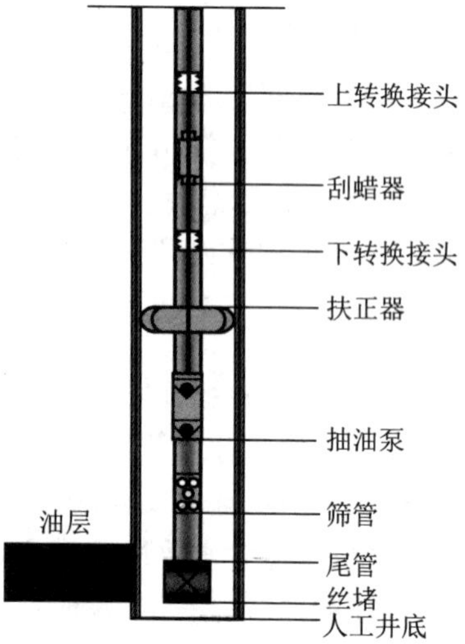

图 2-33　带刮蜡器的生产管柱示意图

（2）抽油井起下管柱清蜡。

具体内容见“学习情境三　检泵施工作业”。

2）热力清蜡

热力清蜡可分为以下三种：

（1）热洗清蜡。

热洗清蜡在某些油田已成为基本的清蜡方法，与机械清蜡方法相比，具有工艺简单、操作方便、便于集中管理等优点。热洗清蜡也被应用在井下作业修井施工中，还可用于清除结蜡严重井的套管上的蜡，便于将封隔器或其他修井工具以及测井仪器下入井内。

热洗方式分为正循环热洗、反循环热洗和正反循环热洗三种。图2-34为反循环热洗流程图。

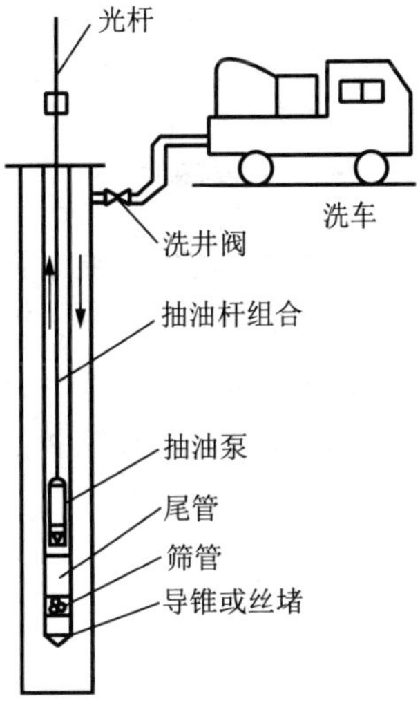

图2-34　反循环热洗流程图

（2）热油循环清蜡。

利用本井生产的原油，经加热后注入井内，不断循环，使井内温度达到蜡的熔点，蜡被逐渐熔化并随同油流流到地面。

（3）热化学清蜡。

利用化学反应产生的热能来清蜡。

4. 资料录取

1）机械清蜡资料录取

（1）清蜡前油井的压力、产量等参数；

（2）清蜡的时间、方式；

（3）清蜡所用设备、工具的规格、性能及清蜡深度；

（4）清蜡后油井的压力、产量等参数。

2）热力清蜡资料录取

（1）清蜡前油井的压力、产量等参数；

（2）清蜡的时间、方式；

（3）清蜡所用设备、工具的规格、性能及清蜡深度；

（4）热力液的类型、温度及数量；

（5）清蜡后油井的压力、产量等参数。

技能训练

训练操作一　蒸汽刺油管、刺抽油杆清蜡操作

一、准备工作

工具、用具及设备：锅炉车1台，油管若干。

二、操作步骤

（1）先将锅炉车停放在距井口15 m以外斜上风处。

（2）取出管线理顺后摆放在地面上，检查接头、管线是否完好，并将管线连接在蒸汽出口接头上。

（3）点炉开蒸汽前，司炉工发出信号后，操作人员要及时将枪头平直插入油管接箍内，并抓牢手柄。

（4）一人在油管接箍一端手持枪柄刺洗油管，另一人站在油管公扣一端进行观察，待清蜡干净后发出信号，再刺洗另一根油管。

（5）刺洗油管时，操作人员要将枪头在油管内多方位摆动，将油管内各部位的蜡刺洗干净。

（6）刺完油管内壁的蜡后，再将油管外壁的蜡及脏物刺洗干净。

（7）刺洗抽油杆时，从抽油杆桥的一端逐步刺向另一端，反复刺洗，直到刺洗干净。

三、注意事项

（1）枪头与枪身要平直，以提高清蜡效果。

（2）枪头不许对准人、电气设备等，防止伤人及造成安全事故。

（3）冬季用完后，要将锅炉车上胶管内的液体排干净。

（4）特别是对接箍和油管连接部位处的蜡要刺洗干净。

训练操作二　洗蜡操作

本次操作在 WS-3 井下作业模拟器上进行技能训练。

一、准备工作

设置高压管汇为循环状态。

二、操作步骤

（1）按 1 号钮，开始本次作业。

（2）上下活动钻具，发现有轻微的挂卡现象。

（3）采用热洗方法，调节参数台上的水温至 50 ℃以上。

（4）开泵，控制排量到 20 L/s 以上，若发现出口排量变成 0 L/s，说明洗蜡液还没有循环一周。

（5）洗蜡液循环一周以后，发现有出口排量。持续循环一段时间后，系统提示“洗蜡完成”。

（6）上下活动钻具几次。

（7）按 1 号钮，结束本次作业。

三、注意事项

（1）参数台上的水温在 50 ℃以上。

（2）在洗蜡过程中，不要关泵。

项目八 清垢施工

知识目标

掌握清垢施工的相关知识。

能力目标

掌握井筒清垢施工操作。

工作过程知识

当油田进入含水开发期后，在流体从地层向地面运移的过程中，由于水的热力学不稳定性和化学不相容性，会造成油层、油井井筒、井下管柱及设备、地面系统的结垢问题，给油田生产带来极大危害，主要表现为：油井产液量下降，油井生产周期缩短，甚至停产；井下管柱和地面管线设备出现结垢堵塞，严重时导致油井及生产设备报废，影响油田的开发效果及经济效益。

一、清垢施工的相关知识

1. 油井结垢的危害

（1）油层结垢导致渗透率下降，油井产量降低。

（2）井筒结垢造成气锚或眼管堵塞，油井卡泵停产。

（3）结垢造成井下油管腐蚀穿孔而报废。

（4）对于隔采井，井下管柱及套管内壁结垢易造成封隔器卡钻等复杂事故。

2. 结垢的类型

注水采油时最常碰到的垢盐是碳酸钙垢、硫酸钙垢，此外还有硫酸钡垢和硫酸锶垢。根据结垢部位的不同，结垢可分为地层垢、近井垢、井筒垢和设备垢四种。油管结垢如图 2-35 和图 2-36 所示。

3. 清垢设备、工具简介

1）三牙轮钻头

在修井作业中，三牙轮钻头是用以钻水泥塞、钻堵塞井筒的砂桥和各种矿物结晶的工具。三牙轮钻头如图 2-37 所示。

2）铣、磨鞋

铣、磨鞋是用其工作面上的合金磨铣金属清除井下砂桥和各种矿物结晶的工具。铣、磨鞋如图 2-38 所示。

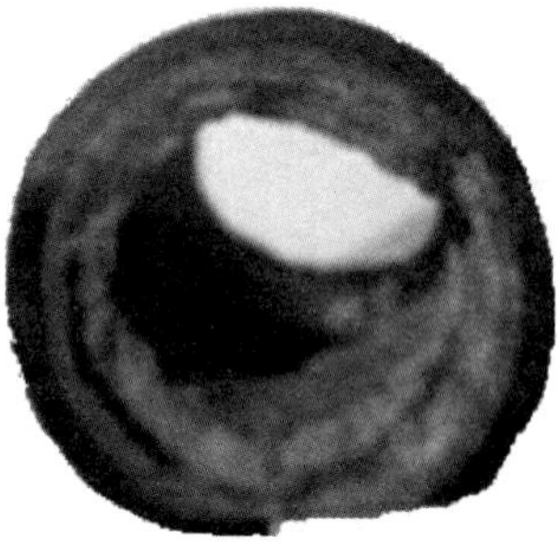

图 2-35　油管结垢实物图

图 2-36　井下油管结垢实物图

图 2-37　三牙轮钻头实物图

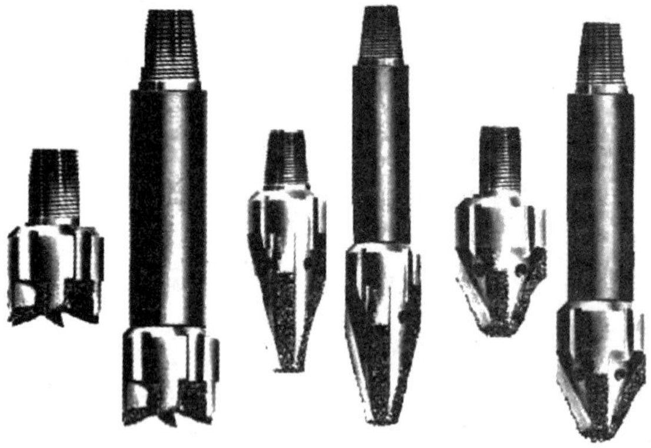

图 2-38　铣、磨鞋实物图

3）螺杆钻具

（1）用途。

螺杆钻具是以液体压力作为动力来驱动井下钻具旋转的工具，可用于进行磨铣、钻进、侧钻等作业。

（2）结构。

螺杆钻具由上接头、旁通阀、定子、转子、联轴节、过水接头、轴承总成、驱动轴及下接头等组成，如图 2-39 所示。

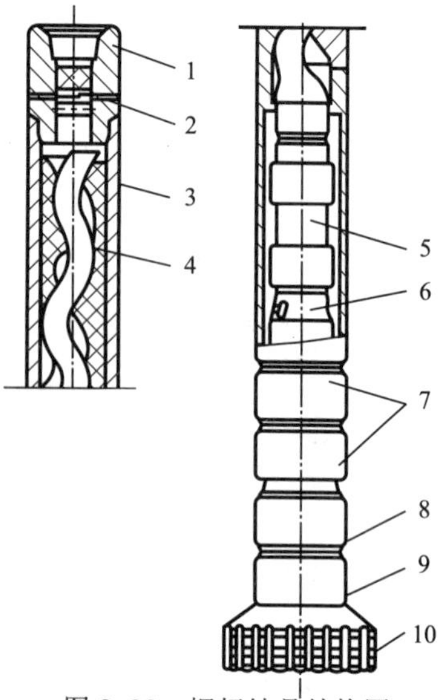

图 2-39　螺杆钻具结构图

1—上接头；2—旁通阀；3—定子；4—转子；5—联轴节；6—过水接头；7—轴承总成；8—驱动轴；9—下接头；10—钻头

（3）操作方法。

① 在套管内钻垢时，钻具配合自下而上为：钻头＋螺杆钻具＋提升短节＋缓冲短节＋井下过滤器＋提升短节＋钻柱。

② 下钻时要求平稳操作，下钻速度以 30 m/min 为宜。每下 500 m 钻柱应向钻柱内灌入清洁洗井液一次。下至距结垢部位一个单根时，开始循环。

③ 正常钻进要控制钻压，钻压以 5～15 kN 为宜，排量以 500～600 L/min 为宜，最大不得超过 1 200 L/min。待循环正常，转子启动后，缓慢下放钻具，进行正常钻进。

④ 起钻时应平稳操作，钻具起至井口一个单根时，卸

掉封井器，提出钻具。

二、清垢施工原理

现场常用机械法和化学法清除油井结垢。

（1）机械法。

机械法除垢主要是采用钻具、磨铣及冲洗设备来粉碎沉积的垢，然后通过大排量洗井将碎垢带到地面，从而达到清理井筒垢的目的。该方法适用于井筒整体结垢及井筒某段被垢严重堵死的油井，适用垢型为不易清除的硫酸钙、硫酸钡垢。必要时，机械清垢可作为化学清防垢的辅助性清垢措施。

工艺原理：机械法除垢就是利用转盘或螺杆钻具带动井下管柱转动，利用接在最下部的钻头、磨鞋或铣锥的转动钻去套管壁上的垢，然后用水泥车冲洗，将垢带出地面，从而达到除垢的目的。

（2）化学法。

化学法清垢是利用可溶解垢的化学物质（如盐酸、氢氟酸或其他有机酸等）使垢变得疏松脱落或被溶解，从而达到清垢的目的。化学法清垢在清理井筒结垢的同时，可在一定程度上恢复油层的生产能力。现场常将清垢和防垢结合起来，以达到减少施工工序、提高措施效果的目的。

工艺原理：化学法清垢就是利用化学药品与套管壁上的垢发生化学反应，使垢质变软变薄，从而可利用通井规或套管刮削器将套管壁上的垢清除。

（3）复合连作工艺除垢（化学法与机械法结合使用）。

工艺原理：这种方法就是利用化学药品与套管壁上的垢发生化学反应，使垢质变软，然后用机械转盘或螺杆钻具带动钻头、磨鞋或铣锥钻掉套管壁上的垢，从而达到清除井筒结垢的目的。

技能训练

训练操作一　井筒清垢施工操作(机械法)

一、准备工作

工具、用具及设备：洗井车 1 台，钻盘 1 个，磨鞋（铣锥）1 个，螺杆钻具 1 个，缓冲短节 1 个，井下过滤器 1 个，三牙轮钻头 1 个，实训井 1 口（配有管柱）。

二、操作步骤

（1）通井以探明套管结垢位置。

（2）洗井。

（3）下钻垢钻具

① 对机械转盘钻垢来说，钻具自下而上为：三牙轮钻头或磨鞋（铣锥）＋正扣钻杆＋方钻杆。

② 对螺杆钻具来说，钻具自下而上为三牙轮钻头或磨鞋（铣锥）＋螺杆钻具＋缓冲短节＋井下过滤器＋油管。

（4）起出磨钻钻具。

（5）再次通井以检查套管壁上的垢是否全部清除。

（6）录取井下管串、工具的名称、型号、规范和深度，处理层位和井段，作业时间，挤入方式，施工泵压、排量变化等。

三、注意事项

废液必须排入废液池，不能随地排放。

训练操作二　井筒清垢施工操作（化学法）

一、准备工作

工具、用具及设备：洗井车 1 台，转盘 1 个，清垢剂，实训井 1 口（配有管柱）。

二、操作步骤

（1）下施工管柱至结垢井段底部 10～15 m。

（2）配制清垢剂。

（3）用水泥车将清垢剂替至井筒。

（4）用适量的清水将油管中的清垢剂全部替到结垢井段。

（5）关井反应。

（6）反循环洗井。用水泥车反循环洗井，冲洗出井筒内的残液。

（7）通井。

（8）录取井下管串、工具的名称、型号、规范和深度，处理层位和井段，作业时间，挤入方式，前置液、清垢液、防垢液及顶替液的名称、配方、用量，施工泵压、排量变化，关井反应时间等。

三、注意事项

废液必须排入废液池，不能随地排放。

思考题

1. 常规修井作业施工的井场调查有哪些内容？

2. 自封封井器由哪几部分组成？其作用是什么？

3. 油管旋塞的使用方法有哪些？

4. 压井的概念、目的、原则是什么？

5. 井喷有哪些危害？其预防措施是什么？

6. 压井方式有哪几种？其适用条件是什么？

7. 如何测压井液的密度？如何进行压井液的配制与用量计算？
8. 压井作业的施工步骤及技术要求是什么？
9. 影响压井作业的因素有哪些？
10. 什么叫通井？通井的目的、操作要求、注意事项、质量标准各是什么？
11. 什么是洗井？洗井的目的、操作要求、注意事项、质量标准各是什么？
12. 洗井的操作步骤是什么？
13. 什么叫冲砂？冲砂液的性能要求是什么？常用的冲砂液有哪几种类型？
14. 冲砂方式有哪几种？优缺点各是什么？
15. 冲砂操作步骤、技术要求、质量标准各是什么？
16. 什么叫套管刮削？套管刮削器主要有哪几种？
17. 套管刮削的操作步骤、注意事项是什么？
18. 简述油井结蜡的危害及结蜡规律。
19. 简述抽油井自动清蜡装置的组成及工作原理。
20. 油井结垢的原因及危害是什么？
21. 油井井筒清垢采用的方法有哪几种？简述如何使用螺杆钻具清垢。

学习情境三

油井检泵作业

学习情境描述

油气开采过程中无论采用有杆泵还是无杆泵，由于抽油泵都受到各种不利因素(砂、水、气的侵害等)的影响，导致生产效率下降甚至停产，或者由于生产条件发生变化，需要调整生产参数，因此需进行检泵作业以消除故障或者调整生产参数。通过本情景的学习，可以掌握检泵的相关知识、操作步骤和典型示功图的分析。

项目一　检泵施工

知识目标

1. 掌握油井检泵的原因。
2. 掌握检泵施工资料录取的内容。

能力目标

1. 掌握起油管操作。
2. 掌握下油管操作。
3. 掌握丈量油管及抽油杆。

工作过程知识

一、检泵有关知识

1. 检泵的概念

检泵是排除抽油泵故障、恢复油井正常生产的井下作业工艺。两次检泵之间的时间间隔称为检泵周期。检泵分为躺井检泵(油井突然发生故障造成停产而进行的检泵)和计划检泵。计划检泵周期是根据油井的生产规律摸索出来的,到了检泵时间,不管泵工作是否正常,都要进行检泵。

2. 油井检泵原因

油井的产量、油层压力、油层温度、出气出水情况、油井的出砂结蜡、原油的腐蚀性、油井管理制度等诸多因素都会影响检泵周期的长短。

(1) 油井结蜡造成检泵。油井结蜡会造成活塞卡、阀卡,使抽油泵不能正常工作或将油管堵死。虽然各油田为防止油管内结蜡采取了很多预防措施,但对一些结蜡较为严重的井,蜡卡、蜡堵的现象时有发生。

(2) 砂卡、砂堵造成检泵。为了提高地层的出油能力,常采取压裂增产措施,压后支撑地层用的压裂砂在抽油过程中随油流进入泵筒,部分砂柱沉积在阀处或积满活塞砂槽,造成砂卡。另外,一些地层砂岩胶结疏松或因施工过程带入井内砂粒的情况,都可能造成砂卡现象。

(3) 抽油杆脱扣造成检泵。由于抽油杆的受力方向在抽油过程中不断改变,加上井内液流的阻力和各种摩擦力的作用,抽油杆螺纹会产生松动,造成脱扣。

（4）抽油杆断裂造成检泵。由于抽油杆在抽油过程中受交变应力作用，易产生疲劳断裂，或因砂卡、蜡卡造成过载断裂。

（5）随着泵的磨损，漏失量不断增大，造成产液量下降，泵效降低。

（6）由于井斜或产出液黏稠，特别是目前有些油田进入三次采油阶段，注聚合物采出井的采出液具有黏弹性，对活塞下行的阻力较大，使抽油杆在下冲程中发生挠度变形，抽油杆接箍或杆体与油管壁产生摩擦，长期作用会将油管磨坏或将接箍、杆体磨断，故需检泵。

（7）油井的动液面发生变化、产量发生变化，为查清原因，需检泵。

（8）根据油井开发方案的要求，需改变工作制度（如换泵）或需加深、上提泵挂等。

（9）其他原因，如油管脱扣、泵筒脱扣、衬套乱、大泵脱接器断脱等造成检泵施工。

3. 管式泵抽油管柱、杆柱组配

修井检泵的主要工作内容是起下抽油杆柱和油管柱。修井检泵中需重视的工作是准确计算下泵深度，合理组配抽油杆和油管，下入合格的抽油杆、油管和深井泵等，这是提高检泵成功率的重要因素。管柱组配示意图如图 3-1 所示。为此，必须做好以下几项工作：

1）管柱组配

（1）泵挂深度计算。

泵挂深度＝油补距＋油管挂短节长＋泵以上油管总长＋泄油器长＋泵长。

（2）尾管深度计算。

尾管深度＝油补距＋油管挂短节长＋泵以上油管总长＋泄油器长＋泵长＋滤砂器长＋尾管长。

（3）回音标位置计算。

回音标位置＝油补距＋油管挂短节长＋音标上平面以上油管长。

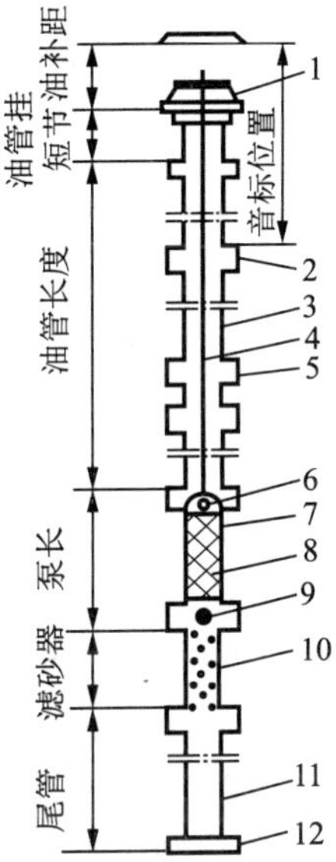

图 3-1　管柱组配示意图

1—油管头；2—回音标；3—油管；4—抽油杆；5—泄油器；6—游动凡尔；7—泵；8—活塞；9—固定凡尔；10—滤砂器；11—尾管；12—尾管鞋

2）杆柱组配

驴头处于下死点时，光杆伸入油管头法兰长＋抽油杆总长＋接头附件长＋活塞拉杆长＋活塞长＋防冲距＝油管挂短节长＋泵以上油管总长＋泵及泄油器长。

3）对油管的要求

（1）下井油管应无裂缝、无漏失、无弯曲且丝扣完好。

（2）下井油管内外应清洁、光滑，并要用通井规逐根检验，合格者才能下井。

（3）下井油管丝扣应涂抹丝扣油并上紧。

4）对抽油杆的要求

（1）抽油杆从井中起出后要整齐地摆放在抽油杆桥支架上，并用蒸汽将上面的结蜡和泥砂刺洗干净。

（2）严重弯曲、磨损和丝扣损坏的抽油杆不能下井，而应及时更换。

（3）起抽油杆时，若抽油杆被卡，不能硬拔，因为硬拔会使抽油杆变形甚至报废。

4. 检泵施工资料录取

常规检泵井施工资料录取及要求如下：

1）施工准备

记录由××井搬至本井就位的时间。

2）压洗井

记录时间，压井液名称、用量、密度、出口排量、入口排量，洗压井深度，返出情况等。

3）拆井口

记录拆井口时间。

注意：偏心井口需起出偏心油管挂，检查偏心井口能否转动，坐普通井口油管挂。

4）起抽油杆

记录时间，起抽油杆规范、数量、活塞规范，光杆规范、长度，抽油杆磨损位置及腐蚀情况。

注意：新井要注明套管头距补心高、套管法兰短节长、套补距、四通高、油补距。

5）加深探砂面

记录时间，加深油管规范、根数、长度、下入长度，指重表指示重量，砂面深度、砂高，起加深油管规范、根数。

注意：装防喷器试压合格后，试提油管挂（观察负荷变化）。

6）起原井

记录时间，原井管柱规范、根数，起出原井管柱工具名称、规范、数量，磨损情况及见液面位置。

注意：施工中若与方案中提供的原井深度不符，一定要注明实测深度。

7）清蜡、配管柱

记录时间。

注意：用蒸汽车将油管、抽油杆清理干净，检查油管的磨损情况，若不合格应及时更换。

8）下完井管柱

记录时间，完井油管规范、根数（更换油管位置），下完井管柱工具名称、型号、规范、数量、深度，管柱示意图及完井油管记录。

注意：必须注明筛管类型、泵号、泵厂家及完井工具、规格、型号，以采油厂下泵设计为准，不一致的应注明原因及采油厂处理意见。

9）试压

用清水对管柱整体试压。记录稳压时间、压降。

10）下抽油杆

记录时间，下抽油杆规范、数量（更换抽油杆位置），抽油杆总长，活塞规范、长度，光杆规范、长度，抽油杆记录，防冲距。

11）装井口

记录装井口时间，偏心井口起油管挂，倒坐偏心油管挂，装采油树。

12）试抽

记录时间、试抽次数、憋泵压力、稳压时间、压降及试抽结果。

13）收尾

记录收尾时间。

5. 检泵的质量标准

（1）油管、抽油杆吊卡完好无损，开关牢固，吊卡销子有保险绳，小钩完好无损，装保险销子。

（2）刺油管、抽油杆，挪动蒸汽出口时，注意看清周围环境，防止烫伤他人及物品。

（3）抽油杆不能压在油管下，更不能用抽油杆搭油管和抽油杆桥。

（4）起第一根油管前，除井口操作人员外，其余人员应在绷绳坑后边，检查绷绳坑及各绳卡子有无变化。油管起出井口 2.5 m 时刹车，调整绷绳的松紧并校正井架。

（5）抽油杆、油管、音标、泵径、泵深、气锚、防垢器等符合设计要求。

（6）施工要达到“清洁、密封、准确、及时、精良”。

（7）井口零部件完好无损无缺，且不刺不漏。

6. 深井泵检修质量标准

（1）检修的深井泵各部件齐全无缺，性能良好，符合各项技术要求，外观整洁，组装合适，来回拉动活塞灵活无阻。

（2）油泵的工作筒应平直，无拉痕、锈蚀，两端压紧接箍均匀上紧，衬套固定牢靠，无相对窜动。

（3）活塞应平直，表面光滑无拉痕、锈蚀，镀铬层完好。活塞在衬套内应灵活，无阻卡现象。抽油泵下端用手堵死，拉动活塞应感觉有较大吸力。

（4）油泵各部件丝扣连接完好，可靠无缺损。

（5）油泵按稳压、分体两端试压，以 1 min 的漏失量确定泵的等级。

二、检泵施工准备

1. 施工前勘查现场

首先勘查现场，具备施工条件后，立井架和搬运设备及工具、用具（具体内容见“学习情境二　常规修井作业”）。

2. 工具、用具及设备准备

按施工作业指导书准备油管、抽油杆、抽油泵及下井工具。搬家就位后，工具、用具、配件摆放整齐，清洁无油污；计量器具齐全，且必须在检定周期内使用，清洁无损坏。

（1）修井机或通井机必须满足施工提升载荷的技术要求，运转正常，刹车系统灵活可靠。

（2）井架、天车、游动滑车、绷绳、绳卡、死绳头和地锚等均符合技术要求。

（3）调整井架绷绳，使天车、游动滑车和井口中心在一条垂直线上。

（4）检查动力钳、管钳和吊卡，应满足起下油管规范要求。

（5）作业中的修井机或通井机都应安装合格的指重表或拉力计。

（6）大绳应使用 ϕ22 mm 以上的钢丝绳，穿好游动滑车后整齐地缠绕排列在滚筒上。游动滑车放至最低点时滚筒余绳不少于 9 圈。

3. 安全及井控设施准备

（1）消防器材准备。

根据HSE作业指导书要求准备。

（2）井控设施准备。

根据《井下作业井控实施细则》执行。

（3）安全设施准备。

① 配备高空作业防坠落装置和安全带。

② 配备有毒有害气体检测仪及应急用正压呼吸器。

③ 配备防止意外伤害和预防机械伤害必备的急救包（含有急救药品和用品）。

④ 提升系统应安装防碰天车并进行检查，确保其灵活好用。

4. 油井交接

作业前后进行现场交接时，应与采油矿厂有关人员在现场进行交接，交接清楚后，认真填写油井交接书，交接人必须签字。交接内容如下：

（1）油井机采井对设备、供电设备、制动设备、采油树配件、井场情况、井下泵工况进行交接。

（2）油井提捞井对井场、井口、地面和油层顶界等进行交接。

5. 立井架及校正井架

具体内容见“学习情境二　常规修井作业”。

三、检泵施工操作

1. 倒流程，放喷

接井后，按照施工作业的要求，关闭回压闸门，连接放喷管线，进行放喷。

注意事项：

（1）放喷管线应采用硬管线并要用地锚固定。

（2）管线连接牢靠，无刺、漏故障。

（3）放喷时不能过猛，平稳开关闸门，同时密切观察放喷情况，监测有毒有害气体，记录各种数据。

2. 拨驴头，提光杆

（1）通过打方卡子固定光杆后，将驴头转到下死点，停机，刹好刹车，最后摘悬绳器。

（2）关生产闸门，卸下防喷盒和清蜡闸门等附件。

（3）根据井架和抽油机的停放位置，打掉一侧驴头销子，挂好绳套后向另一侧偏转，并用棕绳固定。

（4）上提光杆，卸掉方卡子，起出光杆。

注意事项：

（1）上驴头操作人员必须系安全带并使用防坠落装置，携带工具要用细麻绳固定牢靠，井口附近不许站人。

（2）各岗位操作人员密切配合，防止发生意外。

（3）驴头下到下死点，刹紧刹车，并挂上“禁止操作”标志或进行有效隔离。

3. 起抽油杆

（1）缓慢上提光杆，装好抽油杆防喷器及放喷管线。

（2）平稳操作起完抽油杆及活塞。

注意事项：

（1）当提抽油杆柱遇阻时，不能盲目硬拔，应查清原因，制定措施后再进行处理。

（2）起抽油杆柱时各岗位要密切配合，防止造成抽油杆弯曲或井下落物。

（3）抽油杆桥应不少于 3 道桥，并且离地面高度不得小于 500 mm，抽油杆每 10 根 1 组，单排摆放整齐，端点悬空部分长度不超过 1 m。抽油杆桥地基坚实、平整。

（4）禁止在抽油杆上摆放杂物或行走。

（5）起抽油杆时，必须进行刮蜡，对检查出的不合格抽油杆要打上各种标记并进行更换。

（6）发现溢流时应及时关闭防喷器，打开溢流管线放喷，放喷合格后继续作业。

4. 打开泄油器

起出活塞后，向管柱内投入 ϕ25 mm 钢棒，打开泄油器。

5. 卸井口，试提管柱，装防喷器

卸掉井口采油树，安装井口防喷器，防止在起下过程中井内掉入落物，密封井口起下，防止井喷及污染。

注意事项：

（1）试提油管挂时载荷不得超过井内管柱悬重 200 kN。

（2）应有专人看守绷绳地锚桩，专人观察拉力表悬重，井口不许站人。

（3）出现异常情况应立即停止试提。

6. 起原井内管柱

起钻前应检查修井机刹车是否可靠，严禁在起下油管过程中用滚筒离合器当刹车，以及用总离合器当滚筒离合器使用。所用的吊卡必须用保险装置，吊卡销子用绳拴在吊卡环上（要优先使用有磁力的吊卡销子）。正常起下操作要分工明确，专人指挥，协作配合，场地清理干净，搭好井口操作台，操作人员必须戴安全帽，井口不许摆放小工具及小配件，以防落入井内。起下作业时不准上井架扶游动滑车，吊卡手柄必须装弹簧。挂吊卡时必须侧身，挂完吊卡后后撤一步并随着游动系统方向观察，井口人员不准低头，应随时观察动向。起出单根并拉下时应放在小滑车上滑下，拉油管人员拉送油管应及时，同时观察井口人员及游动系统的运转方向，拉油管姿势要正确。井下管柱装有油管锚时，按照油管锚的使用要求使锚爪脱离套管。井下管柱装有封隔器时解封封隔器。丢手管柱装有活门时，如果上提管柱一次后活门不严，应活动几次再关闭活门。平稳操作起出原井油管及下井工具，起管柱要做到不碰、不刮、不掉。单道油管桥至少用 5 个桥座架起，使用 3 道油管搭成，并且离地面高度不少于 300 mm，不允许用外加大油管或钻杆及原井油管搭油管桥。起完管柱后要核实原管柱结构和深度，检查油管完好情况，做好记录。

注意事项：

（1）起下油管过程中，遇卡时不得猛提，应慢慢上下活动，分析原因并进行处理。

（2）在起下油管过程中，禁止在井口用榔头敲打油管接箍和玻璃油管，防止起火或损坏玻璃油管衬里。

（3）油管摆放每 10 根 1 组，接箍朝向井口，单排排放整齐，油管悬空端不得大于 1.5 m，严禁在上面堆放重物和人员行走。

7. 油管、抽油杆清蜡检查

下油管、抽油杆前，必须用蒸汽清洗干净，检查管油、抽油杆的完好情况，如有弯曲、腐蚀、裂缝、孔洞、偏磨和螺纹损坏，应及时与采油厂沟通更换。

8. 检泵

（1）抽油泵出厂前应在工具车间内对泵进行外观检查，并须经人工试抽合格，且要有合格证。

（2）抽油泵从工具库拉出后即应带上护丝，并且在搬运过程中要轻拿轻放。

（3）抽油泵必须由专车拉运到井场，下井前要再次进行人工试抽。

9. 配管柱

（1）操作人员要对油管、抽油杆和下井工具进行认真检查，丈量、计算三次（结果误差小于 0.02%为合格），并做好记录。

（2）按作业指导书要求组装下井工具，复核无差错后方可下井。

10. 下完井管柱

（1）将刺洗完的油管用相应的内径规通过。ϕ73 mm 油管使用 ϕ59 mm×800 mm 内径规通过，ϕ89 mm 油管使用 ϕ73 mm × 800 mm 内径规通过。

（2）每根油管必须缠螺纹膜或涂抹相应的密封脂，上满扣且上紧，以免因油管螺纹泄漏而造成泵效降低。

（3）下油管时应平稳操作，做到不顶、不碰、不墩、不掉。

（4）使用液压钳上扣时要防止偏扣，防止扭矩过大，注意保护油管螺纹。

11. 坐油管挂，卸防喷器

下完油管后倒入油管挂，油管挂须更换密封胶圈后扶正坐好，上紧顶丝；卸掉防喷器。

12. 试压

管柱下完后，用清水对管柱整体试压 8 MPa，稳压 30 min，压降小于 0.3 MPa 为合格。

13. 下抽油杆柱

平稳缓慢下放抽油杆柱，使活塞顺利进入泵筒。

注意事项：

（1）抽油杆上扣时要防止扭矩过大而损坏抽油杆螺纹。

（2）对于装有脱接器的井，对接好脱接器后，光杆不能提得太高，防止与脱接器脱开。

（3）对于装有井下开关的井，应按要求正确打开井下开关。

14. 安装井口

偏心井口起油管挂，倒坐偏心油管挂，坐好采油树，摆正方向，装齐配件，均匀上紧各部位连接螺钉，确保不渗漏。

15. 调防冲距

活塞坐进泵筒后，连好胶皮闸门，上提光杆防冲距卡牢，按每 1 000 m 提防冲距 0. 7 m 为宜，在不碰不挂的情况下，防冲距越小越好。光杆在防喷盒平面以上，长度在 1. 2～1. 5 m 之间最适宜。

16. 拨驴头，卡方卡子，连接流程

拨驴头，顶紧顶丝，卡紧悬绳器上边的方卡子，挂上毛辫子(注意驴头对中井口)，按施工要求连接好施工流程。

17. 试抽憋压

打开生产闸门，试抽几次，正常后关回压闸门，进行憋压。泵压 3. 5 MPa，稳压 15 min，压降小于 0. 3 MPa 为合格。

18. 收尾，交井

(1) 卡紧井口各部位螺钉，收拾工具、用具，擦净采油树和抽油机上的油污，平整地面，倒好流程，开抽。

(2) 与采油队进行交接，双方在交接书上签字盖章。

技能训练

训练操作一　正常起油管操作

本次操作在 WS-3 井下作业模拟器上进行技能训练。

一、准备工作

设置高压管汇为灌浆状态。

二、操作步骤

(1) 按 1 号钮，开始本次作业。

(2) 下放吊环到井口，刹住刹把，按 2 号钮，吊井口油管。

(3) 挂上滚筒离合器，松开刹把，当上提出一根单根后，刹死刹把。

(4) 按 6 号钮，吊卡到井口；下放油管，当油管坐稳井口后，刹死刹把；将卸扣离合器置于卸扣位置，将单根与油管卸扣。

(5) 挂合滚筒离合器，稍上提钻具 0. 1～0. 2 m，刹住刹把，按 3 号钮，摆单根到井口。

(6) 松开滚筒离合器，在跑道上下放单根，当单根在跑道上下放到底时，按 6 号钮，卸吊卡，系统自动将单根放到工作台上，并摆吊环回井口。至此，完成起单根操作。

(7) 按 1 号钮，结束本次作业。

三、注意事项

若大钩高度未在规定范围内，则步骤(4) 卸扣操作无法进行，系统将有语音提示。

训练操作二　正常下油管操作

本次操作在 WS-3 井下作业模拟器上进行技能训练。

一、准备工作

设置高压管汇为灌浆状态。

二、操作步骤

(1) 按 1 号钮，开始本次作业。
(2) 下放吊环到井口，刹住刹把；按 2 号钮，吊滑道单根。
(3) 挂上滚筒离合器，松开刹把，当上提到一定高度后，单根将自动摆到井口。
(4) 将上扣离合器置于上扣位置，将单根与油管紧扣。
(5) 挂合滚筒离合器，稍上提钻具 0. 1～0. 2 m，刹住刹把；按 6 号钮，移开井口吊卡。
(6) 全松刹把，下放钻具，目视指重表，观察其读数的变化；当单根将到井口时，利用刹把控制下放速度，将吊卡平稳坐于井口，刹死刹把。
(7) 按 6 号钮，摘开吊环。至此，完成单柱下钻操作。
(8) 按 1 号钮，结束本次作业。

三、注意事项

(1) 步骤(3)在滑道上提单根时，若上提高度超过 20 m，将触发警报，提示可能碰天车。
(2) 步骤(4)上扣紧扣时，若大钩高度未在规定范围内，则此操作无法进行，系统将有语音提示。
(3) 步骤(5)移开吊卡时，若未能上提钻具，则此操作无法进行，系统将有语音提示。
(4) 步骤(6)下放钻具时，应保证滚筒离合器为摘开状态。

训练操作三　丈量油管及抽油杆

一、操作准备

工具、用具及设备：15 m 钢卷尺 1 把，圆珠笔 1 支，油管记录表 2 张，油管若干根，棉纱少许。

二、操作步骤

1. 丈量油管

(1) 用棉纱将钢卷尺擦干净。

（2）按油管的下井顺序，使用钢卷尺依次丈量每根油管的长度。丈量油管时，一人将钢卷尺“0”刻度对准油管公扣1～2扣处，另一人拉直钢卷尺至油管接箍端面并读出油管长度，第三人将油管长度记录在油管记录表上。

（3）丈量管式泵，一人将钢卷尺“0”刻度对准固定凡尔罩的端面，另一人拉直钢卷尺至管式泵的泵筒端面并读出管式泵长度，第三人将管式泵长度记录在管式泵记录表上。

（4）下井油管按照顺序反复丈量三次，累计复核误差小于0.02%。

2. 丈量抽油杆

（1）先丈量拉杆，一人将钢卷尺“0”刻度对准公扣丝扣台阶的端面（或接箍端面），同时转动拉杆提示对方，另一人拉直钢卷尺至拉杆丝扣背帽端面并读出拉杆长度。

（2）然后丈量活塞，一人将钢卷尺“0”刻度对准活塞的下游动凡尔端面，同时转动活塞提示对方，另一人拉直钢卷尺至活塞拉杆丝扣端面并读出活塞长度。

（3）再丈量光杆，一人将钢卷尺“0”刻度对准公扣丝扣台阶的端面（或接箍端面），同时转动光杆提示对方，另一人拉直钢卷尺至光杆的端面并读出光杆长度。

（4）最后丈量抽油杆，一人将钢卷尺“0”刻度对准公扣丝扣台阶的端面（或接箍端面），同时转动抽油杆提示对方，另一人拉直钢卷尺至接箍端面（或公扣丝扣台阶的端面）并读出抽油杆长度。

三、注意事项

（1）钢卷尺主要用于丈量油管、抽油杆及下井工具、配件的长度。

（2）丈量时，油管、抽油杆要摆放整齐，且两端都不得拖地，中间不向下弯曲，以便于丈量，减小误差。

（3）丈量时，钢卷尺要拉直拉紧。

（4）钢卷尺刻度要清晰，尺面清洁，用完后要及时擦洗干净，卷好收回，并注意防潮防腐。

（5）丈量时，油管或抽油杆中间部位必须用一根油管或抽油杆垫起，防止钢卷尺打卷、扭转、折弯或夹到油管缝隙中。

（6）丈量时，操作人员不得戴脏手套，以免弄脏钢卷尺而影响其准确性。

（7）必须定期校验钢卷尺。

项目二 功图分析

知识目标

掌握理论示功图的解释。

能力目标

掌握实测示功图的分析操作。

工作过程知识

示功图是由载荷随位移的变化关系曲线所构成的封闭曲线图。在有杆泵采油过程中，用动力仪绘出示功图，可定性分析深井泵的工作情况，这是了解井下抽油泵工作状况的重要手段。

一、理论示功图的解释

在生产中，为了便于分析各种形状的实测示功图，经常需要在实测示功图上绘出理论示功图来进行对比，以提高分析结果的准确性。

这里所说的理论示功图是指抽油泵不受任何外界因素影响，泵能够完全充满，光杆只承受抽油杆柱与活塞以上液柱的静载荷，不考虑惯性力，只考虑弹性变形影响所绘制出的示功图。理论示功图是一个规则的平行四边形，如图 3-2 所示。

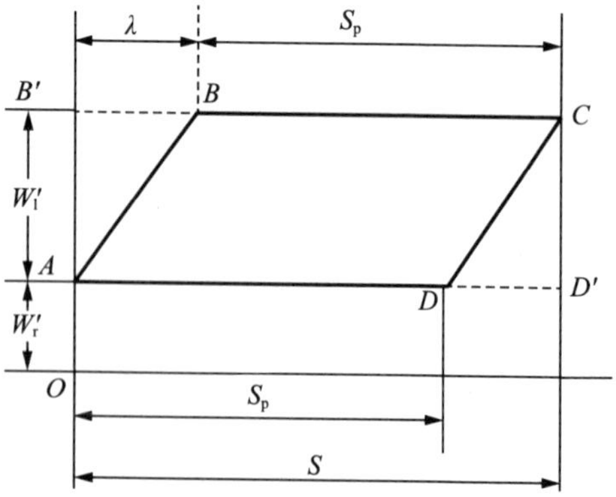

图 3-2 理论示功图

S_p—光杆冲程，m；S—活塞冲程，m；λ—冲程损失，m；
W_l'—转移载荷，N；W_r'—抽油杆在液体中的重力，N

在图 3-2 所示理论示功图中，*A* 点表示抽油机驴头处在下死点位置，光杆只承受抽油杆柱在井内液体中的重量。当光杆上行时，游动凡尔关闭，活塞以上液柱重量从油管柱转移到抽油杆柱上，此时抽油杆柱因增载而伸长，油管柱因减载而缩短，活塞相对泵筒而言没有向上运动。到达 *B* 点时，增载完毕，活塞开始上行，固定凡尔打开。*B'B* 线的长度表示冲程损失（即抽油杆柱伸长和油管柱缩短的数值），*AB* 线称为增载线，表示光杆载荷增加的过程。因在活塞开始上行以前，光杆载荷的增加与抽油杆柱的伸长成正比，所以增载线成斜直线上升。在上冲程 *BC* 过程中，光杆载荷等于抽油杆柱在井内液体中的质量加活塞以上的液柱质量，并且保持不变，因此 *BC* 线在理论示功图上是一条水平直线。*C* 点表示抽油机驴头处在上死点位置，此时，光杆所承受的载荷为最大静载荷。当光杆下行时，固定凡尔关闭，活塞以上的液柱重量从抽油杆柱转移到油管柱上，此时抽油杆柱因减载而缩短，油管柱因增载而伸长，活塞相对泵筒而言没有向下运动。到达 *D* 点时，减载完毕，活塞开始下行，游动凡尔打开。*D'D* 线的长度表示冲程损失（即抽油杆缩短和油管伸长的数值）。*CD* 线称为减载线，表示光杆载荷减少的过程，所以减载线成斜直线下降。在下冲程 *DA* 过程中，光杆只承受抽油杆柱在井内液体中的重量并且保持不变，所以 *DA* 线在理论示功图上也是一条水平直线。

二、实测示功图分析

利用实测示功图，结合油井的产量、压力、含水率、含砂、动液面等资料，对井下抽油泵的工作状况进行综合分析，可以比较准确、及时地发现抽油泵在抽汲过程中存在的问题，如抽油泵是否受到砂、蜡、气、水、稠油漏失的影响，泵的吸入部分、排出部分是否有漏失等。为了便于对比，下面先介绍泵工作正常时的实测示功图，然后介绍砂、蜡、气、水、稠油、漏失对示功图的影响。

1. 泵工作正常时的实测示功图

当抽油泵工作正常且受其他因素影响较小时测得的典型示功图如图 3-3 和图 3-4 所示。

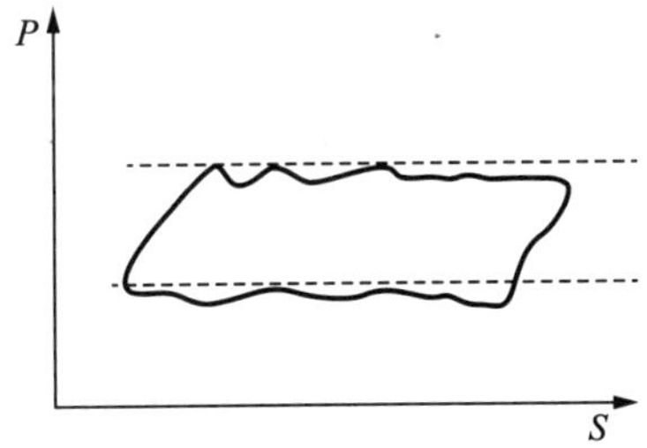

图 3-3　泵工作正常时的实测示功图 1

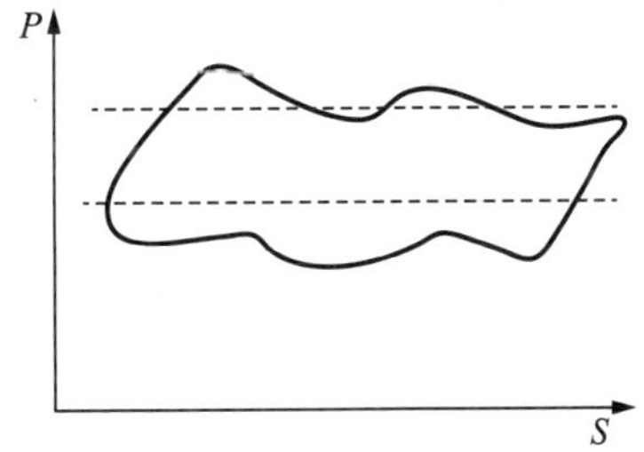

图 3-4　泵工作正常时的实测示功图 2

图中虚线是在分析示功图时根据油井的实际抽汲参数绘制的理论载荷线。上边的虚线是最大理论载荷线，下边的虚线是最小理论载荷线。为了节省时间、简化分析工作，现场常省略增载和减载理论线，所以在实测图上绘制的理论示功图只有两条理论载荷线。

这类实测图形的共同特点是：均为一近似的平行四边形，和理论示功图的差异不大。如图 3-3 所示，除由于抽油设备轻微振动引起一些微小的波纹外，其他因素的影响均在图上显示不明显。图 3-4 是在泵深度较深的井中泵工作正常时测出的示功图，测图时的下泵深度为 1 355 m，由于泵下得较深且抽油设备的波动较大，因此惯性影响较明显。图上除有较大的波纹外，整个图形还沿顺时针方向发生了偏转。在这种情况下，如果惯性力影响加剧，图形偏转的角度也相应地增大，但抽油泵的工作仍然是正常的。

2. 油井出砂对泵工作的影响

由于油层胶结疏松，生产压差过大或修井措施不当等，都可能在生产过程中引起油井出砂。细小的砂粒随着油流进入泵内，轻则增加油汲阻力，磨损抽油设备，引起严重漏失，重则卡死凡尔或卡死活塞，迫使油井停产。油井出砂对泵工作的影响如图 3-5 和图 3-6 所示。

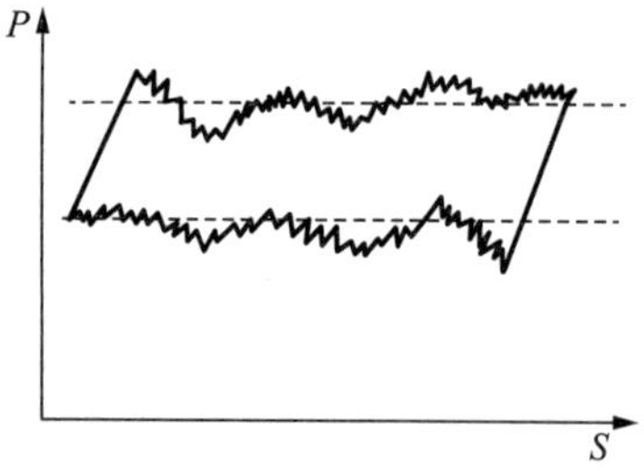

图 3-5　活塞受到砂阻实测示功图

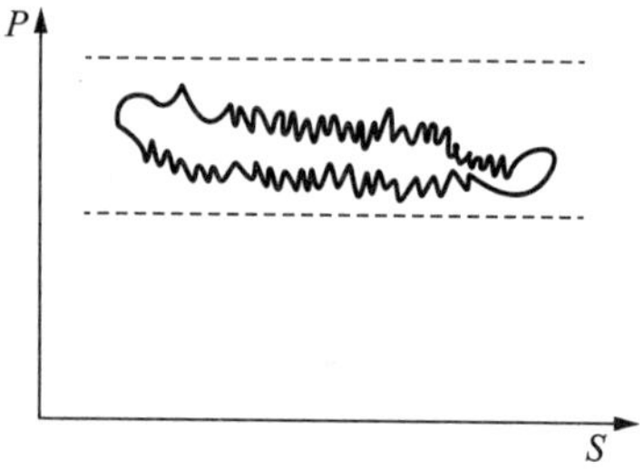

图 3-6　油井较长时间大量出砂实测示功图

图 3-5 是活塞受到砂阻的实测示功图，光杆载荷在很短的时间内发生急剧变化，上、下载荷线呈现出不规则的锯齿状尖锋。此种情况下，油井仍能出油。

图 3-6 是在油井较长时间大量出砂后测得的示功图。由于油流携带着砂子长期冲刺活塞、凡尔球等，导致严重漏失或凡尔球起落失灵。因此上冲程过程中，光杆载荷增加不到最大值，而下冲程过程中，光杆载荷又降低不到最小值，这使得整个图形靠近最小理论载荷线，并具有锯齿状的特征。在这种情况下，尽管驴头不停地做上、下往复运动，但是井口没有油流。

3. 油井结蜡对泵工作的影响

油井结蜡是原油生产中经常发生的现象，是影响油井产量的一个重要因素。抽油井结蜡会增大光杆载荷，导致凡尔失灵、凡尔卡死或油管堵死等。因此，研究油井结蜡对泵工作的影响具有重要意义。现根据结蜡影响程度的不同，介绍如下：

（1）凡尔结蜡。

如图 3-7 所示，由于游动凡尔和固定凡尔都受到结蜡的影响，开关不灵，引起漏失，而且油管内壁和抽油杆柱上也沉积了较多的蜡，缩小了油流通道，增大了油流阻力。因此，当活塞上行时，光杆载荷增加，超过最大理论值，同时由于游动凡尔漏失，造成提前卸载。下冲程过程中，由于固定凡尔漏失，造成提前增载。在上、下冲程中，由于结蜡产生的附加阻力的影响，致使光杆载荷不平稳，示功图上呈现出波浪起伏的变化。

（2）固定凡尔球被蜡卡死。

图 3-8 是在固定凡尔球被蜡卡死时测得的示功图。上冲程过程中，由于井内油管内壁和抽油杆柱上沉积了较多的蜡，抽油杆柱运动受到蜡的阻碍，所以最大载荷线超过理论值；同时，由于管柱内各个部位结的蜡软硬不均，故图形有较大的波浪起伏变化。下冲程过程中，由于工作筒内无液面，游动凡尔打不开，光杆不能按正常规律卸载，直至活塞下行至接近下死点时，才触及泵筒内底部的积蜡，光杆突然卸载，同时产生强烈的振动，因此在示功图的左下角出现一个不规则的环状尾巴。在此种情况下，油井并不出油。

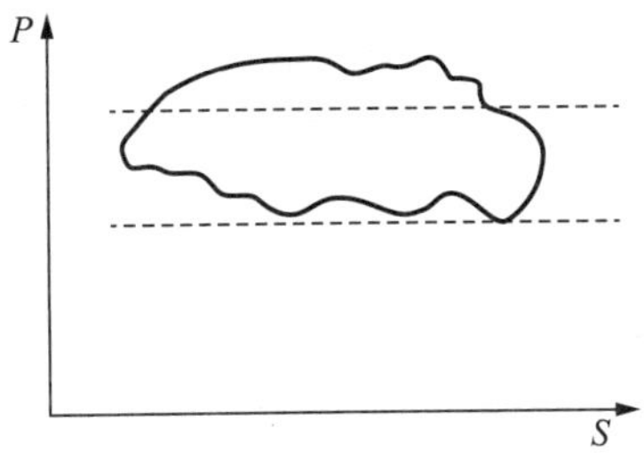

图 3-7　凡尔结蜡实测示功图

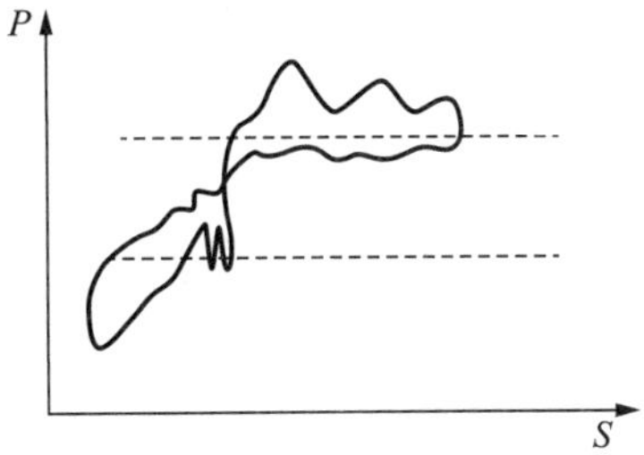

图 3-8　固定凡尔球被蜡卡死实测示功图

4. 气体对泵工作的影响

由于地下石油一般是油气混合物，因此在抽油过程中，总有或多或少的气体进入泵内。对于气油比高、产气量大的油井，如不采取防气措施，直接下普通抽油泵生产，轻则使泵的原油充满系数降低，因而降低油井产量，重则产生凡尔气锁现象，使泵抽不出油来，如图 3-9 和图 3-10 所示。

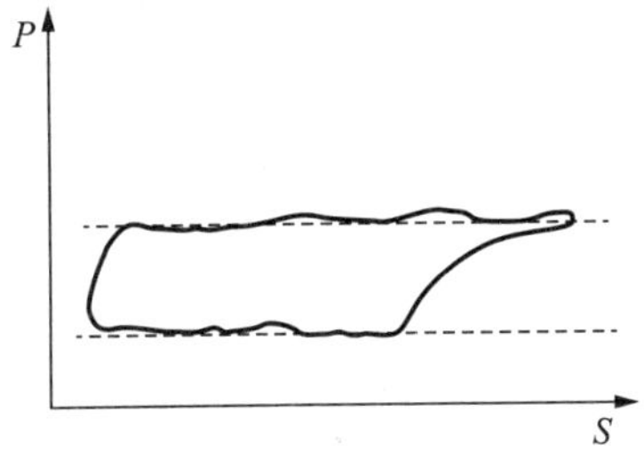

图 3-9　气体影响实测示功图

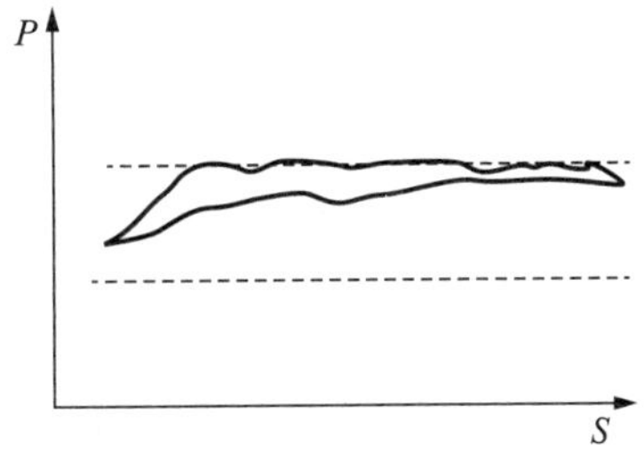

图 3-10　气体严重影响实测示功图

图 3-9 是抽油泵受到气体影响时测得的示功图。从图中可以明显看出：气体占据了活塞所让出的一部分空间，使原油的充满程度降低。由于泵筒内的上部存在一段气柱，当活塞下行时，首先压缩泵内的气体，光杆卸载缓慢，因此，减载线是一条向右下方弯曲的弧线。实践证明，这条弧线的曲率随着气体影响程度的增加而减小。

图 3-10 是抽油泵受到气体严重影响，抽不出油时测得的示功图。从图中可以明显看出：抽油泵的凡尔已被气锁。所谓气锁，是指大量气体进入泵内后，导致游动凡尔、固定凡尔均失效，活塞仅对气体起压缩和膨胀作用，泵不排油的现象。

5. 油井出水和稠油对泵工作的影响

油井出水后，当井内原油含水升高到一定程度时（如原油含水 40%～60%），原油就容易被乳化而形成乳化油。特别是由于抽油杆柱在油水混合物中不断地上下运动，起到搅拌作用，致使油中的水变为更细小的水滴分散在油中，可促进油水乳化液的形成。一旦形成乳化油，油液的黏度就大大增加，流动摩擦阻力也就相应地增加。于是，测出的示功图和在稠油井上测出的示功图相似，一般具有以下特征：

（1）图形肥胖，上载荷线高于最大理论值，下负荷线低于最小理论值，如图 3-11 所示。

（2）四角圆滑，形如椭圆，如图 3-12 所示。

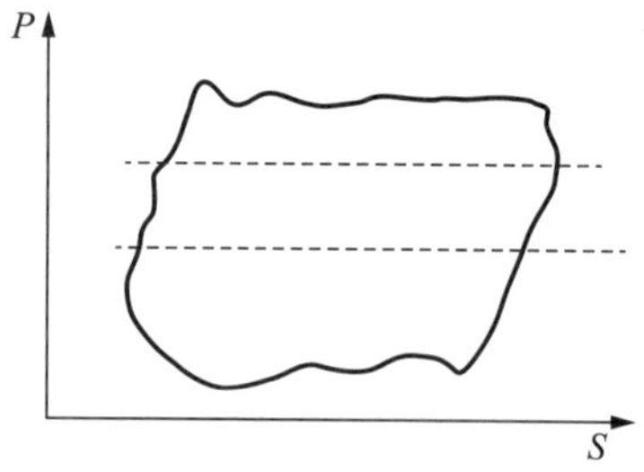

图 3-11　油水乳化严重时实测示功图

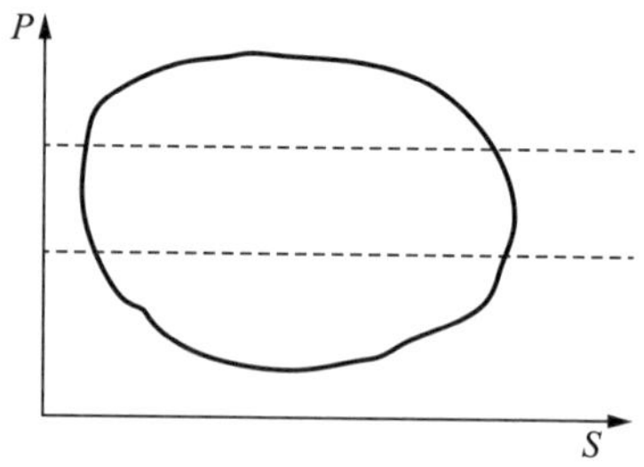

图 3-12　稠油井中泵工作正常时实测示功图

6. 漏失对泵工作的影响

泵漏失是抽油井常见的故障之一，漏失不严重时，油井仍能出油，但泵效降低；漏失严重时，可使抽油泵抽不出油来。泵漏失可以分为：吸入部分漏失、排出部分漏失、吸入和排出两部分均漏失三种情况。

吸入部分漏失的原因包括：固定凡尔球与凡尔座配合不严；凡尔球被砂子刺坏；凡尔罩内积有砂、蜡等脏物，使凡尔球起落失灵等。图 3-13 就是在固定凡尔漏失不严重，油井还能出油时测得的示功图。这类示功图的特点是：增载线比卸载线陡，图形的左下角变圆，右上角变尖，而且漏失愈严重，图形的左下角变得愈圆，右上角变得愈尖。

排出部分漏失的原因包括：游动凡尔球与凡尔座配合不严；活塞与泵的衬套配合不当；长期磨损使活塞与泵的配合间隙增大；凡尔罩内积有砂、蜡等脏物，使凡尔球起落失灵等。图 3-14 就是在游动凡尔严重漏失，抽不出油时测得的示功图。这类示功图的特点是：卸载线比增载线陡，图形的左下角变尖，右上角变圆；当漏失特别严重时，增载线、卸载线和最大负荷线便构成一条向下方弯曲的圆滑弧线。

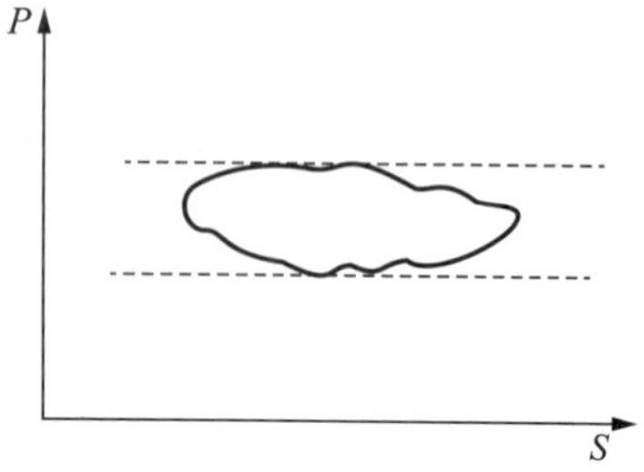

图 3-13　固定凡尔漏失实测示功图

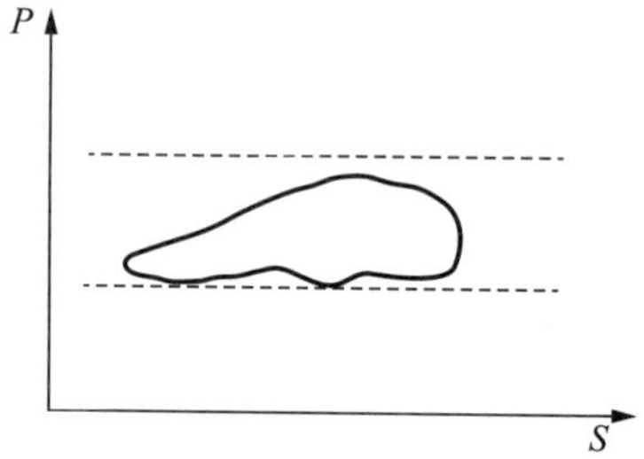

图 3-14　游动凡尔严重漏失实测示功图

吸入部分和排出部分均漏失的示功图如图 3-15 所示。其主要特点是：四角消失，中间形状似不规则的椭圆，漏失原因有多方面，碰泵洗井是解决问题的主要手段。

通过上述分析可知，全面、准确地了解有杆泵抽油装置的工作状况，及时采取有效措施，排除各种故障，使设备正常运转，油井正常生产，可以提高油井产量和泵效，显著提高经济效益。

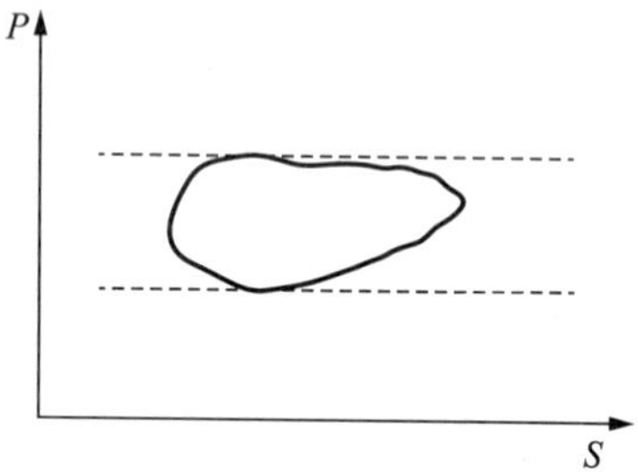

图 3-15　吸入部分和排出部分均漏失实测示功图

技能训练

训练操作　示功图的分析操作

一、操作准备

（1）工具、用具：铅笔、直尺、记录本、计算器等。

（2）同一口井实测示功图一组。

（3）收集该井有关资料，包括产量、含水、动液面、泵径、泵挂深度及冲程、冲次等。

（4）了解原油密度、黏度、矿化度以及油井出砂情况。

二、操作步骤

（1）根据油井生产资料，绘制该井理论示功图。

（2）根据油井参数，计算并画出驴头最大载荷、最小载荷在图中的理论载荷线上的位置。

（3）比较实测示功图与理论示功图的差异。

（4）分析油井资料和原油物性资料，判断抽油泵工作状况。

（5）分析抽油泵工作不正常的原因。

三、注意事项

（1）该井理论示功图线条应绘制清晰。

（2）测量的数值要精准。

知识拓展

一、示功图分析口诀

根据现场的实际情况，操作人员总结出有关示功图分析的口诀：

功图虽只四条线，横程竖载不简单；
理论功图正四方，实际功图向右偏；
右上尖，左下圆，固定凡尔未座严；
右上圆，左下尖，游动凡尔空中悬；
气体影响卸载缓，供液不足刀把弯；
自喷杆断油管漏，一条黄瓜横下边；
泵遇砂卡狼牙棒，油稠蜡重肥而圆；
横线外凸泵筒弯，上挂下碰戴耳环；
上右下左黄瓜悬，定是柱塞卡筒间；
苦学攻克识图关，管好油井定不难。

二、常见典型示功图

图 3-16 为现场典型示功图及常见实测示功图。

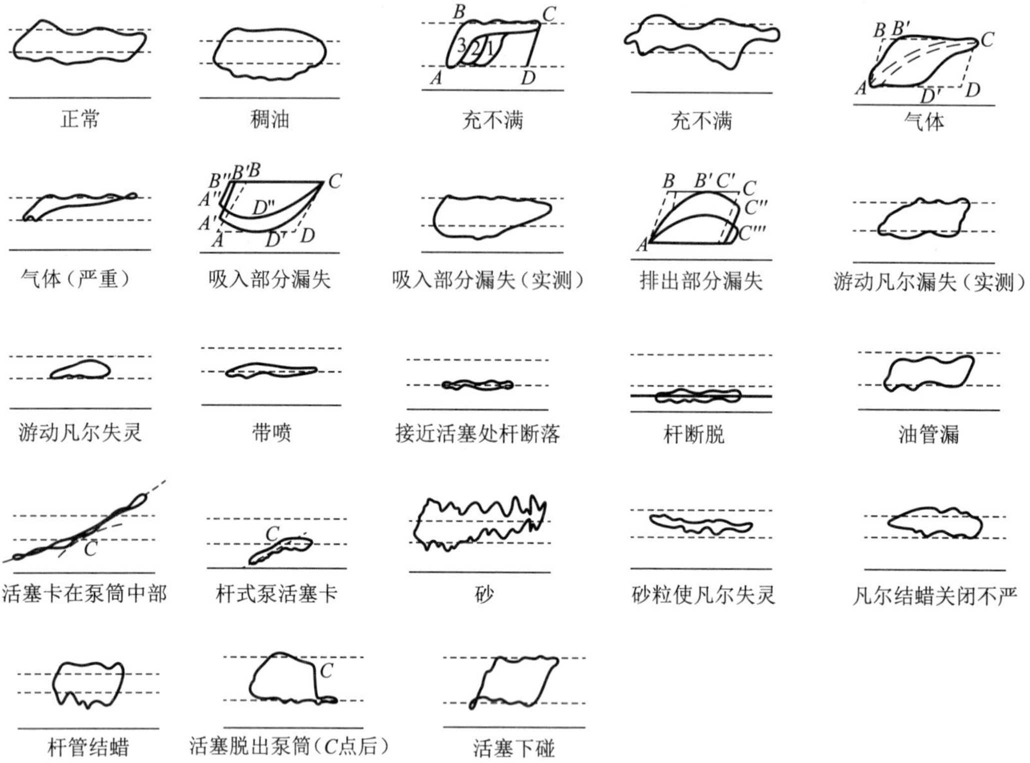

图 3-16　典型示功图及常见实测示功图

思考题

1. 什么是检泵？
2. 油井为什么要检泵？
3. 简述管式泵抽油管柱、杆柱组配方式。
4. 检泵施工前需要准备什么？
5. 解释理论示功图参数含义。
6. 凡尔结蜡实测示功图是怎样的？
7. 气侵对泵的工作有什么影响？

学习情境四

隔水采油作业

学习情境描述

随着油田开发的深入进行，普遍会遇到油井出水现象，尤其是水驱油田开发的中后期，油井出水更是不可避免的。因此在油田开发过程中，发现油井出水后，要尽快利用各种找水措施确定出水层位，并根据具体情况采取相应的隔水采油措施。通过本情境的学习，掌握封隔器的结构组成、工作原理及技术要求，掌握井温测量法、放射性同位素法确定出水层位的原理，并掌握隔采施工工序及其技术要求。

项　目　水层确定

知识目标

1. 掌握井温测量法、放射性同位素法确定出水层位的原理。
2. 了解 Y111 型和 Y211 型封隔器的结构组成、工作原理及技术要求。

能力目标

1. 掌握封隔器 Y211-114 的坐封与解封操作。
2. 掌握封隔器 Y344-114 的坐封与解封操作。

工作过程知识

目前很多油田处于开发中后期，油井出水现象比较严重。由于油层的不均质性以及开发方案或开采措施不当等原因，使水在横向上和纵向上推进很不均匀，造成油田过早水淹，消耗了地层能量，大大降低了油藏原油采收率。同时，由于地层大量出水冲刷地层，导致地层出砂、坍塌，油井停产甚至报废。另外，地层水会严重腐蚀抽油杆、油管、套管、输油管线等采油设备，加重油水分离工作量，增加采油成本。因此在油田开发过程中，发现油井出水后，要尽快利用各种找水措施确定出水层位。

一、油井出水的原因

1. 找水的概念

找水是指油井出水后，通过各种措施确定出水层位和流量的工作。

2. 油井出水的原因

（1）固井质量差，不能有效地分隔油水层，造成层间窜槽，导致水层的水或注水层的水进入井筒。

（2）射孔时因误射而射开水层。

（3）由于地质原因或作业方式不当，使得套管被损坏，水层的水进入井筒内。

（4）由于增产措施（如酸化、压裂施工）不当，破坏了油层的盖层等封闭条件，使油水层连通，导致油层出水。

（5）由于油层的非均质性，在采油制度不合理和注水方式不当的情况下，造成油层底水和注入水沿高渗透层或高渗透层段过早侵入油层。

（6）地壳变动等地质原因破坏了原有的层间条件，导致外来水侵入油层。

3. 油层出水的来源

主要是注入水和地层水。

二、出水层位的确定方法

1. 测试法

1）井温测量法。

井温测量法是指利用地层水具有较高温度的特点来确定出水层位的方法。

首先用均质流体冲洗井筒，使整个井筒内的液体温度分布均匀，然后测量井内温度变化曲线，再降低液面，使地层水进入井内，一直到测出温差为止。降低液面后所测井温曲线发生突变的部位即为外来水进入井内的位置。

2）声波变密度（VDL）测井法

声波变密度测井法是利用声波在不同介质中传播时速度、幅度及频率变化不同的特点来测量套管外水泥胶结情况，检验管外是否发生窜槽，从而判断固井质量好坏的一种测井方法。胶结指数为0.8～1.0，表示水泥胶结很好；胶结指数为0.4～0.8，表示水泥胶结一般；胶结指数小于0.4，表示水泥胶结很差。地层有效封隔不仅取决于胶结指数，而且取决于胶结井段的长度。

3）噪声测井法

噪声测井法是利用井内流体运动产生的噪声幅度和频率随流体流量和流体流动时所通过介质的变化而变化的特点，判断流体流动的类型、位置、大致的流速及出砂情况，确定套管外流体的移动、气体的体积、射孔效果等井下情况的一种测井方法。在实际生产中，噪声测井法主要用于判断套管外窜槽。

4）放射性同位素法

放射性同位素法是以人为方法提高出水层段放射强度为基础来判断出水层位的。对比分析注入同位素液体前后测得的放射性曲线，在测得的曲线上找出放射性强度异常剧增的位置，即套管吸收放射性液体的位置。根据此异常，结合射孔资料，可确定套管破裂位置及与套管破裂位置连通的渗透地层。

5）产出剖面测井

产出剖面测井能够定量给出高含水层的具体含水数值，可提高解释精度。产出剖面测井包括集流型测井和非集流型测井，能够测量井筒内不同深度处流体的体积流量、含水率、温度、压力等参数。产出剖面测井可为地质分析提供丰富的动态资料，确定油井的生产状态，对高含水层封堵能提供准确的资料。

2. 机械法

1）找水仪找水

找水仪能在油井正常生产的情况下测得各小层的产量、确定主要出水层位并近似估计出水量。找水仪主要由电磁振动泵、注排换向阀、皮球集流器、涡轮产量计、油水比例计等几部分组成。其工作原理是：当仪器下到预定位置后，电磁振动泵开始工作，用井内原油将集流器的皮球扩胀，密封仪器和套管之间的环形空间，使液流全部由仪器内部通过。流动的流体冲动涡轮，根据涡轮转动频率可确定该层的总流量。油水比例计利用油和水的导电性之间的差异来确定油样中的含水量，从而确定含水率。

2）封隔器找水

用封隔器将各层分开，然后分层求产，进行地面含水化验，从而确定含水层。其特点是工艺简单，能准确确定出水层位，但施工时间长，且对窜槽井或油水层之间夹层很薄的井，无法确定其油水层。

3）综合资料判断法

针对见水井的静态资料（井身结构、开采层位、油水井连通状况）进行精细研究，结合开采过程中的动态资料（产量、压力、含水变化、水质分析等）以及与本井连通的注水井压力变化进行综合分析，可初步确定来水方向和层位。

为了更准确地确定出水层位，应结合采出油样含水化验，分析水的矿化度和所含离子组成，判断油井所见水是注入水（同层水）还是地层水（外来水）。地层水一般都具有高矿化度（主要含钾、钠、钙及镁盐等）或含有硫化氢及二氧化碳等特点，而注入水则是低矿化度的，常含有硫酸根离子等，因此可根据见水后的化验资料，分析某种离子或盐存在与否，即可判断油井所见水是注入水还是地层水，进而判断出水层位。

三、隔采常用封隔器介绍

前面介绍了确定出水层位的不同方法，其中封隔器找水是油田现场最常用的方法之一。该方法的优点是简单、易行、成本低、收益大，便于推广，且能够准确地确定出水层位；缺点是施工周期长，无法确定夹层薄的油水层的位置，且在窜槽井中必须封窜以后才能进行找水施工。下面对封隔器进行简单介绍。

1. 用途

为了实现油田井下某种技术目的，起到井下层间（油层与油层、油层与气层、油层与水层、气层与气层、水层与水层等）的封隔作用。

2. 分类

（1）按照使用部位分。

用油管下入套管中，用以封隔油套管环形空间的封隔器称为套管封隔器，简称封隔器；用套管下至滤管或带眼衬管上部的封隔器称为套管外封隔器；用油管或钻杆下在裸眼井段的封隔器称为裸眼封隔器。

（2）按照使用目的分。

有生产封隔器（即注、采封隔器）、挤注封隔器、桥塞封隔器、热采封隔器、注污水封隔器和用途广泛的多功能封隔器等。

（3）按照承压大小分。

有中压封隔器（耐压压力在 30 MPa 以内）和高压封隔器（耐压压力在 30 MPa 以上）两种。

（4）按照承压方向分。

承受上部压力的封隔器称为普通型封隔器；承受上部压力和下部压力的封隔器称为多用途型封隔器；只承受下部压力的封隔器称为特殊型封隔器。

(5) 按照坐封原理分。

有水力式封隔器、机械式封隔器和气压式封隔器。

(6) 按照密封元件的密封原理分。

有机械压缩式封隔器、机械楔入式封隔器、水力膨胀式封隔器和水力自封式封隔器。

(7) 按照支撑方式和固定方式分。

有支柱式(或称锚定式)封隔器和悬挂式(或称挂壁式)封隔器。

(8) 按照从井下取出的方式分。

有可取式封隔器、丢手式封隔器和永久式封隔器。

(9) 按照内通道的数量分。

有单管封隔器、双管封隔器、三管封隔器、四管封隔器等。

(10) 按照封隔器的工作原理分。

有支撑式封隔器、卡瓦式封隔器、皮碗式封隔器、水力扩张式封隔器、水力自封式封隔器、水力密闭式封隔器、水力压缩式封隔器和水力机械式封隔器八种类型。

3. 型号的编制

封隔器的型号意义如下所示。

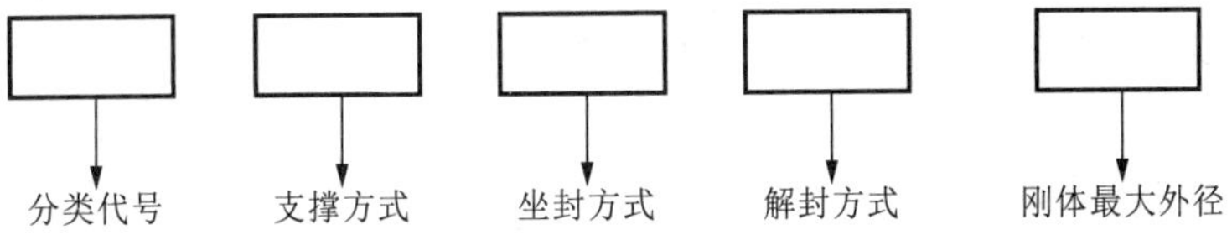

其中,封隔件分类代号是用其分类名称第一个汉语拼音首字母的大写形式表示,其分类方法见表 4-1 ～表 4-4。

表 4-1 封隔器封隔件分类代号表

分类名称	自封式	压缩式	楔入式	扩张式
分类代号	Z	Y	X	K

表 4-2 封隔器支撑方式代号表

支撑方式名称	尾 管	单向卡瓦	无支撑	双向卡瓦	锚 瓦
支撑方式代号	1	2	3	4	5

表 4-3 封隔器坐封方式代号表

坐封方式名称	提放管柱	转管柱	自 封	液 压	下工具
坐封方式代号	1	2	3	4	5

表 4-4 封隔器解封方式代号表

解封方式名称	提放管柱	转管柱	钻 铣	液 压	下工具
解封方式代号	1	2	3	4	5

封隔器刚体最大外径直接用其外径数值表示,所用单位为 mm。

4. 几种常用封隔器的选择

（1）支撑式封隔器。

这类封隔器的优点是结构较简单，使用操作方便，密封性可靠，坐封与释放可靠等，适用于分层采油、分层试油、分层找水及堵水和分层酸化等施工作业。

（2）卡瓦式封隔器。

卡瓦式封隔器在使用时一般是靠下放一定重量的管柱进行坐卡与坐封的，也有靠从油管内加液压来坐封和坐卡的。这类封隔器的优点是坐封位置和密封可靠，可以悬挂井下工具等；缺点是结构复杂，卡瓦对套管内壁有损伤、破坏作用，不宜多级使用。该类封隔器适用于深井试油、卡封水层、采油、压裂、防砂等修井作业。

（3）水力扩张式封隔器。

封隔器的胶筒在内外压力差的作用下扩张，从而实现封隔油套管环形空间的封隔器称为水力扩张式封隔器。这类封隔器具有适应性强、密封性能好、解封可靠等优点，多用于分层注水、分层酸化、分层压裂、找串和封堵串槽等作业中。

（4）水力压缩式封隔器。

水力压缩式封隔器的密封部件（胶筒）一般都是压缩式的，没有卡瓦机构支撑，靠从油管内加液压来压缩胶筒，使其直径变大，从而将油套管环形空间密封。这类封隔器坐封后有控制部件制约，因此胶筒不能自动收回，故一般能够多级使用。

（5）水力机械式封隔器。

水力机械式封隔器以高压液体为动力坐封，同样也以高压液体为动力解封。这类封隔器多用在油井分层配产管柱中。

5. 两种典型封隔器

油田现场常用的隔采封隔器主要有 Y111 型封隔器和 Y211 型封隔器。

1）Y111-114 封隔器

（1）用途。

Y111-114 封隔器用于分层试油、采油、找水、堵水和酸化。该封隔器不仅能单独使用，而且可与卡瓦式封隔器或支撑卡瓦配套使用。

（2）结构。

Y111-114 封隔器由上接头、调节环、中心管、隔环、胶筒、下压环、O 形密封圈、剪钉、导向接头、键、下接头等组成，如图 4-1 所示。

图 4-1　Y111-114 封隔器实物图

（3）工作原理。

坐封：按所需坐封高度（油管挂距顶丝法兰的高度）下放管柱。用下压环和下接头与尾管（或卡瓦式封隔器或支撑卡瓦）作为支点，坐封剪钉在一定管柱重量作用下被剪断，使上接头、调节环、中心管、导向接头和键一起下行，压缩胶筒，使其外径变大，从而封隔油套管环形空间。

解封：上提管柱，胶筒回收，并恢复原状。

（4）主要技术参数。

Y111-114 封隔器的主要技术参数见表 4-5。

表 4-5 Y111-114 封隔器主要技术参数表

技术参数	取 值	技术参数	取 值
总长/mm	790	坐封载荷/kN	35～80
最大外径/mm	114	工作压力/MPa	上 25 下 8
最小通径/mm	62	工作温度/℃	120
胶筒型号	JDI（长、短、长）		

（5）技术要求。

① 封隔器下端到支撑点的长度一般不能大于 50 m。

② 适合于浅井使用。

③ 封隔器坐封高度取决于下入深度、坐封载荷、胶筒密封和压缩距等因素。

④ 此种封隔器单独使用时，一般不超过两级；若与卡瓦封隔器配套使用，一般为一级。

2）Y211 封隔器

（1）用途。

Y211 系列封隔器属卡瓦支撑式，适用于试油、堵水、找水、采油、防砂、压裂等施工工艺，现已形成 5 in，5½ in，7 in，6⅝ in 和 9⅝ in 系列。

（2）结构。

Y211 封隔器由上接头、O 形密封圈、胶筒、卡瓦座、扶正块、滑环销钉、中心管、下接头、卡瓦、锥体、坐封剪钉等组成，其结构如图 4-2 所示。

图 4-2 Y211 封隔器实物图

（3）使用范围。

Y211 封隔器的套管尺寸使用范围为 117～132 mm。

（4）工作原理。

坐封：按所需坐封高度上提管柱，然后下放管柱，扶正器在弹簧张力的作用下与套管壁发生摩擦，并沿轨迹管的轨迹槽运动，滑环销钉从短轨道上死点运动到长轨道上死点，卡瓦被锥体撑开并在套管壁上卡牢，同时剪断剪钉，胶筒在管柱的一定作用下被压缩，胶筒直径变大，从而密封油套环形空间。

解封：上提管柱即可。

（5）技术要求。

① 封隔器坐封高度取决于下入深度、坐封载荷、胶筒密封和压缩距等因素。

② 坐封载荷一般以 80 kN 为宜。

③ 操作要平稳，防止猛提猛放，避免中途坐封。

③ 封隔器密封件应避开套管节箍位置。

⑤ 上提管柱高度不能超过防坐距，以防中途坐封。

⑥ 可单级使用，不宜多级使用，但可以与支撑式封隔器配套使用。

⑦ 使用深度不宜超过 3 000 m，否则换向和坐封不十分可靠。

（6）主要特点。

① 采用提放管柱方式坐封，上提管柱方式解封，操作简便。

② 采用单卡瓦支撑，坐封、解封灵活可靠。

③ 采用高温高压胶筒，与水力锚配套使用可组成 Y211 系列压裂管柱。

（7）Y211 系列封隔器技术规范。

Y211 系列封隔器技术规范见表 4-6。

表 4-6　Y211 系列封隔器技术规范

型　号	Y211-102	Y211-115	Y211-115D	Y211-138	Y211-150	Y211-208
总长/mm	1 873	2 068	1 742	2 050	2 066	2 438
钢体最大外径/mm	102	115	115	138	150	208
钢体最小通径/mm	42	48	61	61	61	76
坐封力/kN	80～120					
工作压差/MPa	上 20 下 8	上 20 下 8	15	15	上 20 下 8	上 20 下 8
工作温度/℃	120					
适用套管内径/mm	107～115.2	117.7～130	118～127	144～153	158～166	220～228.5
两端连接螺纹	$2\frac{7}{8}$TBG	$2\frac{7}{8}$TBG	$2\frac{7}{8}$TBG	$2\frac{7}{8}$TBG	$2\frac{7}{8}$TBG	$3\frac{1}{2}$ TBG

四、常见封隔器隔采管柱

（1）封上采下堵水管柱如图 4-3 所示。

（2）封下采上堵水管柱如图 4-4 所示。

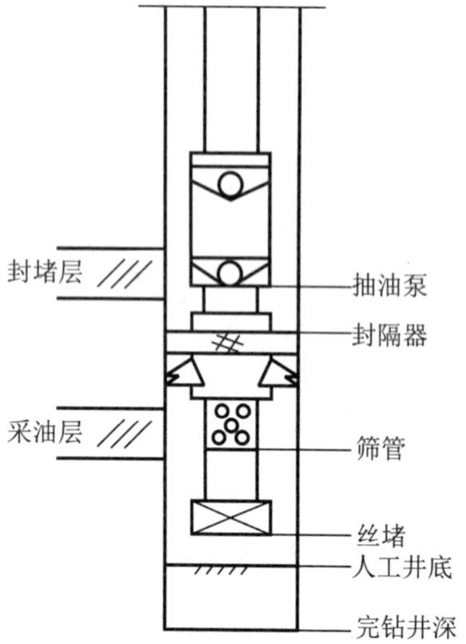

图 4-3　封上采下堵水管柱图

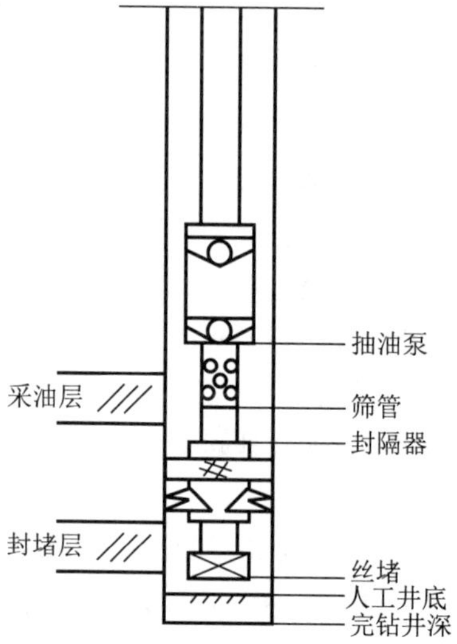

图 4-4　封下采上堵水管柱

（3）封两头采中间堵水管柱如图 4-5 所示。

（4）封中间层采上下层堵水管柱如图 4-6 所示。

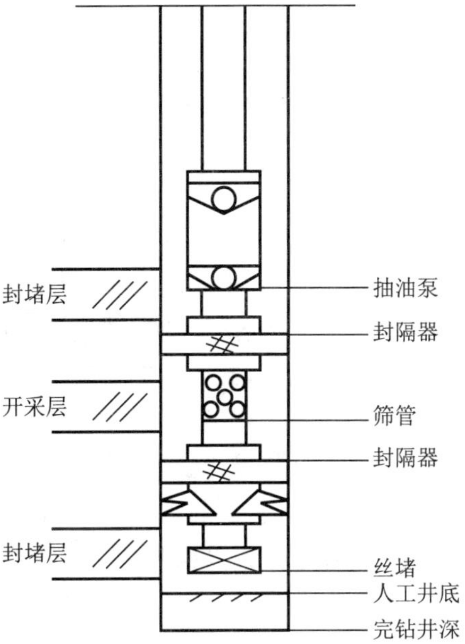

图 4-5 封两头采中间堵水管柱

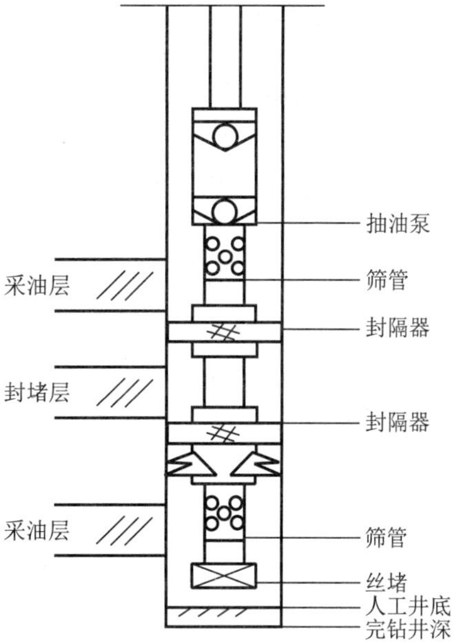

图 4-6 封中间层采上下层堵水管柱

技能训练

训练操作一 封隔器找水

一、准备工作

工具、用具及设备：实训井 1 口（配有管柱），修井机 1 台，通井规 1 个，洗井车 1 辆，油管桥 3 个，锅炉车 1 台，Y211-114，Y111-114 和 Y341-114 封隔器各 1 个。

二、操作步骤

（1）加深油管，起出原井管柱，将其按起初先后顺序摆放在油管桥上，并用锅炉车对原井管柱进行清洗。

（2）根据设计要求选用合格的通井规通井，通井深度必须达到设计要求位置或人工井底。

（3）要求冲至人工井底，记录时详细描述返出液体的颜色变化、返出物的大小及数量，记录冲洗时的泵压、排量、所用时间及液量等参数。

（4）在地面将隔采管柱组配好，校核无误时按顺序逐级下入井内，严格执行下管串标准。

（5）坐封 Y211-114 与 Y111-114 封隔器；在管柱全部下入井内之后，安装好井口，先经过坐封高度计算，按所计算的坐封高度下放管柱，然后向上拔紧螺丝即可坐封。Y341-114 封隔器采取液压坐封，坐封压力为 20 MPa。

（6）录取封隔器的型号、规范、下入深度和密封情况，附件的名称、规范、下入深度，泵型、规范、下入深度，坐封压力、拔距等资料。

三、注意事项

（1）尽量采用不压井作业。

（2）下井工具必须要有产品合格证，下井工具要做详细记录备查。

（3）下堵水管柱前必须做刮削处理，确保套管内壁光滑。

（4）严格按施工设计施工。

（5）下井工具及油管内外表面必须干净、无油污和泥砂等杂物，并用标准内径规检查。

（6）封隔器下放速度应控制在 10～20 m/min 之间，特别是快到射孔段时，速度不得超过 5～10 m/min；封隔器的下井深度一律以封隔器胶皮筒中心为基准，封隔器的坐封位置应避开套管接箍。

（7）封隔器下井时，必须扶正通过井口，起下操作要平稳，不得猛提、猛放、猛刹，遇阻时应分析原因，不得使下部管柱转动；如果是封隔器坐封，则上提钻具，待解封后继续下钻。封隔器坐封后不允许再动管柱，避免造成封隔器的解封而返工；需起出封隔器时，下入可退式卡瓦打捞筒，上提管柱即可解封打捞。

上扣时，背钳应打好，不得使下部管柱转动。下轨道式封隔器，下入 10 根左右油管时，应试坐封隔器，无问题后方可继续下入。验证封隔器密封：封隔器坐封后，发现井口不返水，即表明坐封密闭；若返水，则说明坐封不严，或未坐封，或坐封位置有误，这时要重新调整拔距再坐封，直至完全坐封。隔采井采用修前修后含水对比分析法，坐封位置及配套工具、结构合理、位置准确，误差在设计允许范围内。

（8）对于下卡瓦式封隔器（Y211-114）的井，下管柱时管柱的上提高度必须小于防坐距，一般不得超过 0.4 m；对于下支撑式封隔器（Y111-114）的井，要求人工井底深度准确、井底清洁，在下隔采钻具前要彻底冲砂，以防下入时将尾管卡住而发生井下砂卡事故；对于下压缩式封隔器（Y341-114）的井，下钻时匀限速下放，以防因遇阻上提时封隔器解封而返工；隔采井为防止因交变载荷引起管柱蠕动而导致坐封失效，要与油管伸缩短节配套使用。

训练操作二　Y211 封隔器坐封与解封操作

本次操作在 WS-3 井下作业模拟器上进行技能训练。

一、准备工作

设置高压管汇为灌浆状态。

二、操作步骤

（1）按 1 号钮，开始本次作业。

（2）下放钻具到指定位置。

（3）上提钻具超过 0.5 m，准备坐封。

(4) 轻抬刹把,下放钻具,开始坐封。
(5) 上提钻具,解封。
(6) 完成 Y211 封隔器的坐封操作后,按 1 号钮,结束本次作业。

三、注意事项

(1) 当油管鞋位置在 2 901 m(上下不超过 0. 5 m)时,刹车。
(2) 在钻具下放过程中,加压不得超过 50 kN。

训练操作三 Y344 封隔器坐封与解封操作

本次操作在 WS-3 井下作业模拟器上进行技能训练。

一、准备工作

设置高压管汇为循环状态。

二、操作步骤

(1) 按 1 号钮,开始本次作业。
(2) 下放钻具到指定位置。
(3) 刹死刹把,开泵,开始坐封。
(4) 刹死刹把,关泵,开始解封。
(5) 完成 Y344 封隔器的坐封操作后,按 1 号钮,结束本次作业。

三、注意事项

(1) 当油管鞋位置在 1 501 m(上下不超过 0. 5 m)时,刹车。
(2) 在钻具下放过程中,加压不得超过 50 kN。

训练操作四 封隔器找串

一、准备工作

工具、用具及设备:PT114 封隔器 1 个,地面管线 20 m,油管管柱若干,高压井口 1 个,筛管 1 根,丝堵 1 个,实训井 1 口(配有管柱),洗井车 1 台,锅炉车 1 台。

二、操作步骤

(1) 下封隔器找串管柱,封隔器在射开井段上部套管完好位置(避开套管接箍)接正循环地面管线,管线试压 20 MPa,不刺不漏为合格。管柱结构(按下入顺序):丝堵+筛管+PT114 封隔器+油管。

(2) 开套管阀门,正循环洗井,出口返出清水后上提封隔器 1. 2 m,边右旋管柱边下放坐封（坐封载荷为 80 kN），坐于套管完好井段，验证封隔器的密封情况（验证压力不大于 15 MPa），若套管无返液表明 PT114 封隔器坐封完好。

（3）上提解封，将 PT114 封隔器下至两个被找串层的夹层中间，上提封隔器 1.2 m，边右旋管柱边下放坐封（坐封载荷为 80 kN），正憋压并记录注入量和套管返出量，若套管有溢流，则该层间不串通。

（4）该层间验证完后，可继续下至下一夹层，坐封后继续验串，直至找出串槽位置。对于有溢流的层段，可根据溢流的变化来确定是否串槽。

（5）找到串槽位置后，可在此夹层内避开套管接箍，换卡点位置多坐封、验串几次，若均有溢流变化，则此夹层串通。重新验证封隔器是否完好，以确定找出的串槽位置是否可靠。上提油管至射开井段上部套管完好位置（避开套管接箍），上提封隔器 1.2 m，边右旋管柱边下放坐封（坐封载荷为 80 kN），坐于套管完好井段。正憋压 10 MPa 以检验封隔器及配件的完好程度，若套管无返液则证明封隔器及配件完好，找串成功。

（6）封隔器找串应加压平稳，不得高于设计压力，避免将套管外水泥环憋坏而造成新的串槽。

（7）录取封隔器的型号、规范、下入深度和密封情况，附件的名称、规范、下入深度，试挤时用的液体，泵的型号、排挡、排量、泵压，每分钟的挤入量和返出量，试挤时间和液量等资料。

三、注意事项

（1）不论采用哪种方法，均要能说明井下有无串槽和串通情况。

（2）井口返出物应定向排入排污坑并及时拉运至污水处理厂，排污坑内要有防渗设施。

（3）所有物品应及时回收，不得污染环境。

（4）施工操作平稳，非工作人员严禁进入高压区内，以确保施工安全。

训练操作五　封隔器封串

一、准备工作

工具、用具及设备：可钻铣水泥承转器 1 个（配套插管、扶正器），K344-114 封隔器 3 个，745-5 定压单流阀 1 个，球座 1 个，地面管线 20 m，油管管柱若干，实训井 1 口（配有管柱），洗井车 1 台，锅炉车 1 台。水泥承转器结构如图 4-7 所示。

二、施工步骤

1. 水泥承转器挤灰法封串施工步骤

（1）在原井找串施工证实有串槽的情况下，先下光油管填砂，埋掉下部油层（若下部油层与井底之间井段过长，不易填砂，则注悬空水泥塞或下桥塞封堵下部油层）。注：此方法适用于串槽上部无暴露的射孔层位。

（2）加深油管探砂面（或水泥塞），若砂面在串通层进口以下，则以埋掉下部暴露油层 5 m 以上为合格。

（3）用油管将水泥承转器下入设计深度(一般在串通井段射孔层位以上5～10 m，若循环封串，则下在两射孔井段的中间夹层位置)，锚定坐封，然后起出坐封管柱。

（4）用油管或钻杆将插头和扶正器送入井内，当插头插入水泥承转器后，慢慢加压，使插杆插入水泥承转器中并打开锁套阀。

（5）用干净且无固相的洗井液进行试注，达到稳定的注入量。

（6）上提油管或钻杆，使插头脱离水泥承转器。如果循环注入压力不高，也可不提出插杆而直接替挤。

（7）按设计要求配制水泥浆(密度大于1.8 g/cm^3)，用水泥车正替配好的水泥浆至插头位置，将插头插入水泥承转器中并打开锁套阀，将水泥浆挤入或循环替入串槽位置，打入顶替清水至插头位置，上提油管或钻杆，使插头脱离水泥承转器，锁套阀关闭，注入水泥浆并使水泥浆在注入压力下带压候凝，从而保证挤灰封串效果。

（8）反循环洗出管柱内的水泥浆，然后起出井内管柱，关井候凝48 h。

（9）下工具钻铣，试压验证封串质量。

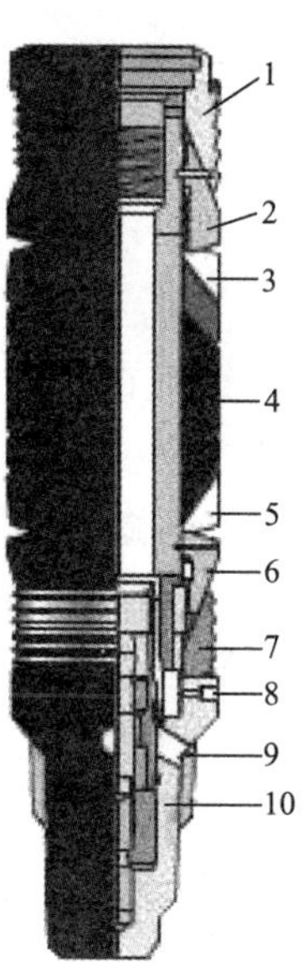

图4-7 水泥承转器结构图

1—上卡瓦；2—上锥体；3—胶筒保护环；4—胶筒；5—胶筒保护环；6—下锥体；7—下卡瓦；8—紧固螺钉；9—通道；10—下接头

2. 封隔器封串施工步骤

（1）在原找串施工证实有串槽的情况下，先下光油管填砂，埋掉下部油层(若下部油层与井底之间井段过长，不易填砂，则注悬空水泥塞或下桥塞封堵下部油层)。注：此方法适用于串槽上部无暴露的射孔层位。

（2）加深油管探砂面(或水泥塞)，若砂面在串通层进口以下，则以埋掉下部暴露油层5 m以上为合格。

（3）下单封隔器封串管柱，管柱结构(按下井顺序)：球座＋745-5定压单流阀＋K344-114封隔器＋安全接头＋油管，将封隔器坐至两串通层的下通口以上2～5 m。

（4）用水泥车正注清水，冲洗串槽，冲至返出液体不夹带大量泥砂且泵压平稳为止。

（5）按设计要求配制水泥浆。

（6）正挤水泥浆，正顶替一定数量的压井液，将水泥浆顶替至节流器以上20 m处停泵。

（7）上提管柱使球坐在串槽井段20 m以上，反循环洗井，洗出多余水泥浆。

（8）起出井内管柱，井筒灌满压井液，关井候凝48 h。

（9）下螺杆钻具钻塞至设计深度，进行下步验串施工。

3. 资料录取

录取井下管串工具的规范和深度，试挤时的泵型、排挡、排量、泵压和吸水指数，封堵介质的名称、配方、性能和用量，挤入时的排量、泵压、时间，替挤液名称、数量和时间，洗井方式和用液量，洗井时的泵型、排量、时间、泵压、出口返出物的描述和返出量，关井候凝的时间，试泵的参数、结果及水泥化验资料等。

三、注意事项

（1）封串后应进行同位素检查或用加（减）压法检验是否合格，作业中不得伤害油层。

（2）是否合格最终应以油（水）井投产后生产状况是否正常、原有串槽现象是否消失来评定。

（3）全部施工过程控制在水泥浆初凝时间以内，一般不得超过水泥浆初凝时间的70%。

（4）井内液柱稳定，无溢、喷现象。

（5）施工时修井机不得熄火，水泥车、修井机及游动系统要保持完好。

（6）水泥浆量要根据地层吸水量及产水量而定，一般现场水泥浆量要附加20%。

（7）所配水泥浆密度应大于1.8 g/cm^3。关井候凝时间达到有关标准后，要验证封串质量。经验证不合格者要补挤水泥。油层若因水泥漏失而造成堵塞，应实施解堵措施。

（8）整个施工要保证设备正常运转，要有备用水泥车。顶替水泥浆时，若发现水泥车泵压突然上升，应立即停止替水泥浆，进行反洗井，洗出井内水泥浆。

知识拓展

PT封隔器

一、用途

PT封隔器（posi-test packer）主要用于地层测试、酸化、压裂、分层挤注等工艺中。

二、结构

PT封隔器主要由旁通、密封元件和卡瓦总成三部分组成，如图4-8所示。

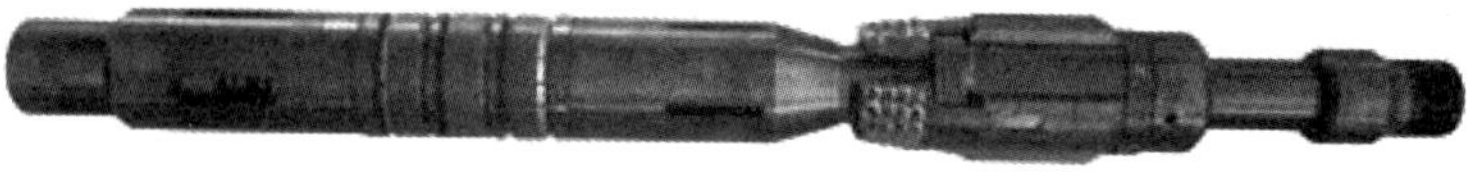

图4-8　PT封隔器结构图

PT封隔器主要有两种J形槽，一种是自动槽，一种是人工槽。其定位凸耳插入槽内起控制作用。

三、工作原理

PT封隔器下井时，定位凸耳自动在短槽中，摩擦块始终与套管内壁紧贴，胶筒处于自由状态，旁通道打开。当PT封隔器下至预定井深时，先上提管柱，使定位凸耳在短槽的下部位置，再右旋管柱1～3圈，在保持扭矩的同时下放管柱，加大压缩负荷。由于管柱旋转，定位凸耳进入长槽内，加压时坐封芯轴向下移动，端面密封与密封唇吻合而关闭旁通，继续加压，锥体下行，卡瓦胀开，卡瓦上合金块的棱角嵌入套管壁，使胶筒受力膨胀，从而密封油套管环形空间。解封时，只要上提管柱，即可起出封隔器。

四、结构特点

PT 封隔器具有以下结构特点：

（1）具有大通径。

（2）带有旁通机构。

（3）卡瓦坐封。

（4）中途不易失封，解封方便。

（5）可清楚看到定位凸耳的磨损情况，便于更换保养。

思考题

1. 试述 Y111 型和 Y211 型封隔器的结构组成、工作原理及技术要求。
2. 简述井温测量法和放射性同位素法确定出水层位的原理。
3. 简述封隔器找水确定出水层位的原理。
4. 常见封隔器隔采管柱有哪几种？

学习情境五

注水井作业

学习情境描述

注水开发是最重要的油田开发方式之一。注水是一种二次采油方法，其原理是通过注水井将水注入油藏，补充油藏原有的天然能量，保持地层压力，改善油田的生产特性，增加原油的采收率。本学习情境主要介绍现场常用的新井投注和油井转注的基本知识和操作技能，这也是井下作业者需要掌握的技能之一。

项目一　新井投注

知识目标

1. 掌握新井投注的操作步骤。
2. 掌握新井投注的注意事项。

能力目标

掌握新井投注操作。

工作过程知识

新井投注是指将完钻井直接用于注水。

一、新井投注的操作步骤

1）常规定向井投注工序

安装采油树→井口试压→通井，替钻井液→套管试压→负压→射孔→测压力恢复→排液、洗井→刮削→下注水管柱→洗井，坐封，验封（分注时）→挤防膨剂。

2）大斜度井和水平井投注工序

安装采油树→井口试压→下活导锥，替钻井液→通井→套管试压→射孔→排液，洗井→刮削→下注水管柱→挤防膨剂。

二、质量标准

（1）用小于套管内径 6～8 mm 的通井规通井至人工井底，准确核实人工井底位置。

（2）用活性水大排量洗井，替出井内全部钻井液，进出口水质达到一致为合格。

（3）对全井套管按要求进行试压，要求井口不刺不漏。

（4）射孔层位、射孔井段、弹型、孔密、总弹数、射孔率、发射率等要与地质方案相符。

（5）准确丈量完井油管，丝扣涂密封脂，按规定扭矩上扣，并逐根用通井规通过。

（6）井口各部零配件齐全完好，并上全上紧，且在额定压力范围内不刺不漏。

（7）气化水洗井时，先开水泥车，正常后再开压风机，要求压风机压力高于水泥车压力 3 MPa，压风机机械转速不得低于 1 000 r/min；关闭时，先停压风机，后停水泥车。要求洗井液用量不少于井筒容积的 1.5 倍。

（8）对地面管线及井口按注水压力的 1.5 倍试压，稳压 15 min 无渗漏为合格。

（9）在两个不同压力等级下，求取油层吸水能力，要求水量计量准确，用量不得少于 $4\ m^3$。

（10）连接好地面管线，倒好流程，按配注量注水。

三、注意事项

（1）下通井管柱时，要控制下钻速度；中途遇阻时，悬重下降不超过 15～20 kN；探人工底时，悬重下降不超过 30 kN，连探三次，误差小于 0.5 m。

（2）井口试压时，管线连接要牢固，做到不刺不漏；操作人员不得在高压区内随意行走。

（3）操作人员不超过三名，操作时不得携带火种，器具要轻拿轻放，不得碰撞或敲打铁器。

（4）射孔液要求用有利于保护储层的压井液，其密度及射孔深度必须达到设计要求；井口要安装试压合格的防喷器，以免在射孔过程中造成井喷。

（5）射孔时要有专人坐岗观察，记录井内液面深度；射孔后记录电缆及枪身油迹，并连续观察井口油气显示情况。

（6）气化水洗井时，出口管线要用硬管线，并用地锚固定，管线出口不能接小于 120° 的弯头。

四、资料录取

（1）通井规的规格、草图，下入管柱的规范、根数、累计长度，通井深度及遇阻情况描述。

（2）洗井管柱的完成深度、洗井方式、洗井液名称和用量、洗井时间、泵压、排量、返出物描述。

（3）试压压力、稳压时间、压降。

（4）射孔日期、射孔层位、射孔井段、弹型、孔密、总弹数、射孔率、发射率及井口油气显示。

（5）完井管柱的深度、规格、根数、数量，配件的名称、规范、长度。

（6）压风机和水泥车的型号、排量、压力、开动及停机时间，洗井液的用量、性质、配方，返出物描述。

（7）启动压力、地层吸水量、注水时间、地层吸水指数。

技能训练

训练操作 新井投注操作

一、准备工作

延长油田某新井投注时的数据见表 5-1 和表 5-2。

表 5-1 延长油田某新井基本数据表

井 位	井 别	完钻时间	人工井底/m	固井质量	水泥返高/m
×××	定向井	2011.01	2 396	合 格	601

表 5-2　延长油田某新井注水数据表

投注层位	投注孔段	日注水量/($m^3 \cdot d^{-1}$)
$C4+5^1$	2 188～2 194 m/6 m	6
$C4+5^2$	2 224～2 232 m/8 m	10

二、施工步骤

（1）下套管刮削器通井刮套至人工井底或砂面，并用活性水大排量洗井至进出口水质一致。洗井排量不少于 600 L/min，洗井总液量不小于井筒容积的 1.5 倍，出口液体机械杂质含量不大于 0.2%（备洗井水 60 m^3）。

（2）对套管进行试压，验封压力不小于 15 MPa，稳压 30 min，压降小于 0.5 MPa 为合格。

（3）射孔孔段：2 188～2 194 m/6 m，2 224～2 232 m/8 m。

弹型：一米弹。

孔密：16 孔/m。

（4）按照分层注水设计施工。

三、注意事项

（1）射孔作业按采油厂作业大队 2009 年制定的《射孔管理办法》执行。

（2）其他常规作业按采油厂作业大队制定的《修井管理制度》执行。

项目二　油井转注

知识目标

1. 掌握油井转注前的准备工作。
2. 了解油井转注作业施工的相关内容。
3. 掌握油井转注的注意事项。

能力目标

掌握油井转注施工操作。

工作过程知识

在油田开发方案确定以后，为确定能否将水注入油层并取得有关油层吸水启动压力和吸水指数等资料，必须经过转注阶段。

一、转注前的准备工作

1. 排液

排液的目的在于清除油层内的堵塞物，在井底附近造成适当的低压带，同时还可采出部分油。排液时间可根据油层性质和开发方案来确定，排液的强度以不损伤油层结构为原则。

2. 井身结构符合注水要求

在正常注水情况下，注水井井筒所承受的压力始终比采油井井筒在生产过程中承受的压力要大。因此，要保证注水工作的顺利进行，就必须有完好的井身结构，不能将套管漏失、破裂、严重变形或井壁坍塌、管外窜槽等的井转注，否则，会给以后进行分层配注造成许多困难。注水井的井口装置比采油井井口装置耐压程度要高，因此在转注施工过程中，应换上承受高压的井口装置，同时还要符合转注后进行不放喷作业及分层配注后进行反洗井的要求。

3. 注水系统完善

在油井转注之前，必须做好注水系统的完善工作。注水管线要提前铺好，且要保证通畅无阻，计量仪表要安装到位，井口防冻保温工作要及时跟上，否则会出现下入试注管柱后，既不能很快转注，又不能继续生产的被动局面。

二、转注作业施工

1. 接井，压井

1）压井准备

（1）进口管线必须接硬管线，试压至设计压力的1.2～1.5倍，不刺不漏。

（2）出口管线末端装120°弯头，排入规定容器。

（3）有条件时出口直接连入流程管线。

2）压井液选择

选择压井液的原则为：

（1）对油气层要压而不死，压而不漏，保护油气层。

（2）压井液性能要满足区块地质要求，达到经济合理。

3）压井液密度选择

压井液密度按下式计算：

$$\rho = 102p(1+K)/H \tag{5-1}$$

式中 ρ——压井液密度，g/cm^3；

p——近期地层静压，MPa；

K——附加系数，取0.1～0.15；

H——油层中部深度，m。

4）压井液用量确定

压井液用量为井筒容积的1.5～2.0倍。

5）压井方式选择

（1）循环压井：适用于自喷井和动液面恢复较快的井。

（2）挤注压井：循环压井无效时酌情采用或无法循环时采用。

（3）灌注压井：对低压低产层酌情采用。

6）压井施工步骤及技术要求

压井施工步骤及技术要求同常规压井作业。

2. 起生产管柱

为了安全地起出原井生产管柱，防止井喷，在起油管时，要始终保持井内液柱压力稳定，每起30～50根油管就要往井筒中灌一次压井液。同时要做好防喷准备工作，即准备好防喷闸门、油管挂及油管变扣接头等；井口防喷装置（全封、半封）必须灵活好用；起油管时要避免将油管外壁上的死油和蜡刮入井内；井口要安装防落物装置；卸油管时一定要打好背钳，防止井内油管跟转脱扣。

3. 刮削套管，通井

对于经过长期排液生产的转注井，原油中的蜡随着井温的降低不断分离出来，并粘附在油管和套管壁上，洗井时很难将其洗掉。另外，转注以后，经过注入水长期的冲洗浸泡，这些蜡会从管壁上脱落下来并被注入水带入地层，对地层造成堵塞，使注水阻力增大。

为了保证刮蜡效果和施工安全，首次下的刮蜡器应小于套管内径6 mm。为了及时将刮下的蜡从井筒中清除出来，应采取边下刮蜡器边循环洗井的方式，洗井方式和次数根据下井刮蜡器的结构和结蜡情况而定。一直将刮蜡器下至射孔井段底界 10 m 以下，然后进行彻底的反循环洗井，将刮下来的蜡全部循环出去。对于结蜡特别严重的井，当刮蜡器及油管都下不进去时，可用钻具带动钻头切削刮蜡，然后通过压井液的循环将刮下的蜡片带出井筒。起刮蜡管柱时也要勤灌压井液，防止井喷，更应防止小件落物。

为了确保注水井套管畅通完好，刮削完成后还要进行通井作业。

4. 探砂面，冲砂，下注水管柱

在油井转注初期，一般采用全井笼统放大注水，观察地层的吸水能力，并在注水稳定后及时测取吸水指示曲线。笼统注水管柱结构比较简单，在油管底部接一个工作筒和喇叭口，当油管下至接近井底时，校对好指重表，加压 5～10 kN 探砂面深度。凡是新转注井都应进行冲砂，且一律采用正冲砂的方式。探完砂面后上提管柱 2 m 左右，接正冲砂管柱进行冲砂，冲砂时下放管柱要缓慢，注意观察进出口压力，一定要准确计量进出口排量，防止漏失。冲砂至人工井底时，应取样做含砂分析，含砂量小于 0.2% 为合格。冲砂后要实探人工井底，探得人工井底深度与上次探得的深度误差不超过 ±0.5 m，否则应核实管柱，查明原因。

5. 混气水洗井

探人工井底后，用不少于井筒容积 1.5 倍的清水替出压井液，起出加深油管。油管的完成深度应在射孔井段底界 10 m 左右，以保证洗井和转注时不致把脏水注入地层。

对新转注井，投注前的洗井是决定注水成败的一道很重要的工序。通过洗井，可将沉积在井底和井壁上的铁锈、杂质等脏物冲出地面。洗井时，要求地层始终保持微喷状态，以将近井地带沉积在油层孔隙中的脏物冲洗干净，否则开始注水以后，这些脏物就会随同注入水一起进入地层，堵塞油层孔隙，从而增大注水阻力。

当地层压力小于静水柱压力，或用清水洗井的过程中发现漏失现象时，都应采用混气水洗井。混气水洗井对油层形成的回压较小，可防止脏水漏入地层，而且对井筒的冲刷力较大，很容易将井底和井筒内的脏物冲出地面。

6. 试注

试注的目的在于确定地层的吸水能力。吸水能力通常用吸水指数表示，在实际工作中一般采用测注水指示曲线的方法确定吸水指数。

注水指示曲线是指注水量与注入压力之间的关系曲线，如图 5-1 所示。测指示曲线时，泵压要稳定，先放大注水，稳定后采用降压法测试，测试点不能少于四个。所谓吸水指数，是指注入压力每增加 1 MPa 时每天注入的水量，它反映了注水井地层的吸水能力。

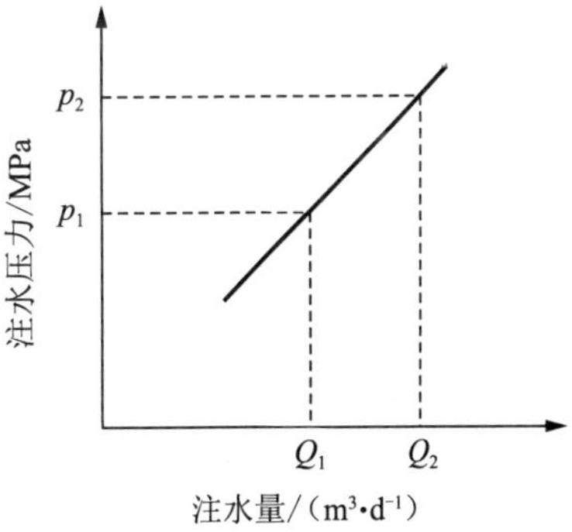

图 5-1 注水指示曲线

$$K=\frac{Q_2-Q_1}{p_1-p_2} \tag{5-2}$$

式中 K——吸水指数，$m^3/(d\cdot MPa)$；

Q_2, Q_1——不同压力下的注水量，m^3/d；

p_1, p_2——不同日注水量时对应的注水压力，MPa。

三、油井转注的注意事项

1. 注入水要干净

注水流程为：通过注水泵站将水源来水经过升压后泵入注水干线，然后流经注水井的井口、井筒、井底和油层渗滤面，最后进入地层。因此，首先要求注入水的水质符合要求，其次注入水所流经的管线、储水罐、井筒、井底和油层渗滤面要保持干净无污染，以防脏物对地层孔隙造成堵塞。因此，转注前必须用干净的水对注入水所流经的容器、管线、井筒、井底进行彻底冲洗，当注入水水质符合标准后方可转注。

2. 转注需要足够的注水压力

油井转注前尽管经过了一段时间放大压差采油，但在井底附近形成的压降总是有限的，因为排液过程既要保持油井有足够的生产能力，又要保证不破坏地层并防止地层原油脱气，所以改注时必须有足够的注水压力，尽可能使所有的油层都能注进水；同时，高压注水也可能将钻井、压井和洗井过程中漏入井壁附近地层中的脏物推到远离井壁的地层中去，从而增大渗滤面的吸水能力。

3. 操作要平稳

在洗井、注水过程中，开关闸门一定要平稳缓慢。洗井时，控制进出口排量或提高排量时不能猛关或猛开闸门。洗井合格转注时，要提前做好准备工作，一旦转注就不能随便停注，不准放溢流，以防注入水在地层中形成倒流，将井底附近的死油、蜡和其他脏物带出来而堵塞渗滤面，这样会严重影响试注效果。

技能训练

操作训练　油井转注施工操作

一、准备工作

工具、用具及设备：水泥车 1 辆，高压硬管线 70 m，压风机 1 台，放空闸门 1 个，放空管线若干，单流阀 2 个，气压表 3 个，120° 拐角弯头 2 个。

二、操作步骤

（1）接好进气管线，用压风机试压合格。

（2）先打开套管出口闸门，后打开进口总闸门。

（3）开启水泥车正常后，排量要逐渐减小；压风机开始供气后，排量逐渐增大；洗至杂质含量有显著下降时，要控制好进出口水量，达到油层微吐，严防漏失。

（4）化验杂质含量降至 10 mg/L 后，可改用清水洗井，直至洗井合格。要彻底清洗油管、油套管环形空间、射孔井段及井底口袋内的杂物，进出口水质完全一致时为止（一般要求化验两次）。采用混气水洗井并不能洗至水质合格，应洗到某一程度后改用清水洗井至合格。

三、注意事项

（1）进出口管线必须用高压硬管线连接，地面管线要平直，少拐弯。

（2）进口管线必须接放空闸门、单流阀、气压表，出口管线要装回压表。

（3）若管线有刺漏，则不可带压操作，一定要放空后再上紧；试压时操作人员必须离开管线附近。

（4）停洗时一定要先停气后停水，洗井时一定要先供水后供气。

（5）洗井作业要连续进行，不能停停洗洗，以免影响杂质沉降。

项目三　分层配注

知识目标

1. 掌握 Y341-114 封隔器的适用范围、结构和工作原理。
2. 掌握分层配水管柱中配水器的结构、工作原理及各自的特点。
3. 了解偏心配水管柱的工作原理。

能力目标

掌握分层配注施工步骤。

工作过程知识

分层配注是针对各油层不同的渗透性能，将注入地层的水在同一注水压力下采用不同的水嘴进行配注，对渗透性好、吸水能力强的层适当控制注水量，对渗透性差、吸水能力低的层则加强注水，尽可能地将水有效地注入地层，使注入水在高、中、低渗透层中都能发挥应有的作用，从而调整层间矛盾，合理补充地层能量，控制油井含水上升速度。因此，注水井实行分层配注，是实现注水开发油田长期高产稳产，提高油田无水采收率和最终采收率的有效措施。

一、分层配注的原因

注水井分层配注是调整油田三大矛盾（层间矛盾、平面矛盾、层内矛盾）、提高油田开发效果的一项工艺措施。

要想搞好分层配注，在技术上要解决两个问题：一是实现油层的封隔，即利用具有井下油层封隔作用的设备——封隔器，可靠地将井下各个油层封隔开来；二是在封隔的各个油层中，根据不同目的和要求，下入相应的井下分层作业工具。上述第一个问题由各种类型和规范的封隔器来解决；第二个问题由各种配水器、井下分层作业工具及其附件、油管（或钻杆）所组成的各类井下分层配水管柱来解决。

二、分层配注

1. 分层配注的原则

（1）不同性质层段的注水强度不同，加强层的注水强度高，限制层的注水强度低。

（2）一注井和二注井的注水强度不同，一般一注井的注水强度为二注井的一半。

（3）对于单相连通及油井已见水的层段，应适当控制注水强度。

（4）根据其他地质情况，合理选择配水嘴的大小。

注水井分层配注的目的是解决油田在注水开发过程中出现的层间矛盾，合理地确定各层段的注水量，控制油井含水上升。采用可捞可调式偏心配水管柱，可同时完成测分层流量、调节分层配水嘴大小等工作。下面简单介绍分层配水常用井下管柱结构。

2. 分层配注的井下工具

1）常用的注水封隔器

分层配注常用的封隔器有两类：一类是水力扩张式封隔器，另一类是水力压缩式封隔器。

（1）水力扩张式封隔器。

水力扩张式封隔器的结构如图5-2所示，主要由上下接头、中心管、胶筒、胶筒座、硫化芯子、滤网罩、O形胶圈等组成。它是使用较早、应用极为广泛的注水封隔器，可以用来进行验窜、封窜、找漏、压裂、酸化等工艺。

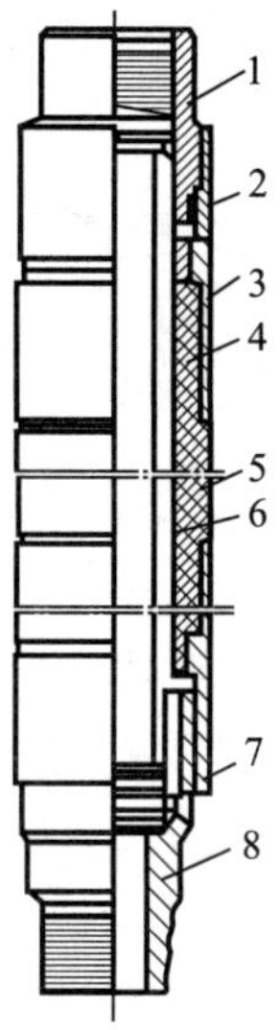

图5-2　K344型封隔器结构示意图

1—上接头；2—O形胶圈；3—胶筒座；4—硫化芯子；5—胶筒；6—中心管；7—滤网罩；8—下接头

① 常用种类。

水力扩张式封隔器的种类很多，但结构基本相同。根据不同工作套管直径，常用的水力扩张式封隔器可分为三种，其主要技术规范见表5-3。

表5-3　常用水力扩张式封隔器主要技术规范

型　号	K344-95	K344-114	K344-135
坐封压差/MPa	0.5～0.7	0.5～0.7	0.5～0.7
工作压差/MPa	12	12	12
工作温度/℃	50	50	50
适用套管内径/mm	98～110	117～132	140～154
最大外径/mm	95	114	135
中心管内径/mm	50	62	62
总长/mm	870	860	860
工作面长度/mm	240	240	240
连接螺纹规范	ϕ73 mm 平式油管螺纹	ϕ73 mm 平式油管螺纹	ϕ73 mm 平式油管螺纹

② 工作原理。

注入水经油管通过配水器的节流阀（或水嘴）产生一定的压差（0.5～0.7 MPa），在该压差的作用下，胶筒扩张，密封油套环形空间；当停止注水时，该压差消失，胶筒收缩。因此，这类封隔器在洗井、测试、停注时会频繁收缩，易失效且寿命短。

（2）水力压缩式封隔器。

随着油田分层配注工艺的不断发展，水力扩张式封隔器在使用过程中暴露出一些问题：需要0.5～0.7 MPa的启动压差，这会消耗注水能量，不利于中、低渗透层的强化注水；易失效，寿命短，不适于在高温高压环境下注水。因此，研制了水力压缩式注水封隔器，其结构如图5-3所示。

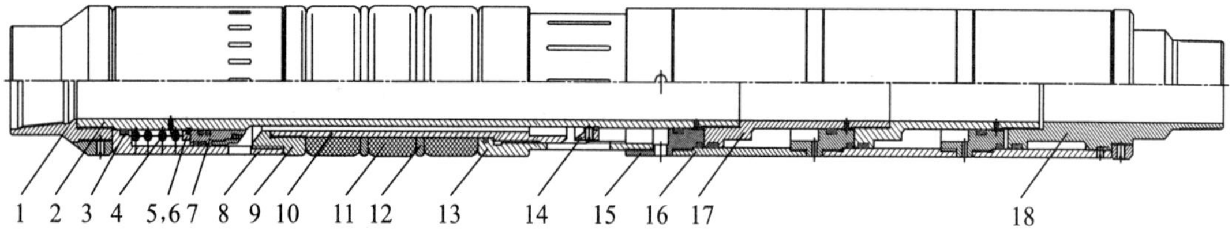

图 5-3 DQY341-114 型可洗井封隔器结构示意图

1—上接头；2—中心管；3—O 形密封圈；4—弹簧；5—垫环；6—固定环；7—洗井阀塞；8—洗井阀套；9—带阀面胶筒接头；10—外中心管；11—胶筒；12—隔环；13—压帽；14—解封环；15—活塞Ⅰ；16—液缸套Ⅰ；17—固定活塞Ⅰ；18—下接头

① 常用种类。

水力压缩式封隔器的种类很多，全国各油田都可生产，其钢体主要结构和工作原理基本相同。常用的水力压缩式封隔器有两种，即 K344-114 和 Y341-114 封隔器，其主要技术规范见表 5-4。

表 5-4 两种常用水力压缩式封隔器的主要技术规范

型 号	K344-114	Y341-114
最大外径/mm	114	114
最小内径/mm	62	46
总长/mm	860	1 100
洗井通道面积/cm^2	10. 03	9. 89
坐封压差/MPa	0. 5～0. 7	6
现场坐封压力/MPa	6～7	15～18
适用套管内径/mm	117～132	117～132
工作压力/MPa	12	12
连接螺纹规范	ϕ73 mm 平式油管螺纹	ϕ73 mm 平式油管螺纹

② Y341-114 封隔器工作原理。

向油管内正打压 15～18 MPa，液压通过中心管内的导压小孔进入下活塞工作空间，直接作用在活塞的大工作面上，使下活塞上行，钢套和上活塞在下活塞的推动下上行并压缩胶筒，使胶筒径向胀大，从而封隔油套环形空间。坐封后，在胶筒反弹力的作用下，钢套挂在分瓣锁套的倒齿上形成自锁。需要解封时，只要上提管柱，解封套上锥面顶住分瓣锁套，使分瓣锁套收缩并与钢套脱开，在胶筒反弹力作用下，钢套及上下活塞往下移动，使封隔器解封。这种封隔器在油套环形空间中有反洗井通道，只要倒好反洗井流程，地面水即可经套管闸门进入环形空间，自上而下逐级顶开洗井活塞，最后经底部球座进入油管，洗井排量可达 25 m^3/d。

2）配水器

配水器是按不同地层的要求进行分层定量注水的工具。常用配水器有以下几种：

（1）固定配水器。

固定配水器（见图 5-4）主要用于分层定量注水及分层加强注水，也可用于酸化、找串、封串与堵水等作业。其优点是：随下井管柱一起下入井内预定位置，不受级数限制；内通道孔径大，便于其他工具下井，测试操作也比较方便；用途较广。其缺点是：当需要调整注水量，或该工具失灵需要更换时，必须进行起下井内管柱作业。

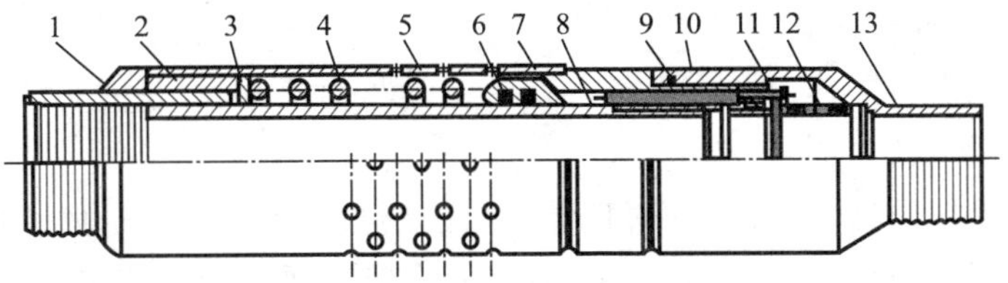

图 5-4 KGD-110 配水器结构示意图

1—上接头；2—调节环；3—垫环；4—压簧；5—护罩；6，9—O 形密封圈；7—阀；8—中心管；10—阀座接头；11—水嘴；12—滤罩；13—下接头

（2）空心活动配水器。

为了发挥固定式配水器的优点，克服其缺点，研制了空心活动配水器（见图 5-5）。使用空心活动配水器时，首先将其固定部分随同油管柱下入欲注水层段，然后按照各层段配注量的要求，选择适当的水嘴并安装在活动芯子上，最后用投捞器将活动芯子送到相应级数配水器的固定部分中，即可实施分层注水。

当需要调整注水方案或更换井内水嘴时，只需用钢丝下入打捞工具，打捞出井内活动芯子即可更换水嘴，不需要起下注水管柱。

（3）偏心配水器。

为了适应注水开发油田分层配注的需要，研制出了偏心配水器（见图 5-6），它是针对上述两种配水器的缺点而设计的。其结构特点是：中心通道直径一致，将活动部分投入工作筒主体偏孔内，不影响中心通道内径的大小，也不影响其他级活动部分的投捞和仪器的正常使用。

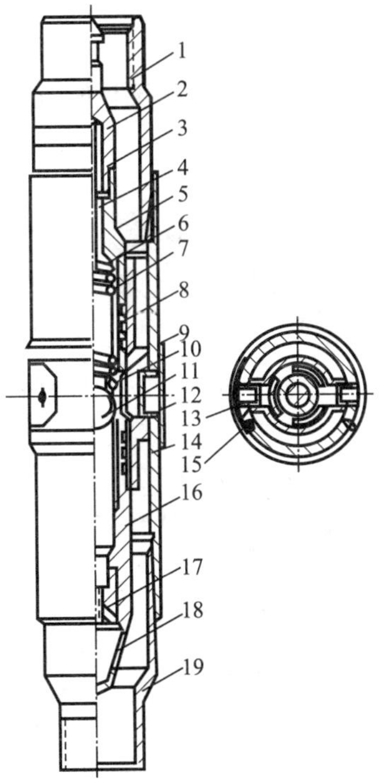

图 5-5 KHD-114 配水器结构示意图

1—上接头；2—打捞头；3，8—O 形密封圈；4—调杆；5—密封套；6—弹簧垫片；7—弹簧；9—保护圈；10—弹簧座；11—阀球；12—防砂套；13—防砂盖；14—出水套总成；15—固定螺钉；16—阀座；17—配水嘴；18—锥体；19—下接头

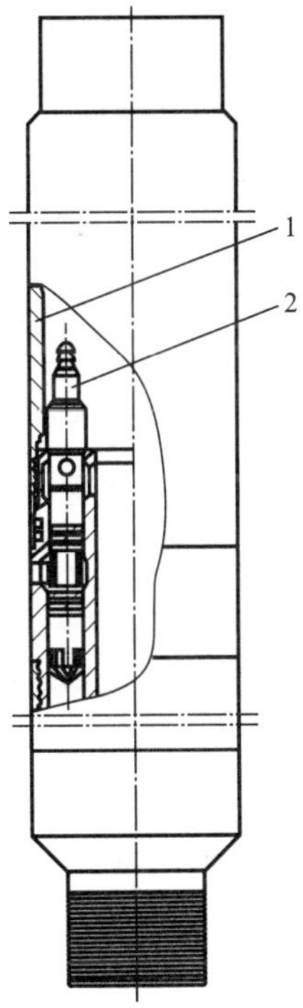

图 5-6 KPX-113 配水器结构示意图

1—工作筒；2—堵塞器

3）分层配水管柱

分层配水管柱由封隔器、配水器、循环阀等工具与油管组成，是能实施分层定量注水的井下管柱结构。

由于区域井的地质结构不同，故每口井注水的层数也不相同。一般油田注水常用的管柱结构有一封二配、二封三配和三封四配等几种；有特殊要求的井使用偏心配水器，可实现五至七层，甚至十几层的油层配注。油田常用的分层注水管柱大致有以下几种：

（1）固定式分层配水管柱。

这是一种比较早的分层配水管柱结构形式，主要由水力扩张式封隔器、固定配水器、测试定位接箍、底部循环阀以及油管等组成，如图 5-7 所示。

工作原理：首先按照地质设计和施工设计下入分层配水管柱，然后根据不同层位的配注量要求下入配水器，且要安装好合适的配水嘴。对于加强注水层，应下入定压阀。下完管柱洗井合格后，打开泵站来水闸门，高压水便进入油管通道。该配水管柱的底部循环阀在洗井后关闭，切断出口，使油管内憋起压力。当油管内的压力比油套管环形空间的压力大 0.5～0.7 MPa 时，水力扩张式封隔器胶筒扩张，分隔开各个注水层段。与此同时，各注水层段的配水器阀打开。

高压注入水经过各注水层段的配水器阀（有的装有不同尺寸的水嘴，有的不装水嘴）进入注水层。各配注层的注水量由不同尺寸的水嘴或阀来控制，从而实现分层注水。

这类配水管柱的优点是：结构简单，管柱内通道直径（62 mm）不变，配注层位数不受限制，还能与不压井、不放喷作业测试仪表配套使用。另外，由于管柱中采用不带水嘴的配水器，可以对特低渗透层进行加强注水，提高特低渗透层的注水效果。

此管柱的缺点是：当配注方案需要改变或水嘴损坏、堵死需要更换时，必须进行起下井内管柱作业施工。

（2）空心活动式配水管柱。

空心活动式配水管柱是在固定式分层配水管柱的基础上发展起来的，它吸取了固定式分层配水管柱的优点，针对其更换水嘴必须起下井内管柱的缺点重新设计与改进。活动式配水管柱一般可配注 2～3 个层段，最多可配注 5 个注水层段。

空心活动式配水管柱结构主要由封隔器、空心活动配水器、循环阀、筛管、丝堵和油管等组成，如图 5-8 所示。

工作原理：按照分层注水施工设计要求，将空心活动式配水管柱下入井内预定位置。反洗井合格且水质分析达到质量标准要求后，开始转入正常注水。打开注水泵来水闸门，高压水进入油管内并憋压。当油管内压力达到一定数值后，便憋掉循环阀下堵头，阀球下落，堵塞高压水的底部通道。液体在油管内继续憋压，封隔器开始鼓胀，封隔开各配注层段。当油管内压力超过配水器启动压力后，高压水经过水嘴、阀进入油套管环形空间，并注入预配层段内。各层段的注水量大小由各层段配水器的水嘴来调节与控制，从而实现分层定量注水。

① 各级空心活动配水器的芯子从管柱上部到下部应按由大到小的顺序下入井内。

② 向井下投送空心活动配水器的芯子时，应按先小后大的顺序从下向上逐级投送。

③ 打捞配水器芯子时，应从上向下逐级打捞，打捞出的芯子外径先大后小。

④ 需起分层注水管柱时，应先将循环阀的堵塞器投入，将阀关闭，然后再将各级空心活动配水器的芯子打捞上来，全部改为死嘴子再投下去。这时，油管通道全部堵塞，可起管柱。

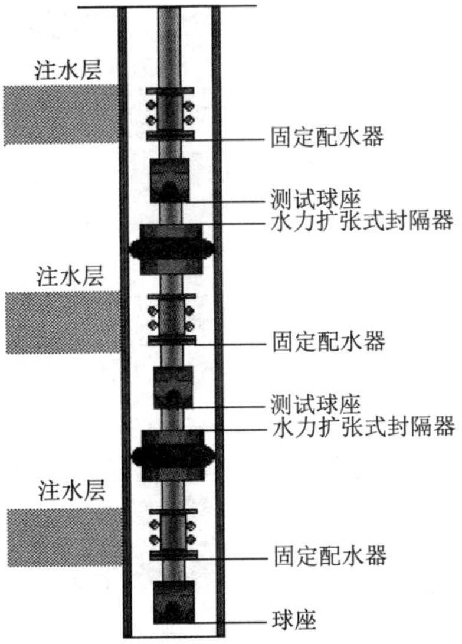

图 5-7　固定式配水管柱

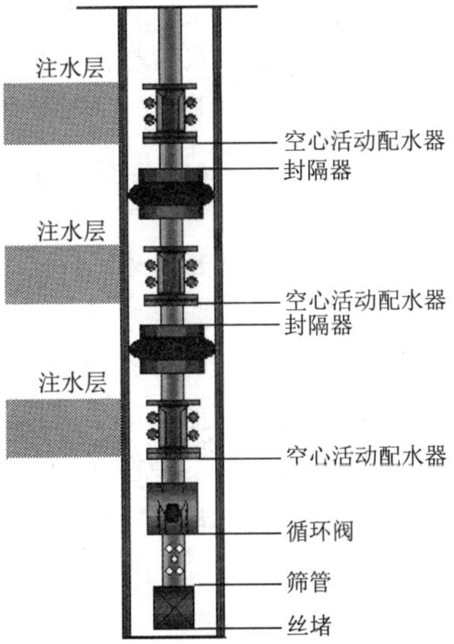

图 5-8　空心活动式配水管柱

此类管柱的特点是：由于配水器是空心的，可以通过相应尺寸的测试仪表和井下工具，便于进行分层测试，测试工艺比较简单。调配水嘴时可不必进行起下管柱作业，只需用动力绞车通过钢丝投捞活动芯子即可。另外，为了保证此类配水器具有一定的强度，保持一定的厚度，留出一定大小的内通道以通过测试仪器，故配注的级数受到限制，不能一次管柱配注多个注水层。

（3）偏心配水管柱。

这是针对固定式配水管柱和空心活动式配水管柱存在的问题进行改进、适用于非均质油层分层注水的管柱结构，是目前结构与工艺比较合理且应用较多的一种分层注水管柱。

该管柱结构主要由封隔器、偏心配水器、活动撞击筒、球座、循环阀以及油管等组成，如图 5-9 和图 5-10 所示。

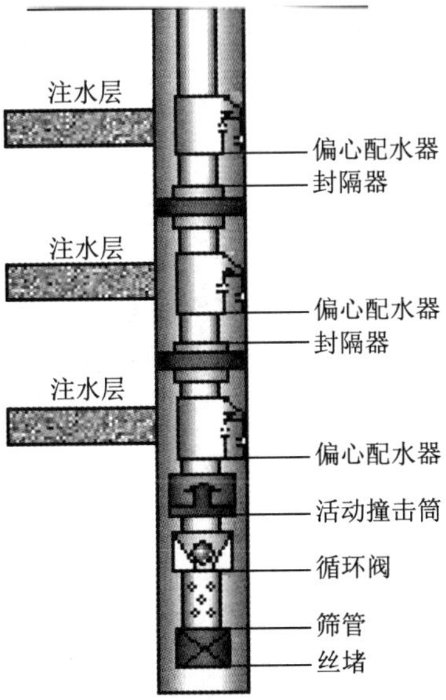

图 5-9　偏心配水管柱（Ⅰ）

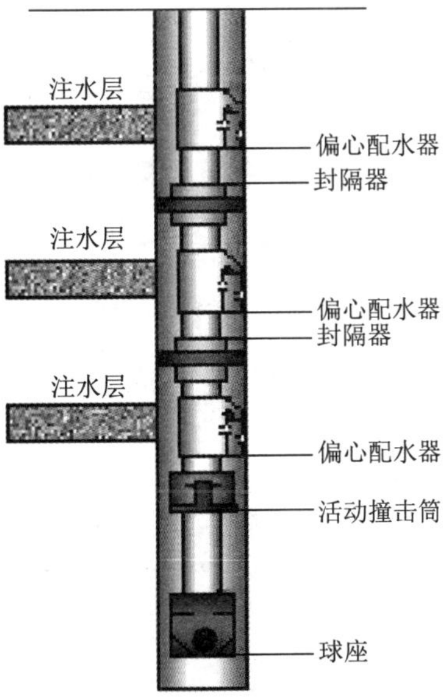

图 5-10　偏心配水管柱（Ⅱ）

工作原理:按施工设计要求将偏心配水管柱下入预计层段位置后,反洗井至合格。开始注入高压水,注入水被注水管柱底部阻挡,在管柱内憋起压力,在油管与油套管环形空间之间形成压力差,使水力扩张式封隔器鼓胀,将各注水层分隔开来。再用动力绞车通过钢丝捞死嘴子并投放活嘴子,各层段的注水量便可由这些不同尺寸的水嘴来控制,从而实现分层注水。

3) 分层配水管柱组配要求

(1) 配水管柱应使用防腐油管,并用通井规通径合格。

(2) 偏心配水器之间的距离一般不应小于 8 m,特殊情况下也应在 5 m 以上。

(3) 配水器一般应下在油层中部位置。

(4) 封隔器卡点位置不能在炮眼、套管接箍和套管损坏部位。

(5) 活动撞击筒距离最下一级配水器一般不小于 10 m。

(6) 球座或单流凡尔与活动撞击筒的距离应保持在 15 m 以上,特殊情况下也应在 5 m 以上。

(7) 封隔器和配水器要避免直接连接。

三、分层配注施工步骤

(1) 接井,喷水降压。喷水降压时要有控制,一般采用油管放喷,压差不宜太大,放喷的喷率不能超过临界喷率,以不破坏油层结构为宜。每半小时化验一次含砂,出口液体含砂小于 0.2%。

(2) 起出原注水管柱,检查并更换不合格油管。

(3) 刮削通井。对井壁射孔井段进行刮削,清除毛刺和杂质,并将脏物洗出地面;用小于套管内径 6～8 mm 的通井规通至人工井底。

(4) 若有砂面,则冲砂洗井至人工井底;若无砂面,则用井筒容积 1.5～2 倍的活性水洗井。

(5) 组配下井注水管柱,并逐根用内径规通过。

(6) 坐封隔器,坐封压力为 15～18 MPa,稳压 5 min,压力不降为合格。

(7) 投捞水嘴,按设计要求调配注水量。

四、分层配注施工要求

1. 对井筒环境的要求

分层配注必须要有完好的井身结构及干净的井筒和井底,以便达到良好的注水效果。因此,要进行井下探视,探视内容包括:探砂面、冲砂探井底、查套管内径变化情况、查射孔质量和管外窜槽情况。

(1) 探砂面,冲砂探井底。

有些注水井在排液或注水阶段就有出砂现象,砂子沉在井底,分层注水前必须将砂子冲出地面,因此可将试注管柱加深后进行探砂面、冲砂。

(2) 查套管内径变化情况。

分层配注要下入注水封隔器将油层分隔开。如果封隔器卡在套管变形部位,便会影响封隔器的密封效果，达不到分层注水的目的；如果套管变形部位在射孔井段以上，则封隔器有下不进去或被刮坏的可能。因此，在分层注水前必须查清套管内径变化情况，可用不同直径的通井规或铅模进行探视，也可用微井径仪或井下电视进行检查。

（3）查射孔质量。

若用聚能式射孔弹射孔，由于枪弹爆炸的威力较大，往往会使套管发生较大变形，甚至发生破裂，如不进行检查，而封隔器恰好卡在套管变形较大或发生破裂的地方，则封隔器就不能密封。因此，对射孔层段部位要进行详细检查，可用微井径仪、井下电视或井下摄像技术检查。此外，若发现有漏射的现象还应考虑补孔。

（4）查管外窜槽。

分层注水是通过下入封隔器来密封油套管环形空间，从而将油层封隔开来。如果存在套管外窜槽，尽管在套管内封隔了层位，但管外两油层之间仍然是相互连通的，这样就达不到分层配注的目的。所以，在进行分注前必须查清两油层间在管外是否存在窜槽，如有窜槽就必须先进行封窜作业。

2. 油管防腐及密封要求

分注井要求采用涂料油管，因为普通油管在注入水中氧的作用下易发生氧化腐蚀，产生机械杂质，杂质随注入水进入地层，容易造成地层堵塞；下井工具也必须做防腐处理，否则会导致井下工具工作周期短、失效早，或下次施工起不出来。在管柱密封方面，应做到油管下井前在其外螺纹的中部缠 2～3 圈密封胶带，在内螺纹上涂铅油或密封脂，这样既能保证油管的密封要求，也能起到保护油管螺纹的作用。

3. 配管柱要求

（1）配一级封隔器管柱。

首先以封隔器卡点为参照系，计算并配好其他井下工具。这些井下工具的位置一定要符合下井顺序，其深度要求并不十分严格，但应掌握一个原则，即封隔器上部的配水器的位置应尽量放在注水层位的下部，以便于反洗井时能清洗掉油层杂物；封隔器下部的配水器应尽量放在注水层位的上部，防止注水层回吐时杂物沉淀于配水器上，不便投捞。配水器不能直接与封隔器相连，两者之间的距离应在 8 m 以上，以保证在投捞活动芯子（或偏心堵塞器）和分层测试时，投捞工具和测试仪器之间有一定的活动空间。对封隔器卡点的要求是很严格的，可先在地面利用短油管调节卡点，然后下井，以达到设计要求。

（2）配两级封隔器管柱。

首先以最下一级封隔器为参照系，配好封隔器以下的管柱长度及井下工具位置，然后再配好两级封隔器之间的管柱长度（加上井下工具的长度）。其他井下工具则以上封隔器为参照系，按设计要求的深度进行组配。两个封隔器卡点的位置必须在地面用短油管或油管短节配好卡点后才能下井。

对于多级封隔器（两级以上）的分注管柱，以卡点活动范围最小的一级封隔器为参照系进行组配。

4. 井下工具的下井要求

（1）下井的封隔器和配套的井下工具必须先按质量标准、技术标准进行检验，且要有试压记录和产品合格证，否则禁止下井。

（2）下分注管柱前要装好指重表，以便记录悬重，如发现异常，应立即分析原因并采取相应的处理措施。

（3）施工中管柱的下放速度不能太快，应控制在25～30根/h，特别是进入射孔井段和裸眼井段后，速度更应放慢，实际下放速度不超过0.4 m/s。操作的关键是要平稳，不准猛提、猛放、猛刹车，遇阻时应分析原因，妥善处理，切忌猛顿强下。

5. 封隔器坐验封要求

下完分注管柱以后，要进行反洗井，洗井液的用量应大于油管容积的1.5倍。洗井可将油管内的杂质洗出来，还可平衡油套压差，便于封隔器坐封。洗井合格后根据所下封隔器的坐封要求进行验封，自下而上逐级验证。对于一级两段分注管柱，用试井车捞出下部配水器的堵塞器(带死嘴)，同时敞开套管，然后向油管内正打压，达到验封压力后，稳压15 min，观察套管的溢流量，如溢流无明显变化，说明封隔器坐封合格。对于两级三段偏心配水管柱，可在验封球座上投泄压球棒，并且在验封球座下面连接井下压力计，油管在正打压验封时，上部封隔器可根据套管的溢流量有无明显变化来判断坐封是否合格，下部封隔器可根据起出的井下压力计的压力变化曲线来判断坐封是否合格。

6. 试注要求

下完分注管柱后，试注前都要进行配水，配水工作可自下而上进行。配水结束后要进行洗井，由于分注管柱结构的原因，必须采用反洗井。水力压缩式注水封隔器都应该有反洗井通道。当地面水经套管闸门进入油套管环形空间后，自上而下逐级顶开洗井活塞，最后经底部的球座进入油管，形成反洗井通道。洗井合格后，打开生产闸门即可转入正常注水，此时，注水压力能将洗井活塞推上去，切断洗井通道，封隔器恢复正常注水的密封状态。

五、分层注水作业的资料录取

分层注水作业录取的资料包括：油层井段、层位、射孔井段，封隔器、伸缩短节、配水器、撞击筒的型号、规范、下入深度及密封情况，附件的名称、规范、下入深度，坐封压力、拔距，油管的规范、根数、累计长度，套管规范等。

》》》思考题《《《

1. 新井投注的主要工序有哪些？
2. 简述油井转注主要工序及质量标准。
3. 简述K344-114封隔器的适用范围、结构及工作原理。
4. 简述Y341-114封隔器的适用范围、结构及工作原理。
5. 分层配水管柱中配水器有哪几种形式？各自的特点是什么？
6. 偏心配水管柱的工作原理是什么？
7. 分层配水管柱的组配要求是什么？

学习情境六

大修作业施工

学习情境描述

在油田开发过程中，常要进行压裂、酸化等增产措施，油水井套管要承受高压的考验；其他措施，如防砂、堵水、分层处理、油水井更换管柱、检泵及打捞处理事故等作业，对油水井套管也有不同程度的破坏。如何保持油水井套管完好或者在损坏后修复、清理井下落物、解卡打捞、因调整开发层系而更改开采层位、调整井别、开窗侧钻、封堵窜槽等，都是油水井大修的主要任务。油水井大修可恢复油井正常生产，特别是可节约重钻新井的投资。油水井大修是油田开发改善开发效果和提高总体效益不可缺少的重要环节。通过本情境的学习，掌握套管损坏、打捞作业、解卡作业、注水泥塞施工和侧钻开窗等作业。

项目一　套管损坏

知识目标

1. 掌握套管损坏的原因。
2. 掌握套管状况检测的相关知识。

能力目标

1. 掌握铅模打印操作。
2. 掌握梨形胀管器冲胀整形。
3. 掌握套管补贴操作。

工作过程知识

一、套管损坏的原因及类型

1. 套管损坏的原因

造成油水井套管损坏的因素是多方面的，基本上可概括为地质因素和工程因素两大类。

1）地质因素

地质因素包括：地层的非均质性、地层（油层）倾角、岩石性质、断层活动、地震活动、地壳运动、地表腐蚀等。

2）工程因素

工程因素包括：

（1）套管材质问题。

（2）固井质量问题。

（3）完井质量问题。

（4）井位部署问题。

（5）开发单元内外地层压力大幅度下降问题。

（6）注入水侵入泥页岩的问题。

（7）注水不平衡问题。

（8）注水井日常管理问题。

（9）频繁的修井作业和施工不当引起的套管损坏问题。

2. 套管损坏的类型

根据以往修井施工积累的资料，结合套损原因，可将套管的损坏分为以下六种类型：

（1）径向凹陷变形。

（2）套管腐蚀孔洞、破裂。

（3）多点变形。

（4）弯曲变形。

（5）非坍塌型套管错断。

（6）坍塌型套管错断。

二、套管状况检测

套管状况检测是油水井大修工艺技术的重要组成部分，它可为修井措施的制定、施工步骤和完井方式的确定以及工具的选择等提供切实可行的依据。值得注意的是，油水井大修都是在油水井状况比较复杂的情况下进行的，故在进行大修前必须对套管状况进行检查，首先要进行通井并刮削冲洗套管，以确保检测技术的实施，同时对套管状况的检查结果也是修井后验收评价的重要依据。

1. 工程测井法

1）井径测井——套管变形检测

（1）井径仪。

利用井径仪进行测井得到的套管尺寸变化准确性较高。对于套管补贴的施工井，井径测井是补贴前后了解核实补贴井段套管内径及补贴后通径的重要依据和主要方法。可选择的测井仪有微井径仪、八臂井径仪、三十六臂井径仪、四十臂井径仪、*x*-*y* 井径仪、十臂过油管井径仪等。各种井径仪系列的适用范围及技术参数见表 6-1。

表 6-1　井径仪系列的适用范围及技术参数

项目 / 仪器名称	测量范围/mm	分辨能力/mm	耐温/℃	耐压/MPa	外径/mm	长度/mm	用途
微井径仪	（100～180）±1	1.000	125	58.8	80	1 300	检测套管是否变形、破裂并检测射孔质量
x-*y* 井径仪	（90～180）±2	<2.000	120	39.2	80	1 300	
八臂井径仪	（100～180）±2	<2.000	60	19.6	80	2 140	
十臂过油管井径仪	（76～178）±1	<1.000	70	19.6	50	3 607	
三十六～六十臂井径仪	（114～178）±2	0.254	−25～175	175.0	90	6 380	

（2）测井解释。

虽然各种井径仪的结构不同，但其基本原理与管串结构形式大致相似，使用操作方法及测井图解释方法基本相同。

现以八臂井径仪为例进行解释。由图 6-1 可知，八臂井径仪测得 8 个坐标点，直观反映为一椭圆，A-A' 轴线直径为 120 mm，B-B' 轴线直径为 128 mm，明显 $AA'<BB'$，为微变形状况，深度为 920 m。

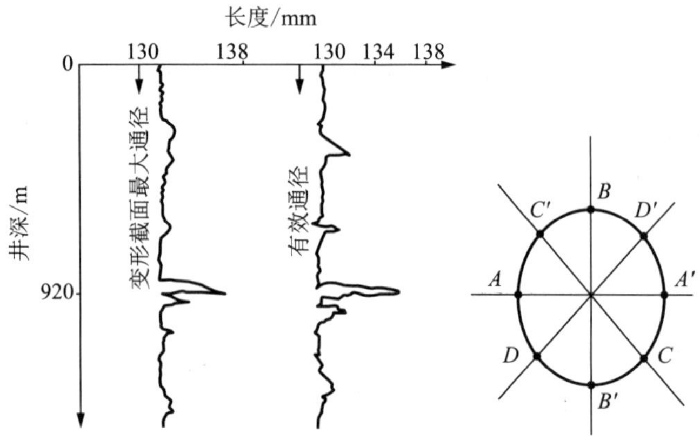

图 6-1　八臂井径仪测井解释示意图

2）井温与连续流量测井——套管漏失检测

（1）井温仪和连续流量计。

井温与连续流量测井可快速检测出漏点，对重点怀疑井段再用机械法重复检验。这是目前在漏失井段不太长的情况下较常用的综合检测方法。井温仪和连续流量计的适用范围及技术参数见表 6-2 和表 6-3。

表 6-2　井温仪的适用范围及技术参数

测井指标	参　数	测量内容	用　途
测量范围：0～176. 6 ℃ 测量精度：读数的 1% 深度分辨能力：38. 48 mm	外径：38 mm 长度：1 990 mm 质量：12. 3 kg 耐压：＜137. 79 MPa 稳定性：±1%	测量井筒井温梯度、井筒内及套损点处微差井温	检测套管破裂、孔洞等套损处温度变化，判断压裂施工裂缝等情况

表 6-3　连续流量计的适用范围及技术参数

测井指标	参　数	测量内容	用　途
测量范围：6～200 m^3/d 测速：1 200 m/h 线性范围：0. 51～1 016 m/s	外径：36. 5 mm 长度：533. 4 mm（流量） 508. 0 mm（磁定位） 耐压：103. 4 MPa 耐温：190. 6 ℃	测量井温、流量等五项内容	检测套损破裂点处流量，确定漏失量和深度

（2）测井解释。

井温测井的测量对象是地温梯度和局部温度异常（微差井温）。如果局部地温出现异常，则微差井温曲线会有明显变化，分析这种变化，即可得到局部温度异常部位，即套管漏失点。

将水井连续流量计用于套损井检测漏失量时，仪器在扶正器作用下位于井轴中央，通过计量流经连续流量计的井内流体沿轴向运动速度的变化来确定漏失井段及漏点的漏失量。

2. 机械法检测

1）通井

通井是探测套管完好状况和井筒内有无异物（落鱼、砂堵、蜡堵、盐堵）的有效方法，通常使用标准通井规通井。

2）印模检测法

印模检测法是利用专用管柱（条件许可时也可用钢丝绳），下接铅模、蜡模、泥模、胶模等打印工具，对井下落鱼鱼顶或套管损坏程度（几何形状）等进行打印，然后对印痕进行描绘、分析、判断，最后得出准确的鱼顶、套损点等的几何形状、尺寸和深度位置，配合方位测井可了解井下方位情况，便于正确地采取措施。

（1）印模种类。

印模一般按制造材料和基本结构形式进行分类，目前广泛使用的有铅模、蜡模、泥模和胶模四种类型。下面重点介绍平底铅模和锥形铅模。

① 平底铅模。

普通型平底带水眼式铅模多用于井下落鱼平面状况的核定以及套管损坏程度、深度的核定。当井底技术状况较复杂时，必须采用带护罩式平底带水眼铅模，以防铅印落入井内。平底铅模的结构如图 6-2 所示。

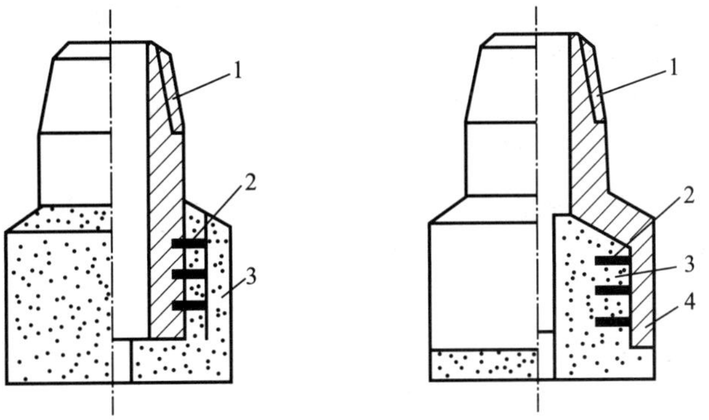

（a）普通型平底带水眼铅模　　（b）带护罩式平底带水眼铅模

图 6-2　平底铅模结构示意图

1—油管螺纹；2—骨架；3—铅体；4—护罩

② 锥形铅模。

锥形铅模多用于探测遇阻位置以下短距离的侧面状况，如核实套管破裂、变形的程度和类型等。锥形铅模的结构如图 6-3 所示。

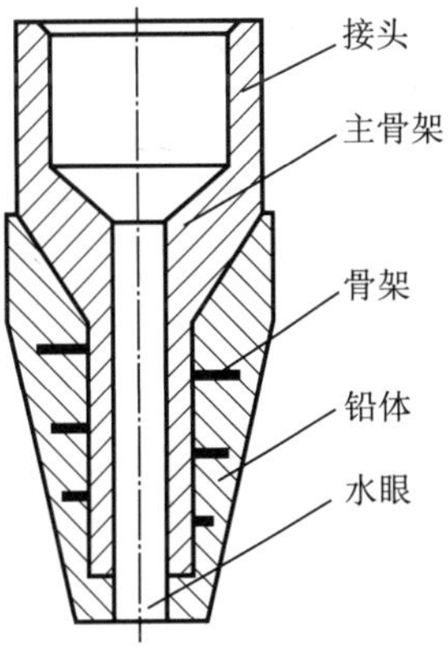

图 6-3　锥形铅模结构示意图

（2）铅模打印的要求。

当井筒情况比较复杂时，套管变形难以确定，一般先进行铅模打印，通过铅模的印痕来判断套损的程度。

① 下井以前要检查铅模底面及侧面是否光滑平整，有无缺陷，丝扣是否完好，水眼是否畅通，测量铅模外径是否达到设计要求。

② 下井时测量各部尺寸并绘制草图。要求准确丈量钻具，并计算打印深度和打印方入。

③ 铅模在搬运、装卸、连接、下井时要注意不能磕碰，要控制下钻速度，平稳操作。

④ 接近遇阻位置时要先开泵循环冲洗，待出口返出液流平稳后，缓慢下放，加压打印。

加压一般不超过 50 kN。只能打印一次，不能二次打印。

⑤ 起出铅模后，要测量铅模是否缩径，如变形严重，可以从铅模上直观看出套管的损坏程度。

⑥ 铅模侧面有擦痕，说明套管有毛刺或卷边。如擦痕严重，则说明套管错断，更严重的可在铅模上直观地反映出来。

3）印模打印注意事项

印模打印检测井下技术状况一般分为井下落鱼鱼顶状况的打印（即端部打印）、验证套管损坏状况和最小通径的打印、套管破裂和孔洞等的侧面打印三种形式。应注意，所有打印都要事先用通井规通井并冲洗打印位置，保证打印深度以上通道畅通，确保安全；只能打印一次，不得二次打印，以免印痕重叠而影响分析判断。

（1）端部打印。

端部打印即井下鱼顶状况和套损程度的打印。一般有两种端部打印方式，即管柱硬打印法和绳缆软打印法。

软打印法虽然施工时间短，速度快，但其危险性大，易造成绳缆堆积卡阻，因而应严格限制使用，但在井况较清楚、井下状况不十分复杂的深井，在做好预防事故措施条件下，也可适当考虑使用。一般来说，应尽可能采用硬打印法。

端部打印的管柱结构自上而下为：油管柱（钻杆柱）＋工作筒＋单流阀＋印模。单流阀用于防止井喷；工作筒的作用是一旦单流阀失灵，管柱有溢流或有井喷迹象时，可投入相应的堵塞器，以保证施工安全。

（2）验证套管损坏状况和最小通径的打印。

应选用带护罩式铅模，以防铅印落井。其余与端部打印相同。

（3）侧面打印。

侧面打印的管柱结构自上而下为：油管柱＋工作筒＋单流阀＋锥模。套管损坏程度主要从锥模侧面反映出来，对印痕进行测量描绘，即可获得套损程度。

4）印痕分析判断

打印后应对印模的印痕进行测量、描绘、对比，并作定性、定量的分析解释。实践经验表明，印模分析判断以对比、实物模拟、做图等方法为主，辅之以理论图形对比，其分析判断结论将更符合实际。印痕分析判断的结论用于指导复杂打捞解卡和套管修复措施的制定及施工设计的编写，同时也为套损井的套损机理研究以及预防措施的制定和实施提供依据。井下落物如管类、杆类、井下工具类及小物件类落鱼的鱼顶印痕较容易分析判断，而且有据可查，有物可鉴，这里不作详细介绍。

下面简单介绍套管损坏印模的分析判断方法：

（1）腐蚀孔洞、裂缝型套损图形可用超声波电视成像测井、多臂井径仪等方法直观地描绘出来。

（2）套管变形的几何形状图形理论上如图 6-4 所示。

（3）套管错断的几何形状如图 6-5 所示。

图 6-5（a）为纵向（上下）位移断开型错断，为常见型。图 6-5（b）为纵向较小或无位移错断，上下基本保持同一轴线，下断口包含上断口或上断口包含下断口，为油田较少见型。图 6-5（c）为水平位移断开型错断，为常见型。

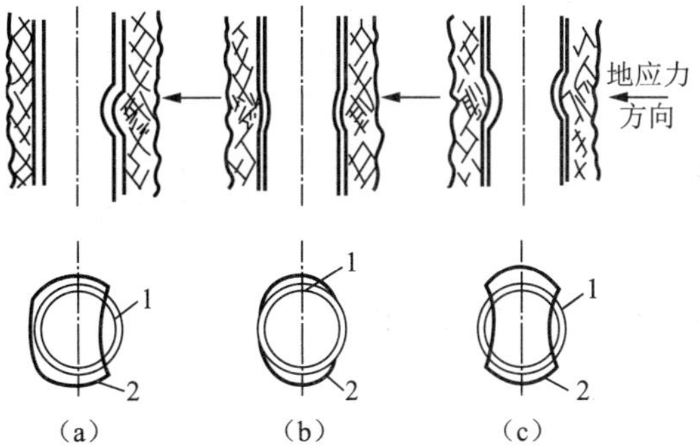

图 6-4　套管变形截面形状示意图

1—原套管截面形状;2—变形后截面形状

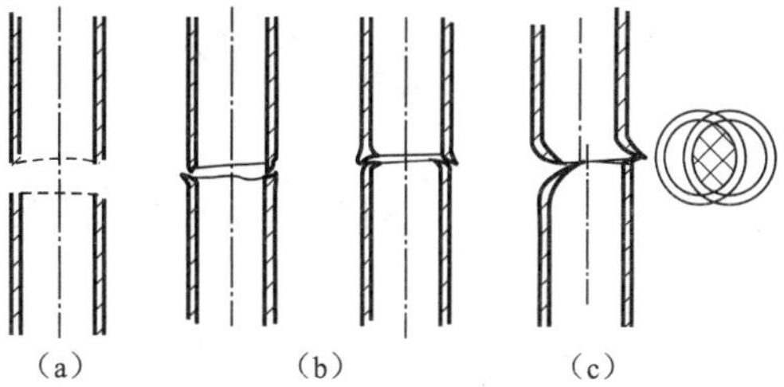

图 6-5　套管错断示意图

3. 双封隔器验漏

双封隔器验漏施工简单,结论准确可靠,常用的管柱结构自上而下为:油管柱＋工作筒＋扩张式封隔器＋油管＋节流器＋扩张式封隔器＋丝堵。

封隔器之间的卡距视漏失情况适当选择。一般初次找漏,先用 100 m 左右的大卡距,由井口开始检验至油层顶界,然后根据大卡距验漏初步确定的深度,逐步缩小卡距到 10 m 以内,详细检验。

管柱本身漏失量在 15 MPa 下应低于 15 L/h,泵压由低到高逐渐增加,三个压力下的漏失量为验漏最终结论,其压力差值不小于 2 MPa,最高注入泵压不超过 12 MPa,每个压力值下的漏失量应减掉管柱的漏失量,所得差值即为某泵压下的注入量,即漏失量。

验漏时应注意录取漏点深度、漏失井段、漏点注入量及泵压、管柱漏失量等数据。

技能训练

训练操作一　铅模打印操作

该作业在 WS-3 修井模拟器上进行操作训练。

一、准备工作

设置高压管汇为循环状态。

二、操作步骤

(1) 按 1 号钮,开始本次作业。

(2) 开泵,调整排量大于 15 L/s,冲洗鱼顶。在冲洗鱼顶的过程中,缓慢下放铅模到鱼顶上方。

(3) 当铅模下放到鱼顶上方时,关泵,然后缓慢下放铅模,接触鱼顶,加压打印。

(4) 上提钻具至大钩高度大于 7. 8 m 以上。

(5) 按 1 号钮,结束本次作业。

三、注意事项

（1）加压不得超过 50 kN。

（2）打印一次后，上提即结束作业，不可二次打印。

训练操作二　梨形胀管器冲胀整形

该作业在 WS-3 修井模拟器上进行操作训练。

一、准备工作

设置高压管汇为循环状态。

二、操作步骤

（1）按 1 号钮，开始本次作业。

（2）缓慢下放钻具，当大钩高度小于 6.4 m 时，发现指重表波动，说明遇到套管变形段。指重表的读数不得超过 100 kN。

（3）上提钻具至大钩高度 7 m 以上，快速下放。当接近变形段时，猛刹刹把，使梨形胀管器冲胀变形套管，达到整形的目的。

（4）下活动钻具三次以上。

（5）按 1 号钮，结束本次作业。

三、注意事项

（1）对变形井段进行整形时，重复操作步骤三次，可以完全修复套管。

（2）在整形过程中，不要关泵。

训练操作三　套管补贴操作

该作业在 WS-3 修井模拟器上进行操作训练。

一、准备工作

设置高压管汇为循环状态。

二、操作步骤

（1）按 1 号钮，开始本次作业。

（2）下放补贴管到 2 502.5 m 处，开泵，循环 1～2 周，如循环正常，关泵。

（3）上提钻具至补贴位置 2 501 m 处，按 5 号钮关闭滑阀，开泵，逐渐憋压，开始补贴：调整泵压到 6 MPa，停留 3～5 min；调整泵压到 12 MPa，停留 3～5 min；调整泵压到 18 MPa，停留 3～5 min；调整泵压到 25 MPa，停留 3～5 min，关泵。

（4）上提补贴管至 2 499. 5 m，开始第二行程补贴：开泵，调整泵压到 6 MPa，停留 3～5 min；调整泵压到 12 MPa，停留 3～5 min；调整泵压到 18 MPa，停留 3～5 min；调整泵压到 25 MPa，停留 3～5 min；系统默认两次完成补贴，系统有语音提示。

（5）按 1 号钮，结束本次作业。

三、注意事项

对于调整泵压至某一值时停留 3～5 min，是实际井场需停留时间，这里虚拟设计只需等待 10 s。

项目二　打捞作业

知识目标

1. 掌握井下落物的分类。
2. 掌握管类落物打捞。
3. 掌握杆类落物打捞。

能力目标

1. 掌握公锥打捞操作。
2. 掌握可退式捞矛打捞操作。
3. 掌握滑块捞矛操作。

工作过程知识

一、打捞作业相关知识

在油水井生产过程中，由于各种原因，常导致井下落物和井下工具遇卡。井下落物在很大程度上影响着油水井的正常生产，严重时可造成油水井停产。因此，需要针对不同类型的井下落物，采用相应的打捞工具捞出井下落物，恢复油水井正常生产。

捞出井下落物的过程称为打捞作业。

1. 井下落物的分类

凡是断落在井内的钻杆、钻铤、钻头、油管、抽油杆、打捞工具、绳类、仪器以及掉落井内的妨碍生产和施工的物体统称为井下落物，现场俗称为落鱼。根据井下落物的种类可将落物分成以下四类：

（1）管类落物，如油管、钻杆、封隔器、管类工具、套铣管等。

（2）杆类落物，如断脱的抽油杆、测试仪器、抽汲加重杆等。

（3）绳类落物，如录井钢丝、测井电缆等。

（4）小件落物，如铅锤、刮蜡片、取样器、管钳牙、牙轮等。

2. 井下落物打捞的基本原则

打捞井下落物时，首先要检测井下具体情况，然后根据实际情况选择、加工相适应的打捞工具，这样才能保证打捞作业少走或不走弯路。一般来说，打捞井下落物时要遵循以下原则：

（1）打捞过程中要确保油、水层不受二次污染和破坏。

(2) 不损坏井身结构(套管与水泥环)。

(3) 处理事故过程中必须使事故越处理越容易,而不能越处理越复杂。

二、井下落物打捞

1. 管类落物打捞

管类落物包括油管、钻杆、管类工具、封隔器、套铣管等。

1) 打捞施工前应考虑的问题

(1) 落实井况。

① 了解被打捞井的地质、钻井、采油资料,搞清井身结构、套管完好情况,确定井下有无早期落物等。

② 搞清落井原因,分析落井后有无变形可能及井下(工具、砂)卡、埋等情况。

③ 计算鱼顶深度,判断鱼顶的规范、形状和特征。当鱼顶情况不清时,要用铅模或其他工具下井探明(必要时应冲洗鱼顶)。

(2) 制定打捞方案。

① 绘出打捞管柱示意图。

② 制定出施工工序细则及打捞过程中的注意事项。

③ 根据打捞时可能达到的最大负荷加固井架。

④ 制定安全防卡措施;捞住落鱼后,若井下遇卡仍可以脱手。

(3) 选择下井工具。

根据鱼顶的规范、形状和所制定的打捞方案选择合适的打捞工具。

① 下井工具的外径和套管内径间的间隙要大于或等于 6 mm。若受鱼顶尺寸限制,两者直径间隙小于 6 mm,则应在下该工具之前,先下入外径与长度不小于该工具的通井规通井至鱼顶以上 1～2 m 处。

② 下井工具的外表面一般不准带利刃或镶焊硬质合金、敷焊钨钢粉。

③ 若有必要,紧接工具上部须带有大于工具外径的接箍或扶正器(铣鞋除外)。

④ 公锥、捞矛等打捞工具在大直径套管中打捞时,必须带有引管、引鞋及其他定心找中装置。

⑤ 若在处理鱼顶或打捞中需循环洗井,则选择的工具必须带有水眼,优先选用可退式打捞工具。当受条件限制选用不可退式工具时,下井管柱必须配有安全接头。

⑥ 工具下井前必须进行严格检查,做到规格尺寸与设计统一、强度可靠、螺纹完好、部件灵活。

2) 打捞施工步骤

(1) 下铅模打印,以便分析井下鱼顶形态、位置。

(2) 根据印痕分析井下情况及油套管环形空间的大小,选择合适的打捞工具。

(3) 按操作程序下打捞工具进行打捞。

(4) 捞住落物后即可活动上提,当负荷正常后,可适当加快起钻速度。

3) 打捞管柱组合

打捞管类落物时,现场常用的打捞管柱组合自上而下为:钻杆(油管)+上击器+安全接头+打捞工具。

根据选择的打捞工具不同，打捞管柱分别称为：公锥打捞管柱、母锥打捞管柱、滑块捞矛打捞管柱、可退式捞矛打捞管柱、卡瓦打捞筒打捞管柱、开窗捞筒打捞管柱。对于自由下落的落物，可以不下上击器；对于鱼顶偏的落物，要视情况下扶正器和引鞋。

打捞时，判断是否捞上落鱼的方法为：

（1）校对造扣方入。

（2）观察指重表悬重变化。

（3）对比打捞前后泵压变化。

（4）造扣后，上提钻具2～3 m再下放，观察钻具深度的变化。一般捞上落鱼后就放不到原来的深度。

4）打捞常用的工具

（1）公锥。

公锥是一种专门通过油管、钻杆、套铣管、封隔器、配水器、配产器等有孔落物的内孔进行造扣打捞的工具。这种工具对于带接箍的管类落物打捞成功率较高。

公锥与正、反扣钻杆及其他工具配合使用，可实现不同的打捞工艺。

公锥是长锥形整体结构，由上接头和打捞螺纹两部分组成，如图6-6所示。上接头有与钻杆相连接的螺纹，有正、反螺纹标志槽，便于归类和识别。

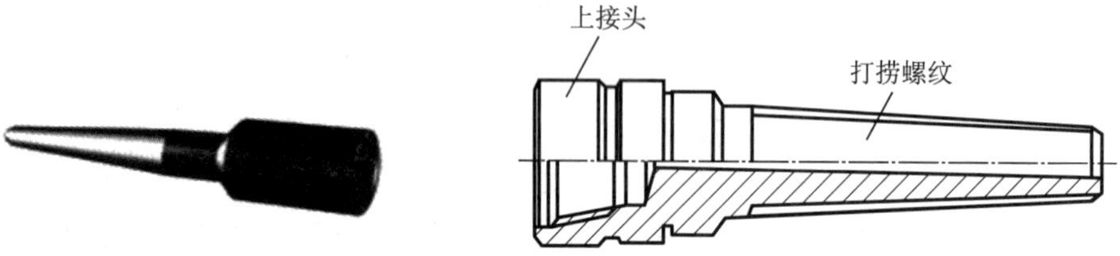

图6-6　公锥

公锥的工作原理：依靠适当的钻压，并转动钻具，迫使打捞丝扣挤压吃入落鱼内壁并进行造扣。当所造的扣能承受一定的拉力和扭矩时，可采取上提或倒扣的方法将落物全部或部分捞出。

公锥的技术规范见表6-4。

表6-4　公锥技术规范

规格型号	直径×长度/（mm×mm）	接头螺纹	使用规范及性能参数			
			打捞螺纹表面硬度	抗拉极限/MPa	冲击韧性/（J•cm^{-2}）	打捞直径/mm
GZ86-1	ϕ86×560	NC26（2A10）	RC60-65	≥932	≥58.8	39～67
GZ86-2	ϕ86×535	NC26（2A10）				54～77
GZ105-1	ϕ105×535	NC31（210）				54～77
GZ105-2	ϕ105×475	NC31（210）				72～90
GZ121	ϕ121×455	NC38（310）				88～103

公锥打捞操作方法：

① 根据落鱼水眼尺寸选择公锥规格。

② 检查打捞部位螺纹和接头螺纹是否完好无损。

③ 测量各部位的尺寸，绘出工具草图，计算鱼顶深度和打捞方入。

④ 检验公锥打捞螺纹的硬度和韧性。

⑤ 公锥下井时一般应配接震击器和安全接头。

⑥ 下钻至鱼顶以上 1～2 m 处开泵冲洗，然后以小排量循环并下探鱼顶。根据下放深度、泵压和悬重的变化判断公锥是否进入鱼腔。

⑦ 造扣 3～4 扣后，若指重表（或拉力计）悬重上升，应上提钻柱造扣，上提负荷一般比原悬重多 2～3 kN。

⑧ 上提造扣 8～10 扣后，钻柱悬重增加，造扣即可结束。

公锥打捞操作注意事项：

① 打捞操作时不允许猛顿鱼顶，以防将鱼顶或打捞螺纹顿坏。

② 切忌在落鱼外壁与套管内壁的环形空间造扣，以免造成严重后果。

③ 打捞时要注意观察泵压变化，防止憋泵。

④ 倒扣操作时防止将落鱼倒散而形成多处鱼顶，增加打捞次数和打捞难度。

⑤ 打捞起钻前要检查打捞是否牢靠。

⑥ 起钻时要求操作平稳，禁止用转盘卸扣。

（2）母锥。

母锥是一种专门在油管、钻杆等管状落物外部进行造扣打捞的工具，对于无内孔或内孔堵死的圆柱形落物打捞效果更好。

母锥是长筒形结构，由接头与本体两部分构成，如图 6-7 所示。接头上有正、反螺纹标志槽，本体内锥面上有打捞螺纹。

图 6-7　母锥

母锥的工作原理：依靠适当的钻压，并转动钻具，迫使打捞丝扣挤压吃入落鱼外壁进行造扣。当所造的扣能承受一定的拉力和扭矩时，可采取上提或倒扣的方法将落物全部或部分捞出。

母锥的技术规范见表 6-5。

表 6-5　母锥技术规范

规格型号	接头螺纹	外形尺寸/（mm×mm）	使用规范及主要参数
MZ/Z50	50 钻杆	ϕ68×260	打捞 2½ in 油管，50 钻杆
MZ/NC26-1	NC26（2A10）	ϕ86×295	打捞 2½ in 油管，50 钻杆
MZ/NC26-2	NC26（2A10）	ϕ95×280	打捞 2 in 油管，2⅜ in 钻杆

续表

规格型号	接头螺纹	外形尺寸/(mm×mm)	使用规范及主要参数
MZ/NC26-3	NC26(2A10)	ϕ95×340	打捞 2½ in 油管，2⅞ in 钻杆，2 in 油管接箍等
MZ/NC31-1	NC31(210)	ϕ114×350	打捞 2½ in 油管，2⅞ in 钻杆，2 in 油管接箍
MZ/NC31-2	NC31(210)	ϕ114×390	打捞 2½ in 油管，2⅞ in 钻杆的加厚部位
MZ/NC31-3	NC31(210)	ϕ115×440	打捞 2½ in 外加厚油管接箍，3½ in 钻杆，3 in 油管
MZ/NC38-1	NC38(310)	ϕ135×480	打捞 3½ in 油管，3 in 和 3½ in 外加厚油管加厚部位
MZ/NC38-2	NC38(310)	ϕ146×670	打捞直径 90 mm

母锥打捞操作方法：

① 根据落鱼水眼尺寸选择母锥规格。

② 检查打捞部位螺纹和接头螺纹是否完好无损。

③ 测量各部位的尺寸，绘出工具草图，计算鱼顶深度和打捞方入。

④ 检验母锥打捞螺纹的硬度和韧性。

⑤ 母锥下井时一般应配接震击器和安全接头。

⑥ 下钻至鱼顶以上 1～2 m 处开泵冲洗，然后以小排量循环并下探鱼顶。根据下放深度、泵压和悬重的变化判断母锥是否进入鱼腔。

⑦ 造扣 3～4 扣后，若指重表（或拉力计）悬重上升，应上提钻柱造扣，上提负荷一般比原悬重多 2～3 kN。

⑧ 上提造扣 8～10 扣后，钻柱悬重增加，造扣即可结束。

母锥打捞操作注意事项：

① 打捞操作时不允许猛顿鱼顶，以防将鱼顶或打捞螺纹顿坏。

② 由于母锥外径尺寸较大，与套管间隙较小，在井下情况较复杂的井中使用时存在卡钻的风险。

③ 打捞时要注意观察泵压变化，防止憋泵。

④ 倒扣操作时防止将落鱼倒散而形成多处鱼顶，增加打捞次数和打捞难度。

⑤ 打捞起钻前要检查打捞是否牢靠。

⑥ 起钻时要求操作平稳，禁止用转盘卸扣。

（3）滑块卡瓦打捞矛。

滑块卡瓦打捞矛是内捞工具，它既可打捞钻杆、油管、套铣管、衬管、封隔器、配水器、配产器等具有内孔的落物，又可对遇卡落物进行倒扣作业，还可配合震击器进行震击解卡，用于打捞鱼顶为 ϕ73 mm 油管母扣或油管外加厚部分。

滑块卡瓦打捞矛由上接头、矛杆、滑块卡瓦、锁块及螺钉等组成（见图 6-8），根据滑块卡瓦数量不同，又分为单滑块和双滑块两种。

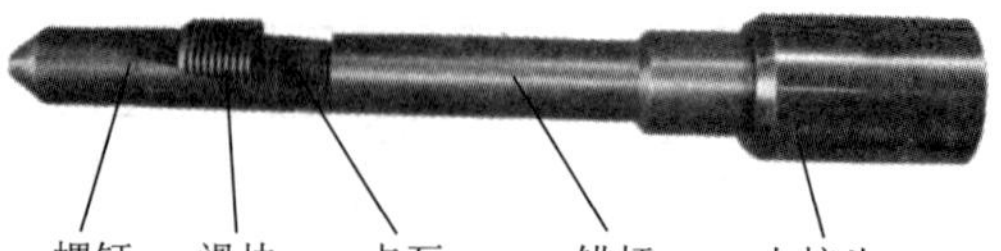

图 6-8　滑块卡瓦打捞矛

滑块卡瓦打捞矛的工作原理：当矛杆和滑块进入鱼腔一定深度后，滑块卡瓦在自重作用下沿滑道下滑，卡瓦与斜面产生相对位移，卡瓦齿面与矛杆中心线距离增加，使其打捞尺寸逐渐增大，直至卡瓦牙与鱼腔内壁接触，上提钻柱，由于卡瓦牙与鱼腔内壁的摩擦，滑块不能与斜面一起向上运动，从而迫使卡瓦牙吃入鱼腔内壁，抓牢落物，实现打捞。

滑块卡瓦打捞矛的技术规范见表 6-6。

表 6-6 滑块卡瓦打捞矛技术规范

规格型号	外径/mm	接头螺纹	打捞内径/mm	使用规范及性能参数	
				许用拉力/kN	工具长度分挡/mm
HLM-D(S)48	73	2⅜TBG	38.0	251	550, 650, 750, 800, 1 000, 1 200, 1 500, 1 800, 2 000
HLM-D(S)60	86	NC26(2A10)	42.0～53.8	496	
HLM-D(S)73	105	NC31(210)	52.6～64.0	781	
HLM-D(S)89	105	NC31(210)	64.1～77.9	1 093	
HLM-D(S)102	105	NC31(210)	77.6～92.1	1 147	
HLM-D(S)114	121	NC38(310)	90.0～102.5	2 246	
HLM-D(S)127	121	NC38(310)	103.0～117.8	2 746	

注：D—单滑块，S—双滑块。

滑块卡瓦打捞矛打捞操作方法：

① 在地面检查矛杆尺寸（实际测量）是否合适，滑块能否自由下滑（滑块相对于落鱼的打捞位置应距锁块 5 mm 以上），并在滑块滑道上涂机油，用手来回滑动，以使滑块运动灵活。

② 下钻柱至鱼顶，记好钻柱悬重与方入，开泵洗井。

③ 下放钻柱，引入鱼腔，观察碰鱼方入、入鱼方入及悬重变化。

④ 上提钻柱，若悬重增加，则表明捞获落鱼。

⑤ 倒扣作业时，将悬重提至倒扣负荷后再增加 10～20 kN，即可进行倒扣作业。

滑块卡瓦打捞操作注意事项：

① 倒扣作业时，尽量采用一次倒开，切忌多次倒扣，以防将落物倒散而成多鱼顶或多处松扣，增加打捞次数。

② 当落鱼管柱重量较大，鱼顶为油管外螺纹，或落鱼管柱遇卡时，可在工具上加接合适尺寸的引鞋，从外部包住鱼顶，以防滑块胀破或撕裂鱼顶。例如，打捞 73 mm 油管外螺纹落鱼时，采用 89 mm 油管作为引鞋，可保证油管不被胀破或撕裂。

③ 使用该工具打捞时，一般要与安全接头、震击器配合使用。

(4) 可退式卡瓦捞矛。

可退式卡瓦捞矛是通过鱼腔内孔进行打捞的工具，它既可抓捞自由状态下的管柱，也可抓捞遇卡管柱，还可按不同的作业要求与安全接头、上击器、加速器、内割刀等组合使用。其优点是在抓获落物但拔不动时，可退出打捞工具；不足之处是不能进行倒扣。

可退式卡瓦捞矛由上接头、芯轴、圆卡瓦、释放环和引鞋组成，如图 6-9 所示。

图 6-9　可退式卡瓦捞矛

可退式卡瓦捞矛的工作原理：工具在自由状态下，圆卡瓦外径略大于落物内径。当工具进入鱼腔时，圆卡瓦被压缩，产生一定的外胀力，使卡瓦贴紧落物内壁。随着芯轴上行和提拉力的逐渐增加，芯轴、卡瓦上的锯齿形牙互相吻合，卡瓦产生径向力，使其咬住落鱼，实现打捞。当落鱼被卡死，需退出捞矛时，只要给芯轴一定的下击力，就能使圆卡瓦与芯轴的内外锯齿形牙脱开（此下击力可由钻柱本身重力或使用下击器来实现），再正转钻具 2～3 圈（深井可多转几圈），圆卡瓦与芯轴产生相对位移，促使圆卡瓦沿芯轴锯齿形牙向下运动，直至圆卡瓦与释放环上端面接触为止（此时卡瓦与芯轴处于完全释放位置），上提钻具，即可退出捞矛。

可退式卡瓦捞矛的技术规范见表 6-7。

表 6-7　可退式卡瓦捞矛技术规范

规格型号	外形尺寸（直径 × 长度）/(mm×mm)	接头螺纹		使用规范及性能参数		
		钻杆螺纹	油管螺纹	打捞范围 /m	许用拉力 /kN	卡瓦窜动量 /mm
LM-48	ϕ48×447	NC26（2A10）	1. 900TBG	40. 3～44. 0	210	6
LM-T60	ϕ86×618	NC26（2A10）	2⅜TBG	46. 1～50. 3	340	7. 7
LM-T73	ϕ95×651	2⅞REG	2⅞TBG	54. 6～62. 0	535	7. 7
LM-T89	ϕ95×651	NC31（210）	2⅞TBG	66. 1～77. 9	814	10
LM-Tl02	ϕ105×761	NC31（210）	3½TBG	84. 8～90. 1	1 078	10
LM-T114	ϕ105×823	NC31（210）		92. 5～102. 3	1 078	10
LM-T127	ϕ（110～118）×850	NC31（210）		101. 6～115. 0	1 450	13

可退式卡瓦捞矛打捞操作方法：

① 根据落鱼内径尺寸，选择与之相适应的可退式卡瓦捞矛。

② 在卡瓦与芯轴之间涂润滑脂，然后转动卡瓦，使之靠近释放环，使圆卡瓦处于自由状态。

③ 将捞矛下至鱼顶以上 1～2 m 处，循环冲洗鱼顶，缓慢下放工具，将其引入鱼腔，同时做好钻柱悬重记录。

④ 悬重下降较明显（约下降 5 kN）时，反转钻柱 2～3 周，使芯轴对卡瓦产生径向胀力，然后上提钻柱，使卡瓦胀开而卡住鱼腔，实现抓捞。

⑤ 上提钻柱，如悬重上升明显，说明已抓获落物；如悬重无上升显示，应重复上述打捞动作，直至抓获落物。

⑥ 若上提负荷接近钻具安全负荷，说明落鱼遇卡，活动解卡；解卡无效需退出工具时，可用钻柱下击捞矛芯轴，然后正转钻柱 2～3 圈，即可松开卡瓦，退出捞矛。

可退式卡瓦捞矛打捞操作注意事项：

① 下井前要检查工具，用手转动卡瓦牙，保证其灵活好用。

② 适用于打捞鱼顶为接箍或鱼顶完整、壁厚较厚的管类落物。

③ 解卡时上提拉力不得超过工具的许用拉力。

（5）不可退卡瓦捞筒。

不可退卡瓦捞筒是从落鱼外壁进行打捞的不可退式工具，它除了可以抓捞各种油管、钻杆、加重杆、长铅锤等外，还可对遇卡管柱施加扭矩进行倒扣。

不可退卡瓦捞筒由上接头、筒体、弹簧、卡瓦座、下接头卡瓦、引鞋等组成，如图 6-10 所示。

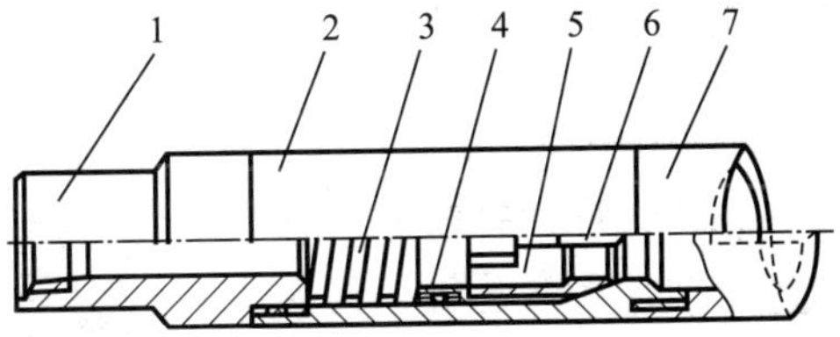

图 6-10　不可退卡瓦捞筒

1—上接头；2—筒体；3—弹簧；4—卡瓦座；5—键；6—下接头卡瓦；7—引鞋

不可退卡瓦捞筒的工作原理：当落鱼被引入工具的引鞋之后，下放钻具，落鱼将卡瓦上推，压缩弹簧，使卡瓦脱开筒体锥孔上行并逐渐分开，落鱼进入卡瓦，此时卡瓦在弹簧力作用下被压下，将鱼顶抱住，并给鱼顶以初夹紧力。上提钻具，在初夹紧力作用下，筒体上行，卡瓦、筒体内外锥面贴合，产生径向夹紧力，将落鱼卡住，起钻即可捞出。在规定的上提负荷不能上提的情况下，可用此卡瓦打捞筒进行倒扣作业，但注意倒扣扭矩不得超过卡瓦键的抗剪力。

不可退卡瓦捞筒的技术规范见表 6-8。

表 6-8　不可退卡瓦捞筒技术规范

规格型号	外形尺寸 /（mm×mm）	接头螺纹	使用规范及性能参数	
			打捞范围/mm	许用拉力/kN
DLT-95	ϕ95×610	NC26（2A10）	ϕ32～ϕ60	400
DLT-108	ϕ108×610	NC31（210）	ϕ45～ϕ65	650
DLT-114	ϕ114×660	NC31（210）	ϕ48～ϕ73	950
DLT-130	ϕ130×780	NC31（210）	ϕ70～ϕ90	1 100
DLT-130	ϕ150×970	NC38（310）	ϕ90～ϕ114	1 300
DLT-160	ϕ160×970	NC50（410）	ϕ100～ϕ121	1 400

不可退卡瓦捞筒打捞操作方法：

① 在地面检查卡瓦尺寸，用游标卡尺测量卡瓦结合后的椭圆长短轴尺寸，其长轴尺寸应比落鱼外径小 1～2 mm。

② 测绘工具草图。

③ 在卡瓦背面涂润滑脂，使卡瓦与筒体下端内锥面配合光滑，弹簧压紧力适中。

④ 工具入井后应缓慢下放，至鱼顶以上 1～2 m 处，开泵循环工作液，记录钻柱悬重。

⑤ 缓慢下放钻具至鱼顶时转动管柱，同时下放钻具，引入落物，若钻柱悬重下降 5～8 kN，泵压有所升高，说明落物已引入打捞筒，此时即可上提钻柱，如果悬重明显增加，说明

已抓获落物。当落物重量较轻，指重表反应不明显时，可以转动钻具 90°，重复打捞数次，再进行起钻。当需要倒扣时，将钻具提至设计倒扣负荷进行倒扣作业。

不可退卡瓦捞筒打捞操作注意事项：

① 不可退卡瓦捞筒传递扭矩的键多数是在筒体上开窗焊接的，其强度较低，不能承受太大的扭矩。

② 该工具下井时要配接安全接头和震击器。

③ 对于不同直径的落鱼，只要在筒体许可的情况下更换不同的卡瓦，即可打捞不同尺寸的落鱼。

（6）可退式卡瓦捞筒。

可退式卡瓦捞筒是从落鱼外部进行打捞的一种工具，可打捞不同尺寸的油管、钻杆和套管等鱼顶为圆柱形的落鱼。在打捞作业中，可退式打捞筒可与安全接头、下击器、上击器、加速器等组合使用。

可退式卡瓦捞筒有篮式卡瓦和螺旋卡瓦两种形式，如图 6-11 所示。篮式卡瓦捞筒由上接头、筒体、篮式卡瓦、铣控环、内密封圈、O 形密封圈、引鞋等部件组成。螺旋式卡瓦捞筒由上接头、筒体、密封圈、控制环、螺旋卡瓦和引鞋组成。螺旋卡瓦较篮式卡瓦薄，因此在同一筒体内装螺旋卡瓦时，其打捞范围比篮式卡瓦捞筒大。

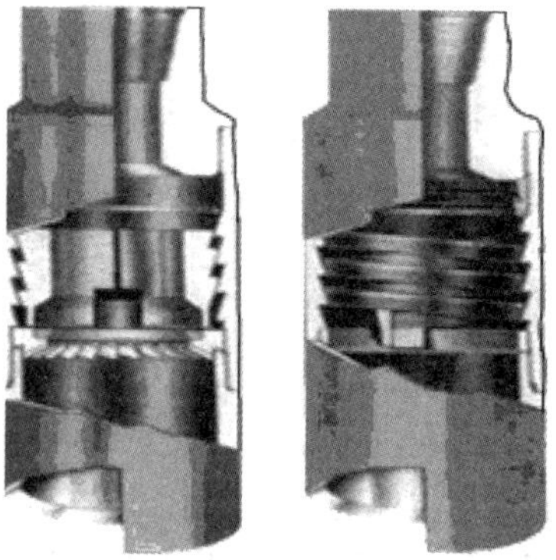

图 6-11　篮式卡瓦捞筒和螺旋式卡瓦捞筒

可退式打捞筒的工作原理：落物经引鞋引入卡瓦时，卡瓦外锥面与内锥面脱开，卡瓦被迫胀开，落物进入卡瓦中，上提钻柱，卡瓦外螺旋锯齿形锥面与筒体内相应的齿面有相对位移，使卡瓦收缩，从而卡咬住落物，实现抓捞。

可退式卡瓦捞筒的技术规范见表 6-9 和表 6-10。

表 6-9　篮式卡瓦捞筒技术规范

规格型号	外形尺寸（直径×长度）/（mm×mm）	接头螺纹	打捞尺寸/mm		许用提拉负荷/kN		工作井眼名义尺寸/in
			不带台肩	带台肩	不带台肩	带台肩	
LT-01TA	ϕ95×795	NC26（2A10）	ϕ47.0～ϕ49.3	ϕ52.2～ϕ55.7	100	620	4½
LT-02TA	ϕ105×875	NC31（210）	ϕ59.7～ϕ61.3	ϕ63.0～ϕ65.0 ϕ65.4～ϕ68.0	850	600	5
LT-03TA	ϕ114×846	NC31（210）	ϕ72.0～ϕ74.5	ϕ77.0～ϕ79.0	900	450	5½～5¾
LT-04TA	ϕ134×875	NC31（210）	ϕ88.0～ϕ91.0	ϕ92.0～ϕ94.5 ϕ94.5～ϕ97.3	1 300	928	6⅝
LT-05TA	ϕ145×900	NC38（310）	ϕ101.0～ϕ104.0	ϕ104.0～ϕ106.0 ϕ106.5～ϕ108.5	1 330	950	6⅝～7
LT-06TA	ϕ160×900	NC38（310）	ϕ113.0～ϕ115.0	ϕ116.0～ϕ119.0	1 300	928	7⅝
LT-07TA	ϕ185×950	NC38（310）	ϕ126.0～ϕ129.0 ϕ139.0～ϕ142.0	ϕ145.0～ϕ148.0	1 800	1 280	8⅝

可退式卡瓦捞筒打捞操作方法：

① 选择好工具尺寸；下井前用手推动卡瓦，检查卡瓦是否灵活，键槽是否合格。

② 将工具下至鱼顶以上 2～3 m 处，开泵循环，并观察泵压及悬重。

③ 缓慢下放钻具至鱼顶，边正转边下放，使打捞筒进入鱼顶，并观察方入、悬重及泵压变化。

④ 缓慢上提钻具，若悬重大于原打捞钻柱重量，说明已捞获落物，可继续上提。如果上提时悬重上升至工具最大允许载荷，说明遇卡严重，应停止上提，将打捞筒退出落鱼。

退出落鱼的方法为：

a. 若打捞筒上部带有下击器，可按下击器操作规程进行；若无下击器，可视钻具重量加压下击或较缓慢溜钻下击。

b. 一边正转，一边上提即可退出。

表 6-10 螺旋式打捞筒技术规范

规格型号	外形尺寸（直径 × 长度）/（mm×mm）	接头螺纹	打捞尺寸 /mm	许用提拉负荷 /kN	工作井眼名义尺寸 /in
LT-01TB	ϕ95×795	NC26（2A10）	53～62	1 200	4½
LT-02TB	ϕ105×815	NC31（210）	63～79	1 200	5
LT-03TB	ϕ114×846	NC31（210）	81～90	1 000	5½～5¾
LT-04TB	ϕ134×875	NC31（210）	93～105	1 460	6⅝
LT-05TB	ϕ145×900	NC38（310）	106～119	1 410	6⅝～7
LT-06TB	ϕ160×900	NC38（310）	120～134	1 530	7⅝
LT-07TB	ϕ185×950	NC38（310）	139～156	213	8⅝

可退式卡瓦捞筒打捞操作注意事项：

① 使用篮式卡瓦捞筒磨铣修整鱼顶时，加压不应过大。

② 因捞筒内有密封圈，当落鱼进入捞筒循环洗井时，应注意泵压变化，防止憋泵。

③ 由于工具外径较大，井内必须清洁，防止沉砂卡钻。

④ 如被捞管柱未卡，可直接下打捞筒打捞；如遇卡严重，可配合震击类工具使用。

（7）开窗打捞筒。

开窗打捞筒用来打捞长度较短的管状、柱状落物或具有卡取台阶且无卡阻的井下落物，如带接箍的油管短节、测井仪器、加重杆等，也可以在工具底部接上一把抓齿形组合使用。

开窗打捞筒由筒体与上接头两部分焊接而成，如图 6-12 所示。筒体上开有 2～4 排梯形窗口，在同一排窗口上有变形后的窗舌，内径略小于落物最小外径。

开窗打捞筒的工作原理：当落鱼进入筒体并顶入窗舌时，窗舌外胀，其反弹力紧紧咬住落鱼本体，上提钻具，窗舌卡住台阶，即可将落物捞出。

开窗打捞筒的技术规范见表 6-11。

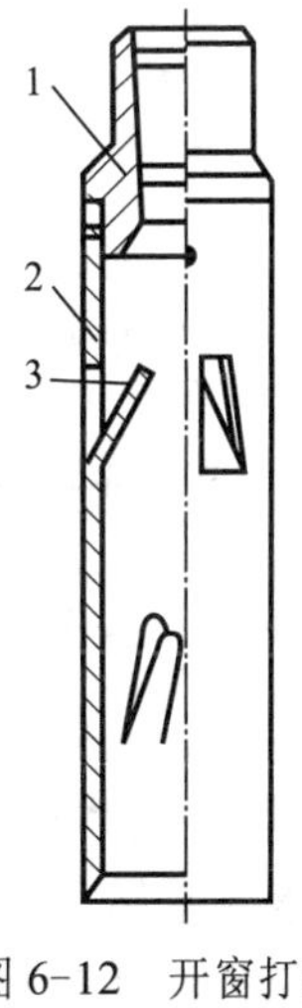

图 6-12 开窗打捞筒

1—上接头；2—筒身；3—窗舌

表 6-11　开窗打捞筒技术规范

规格型号	外径/mm	接头螺纹	接箍外径/mm	窗口排数	窗舌数	适用套管尺寸/mm
KLT92-1	ϕ92	NC26(2A10)	38, 42, 46, 55	2	6	ϕ114.3
KLT114-1	ϕ114	NC31(210)	38, 42, 46, 55	2	6	ϕ139.7
KLT92-2	ϕ92	NC26(2A10)	73	2～3	6～12	ϕ114.3
KLT114-2	ϕ114	NC31(210)	89.5	2～3	6～12	ϕ139.7
KLTl40	ϕ140	NC31(210)	107, 121	3～4	9～16	ϕ168.3
KLT148	ϕ148	NC38(310)	121, 132.5	3～4	9～16	ϕ177.8

开窗打捞筒打捞操作方法及注意事项：

① 检查各部螺纹或焊缝是否完好牢固，测量窗舌尺寸和闭合状态的最小内径是否能与落鱼配合，并留图待查。

② 下钻至鱼顶以上 2～3 m，开泵洗井，慢转下放钻柱，观察指重表与方入变化，记好碰鱼方入，引导筒体入鱼。

③ 继续下放钻柱，使落鱼进入工具筒体内腔（视落鱼具体情况，可以稍加钻压或不加钻压），若落物长度较短、井较深，方入及悬重变化难于判断，则可在一次打捞之后，将钻柱提起 1～2 m，再旋转下放，重复数次，即可提钻。在打捞中应注意观察指重表悬重变化情况。在进行第二次打捞时，如无碰鱼反应，可再打捞一次，若仍无反应，说明在第一次已将落鱼捞获，即可停泵提钻。

④ 起钻时应平稳操作，切勿顿碰或敲击钻柱，以免因卡取不牢而将落鱼震落。

2. 杆类落物打捞

1）杆类落物打捞的类型

抽油杆断脱有两种情况：一种是断脱在油管内；另一种是断脱在套管内。在油管内打捞抽油杆比较容易，如抽油杆脱扣，可下抽油杆对扣打捞或下卡瓦打捞筒进行打捞。在套管内打捞抽油杆比较复杂，因为套管内径大，而抽油杆本身很细、刚度小、易弯曲、易拔断，不易引入工具内，因此打捞难度和工作量都比较大。

2）打捞杆类落物常用的钻具组合

（1）在油管内打捞。

① 抽油杆对扣杆柱。

② 抽油杆捞筒打捞杆柱。

（2）在套管内打捞。

① 活页式捞筒＋钻杆（油管）。

② 三球打捞器＋钻杆（油管）。

③ 卡瓦打捞筒＋钻杆（油管）。

当断脱在井下的抽油杆被压成团时，需要用内外钩打捞。打捞方法：下钻遇阻后记下方入，然后上提钻具，从不同的方向下放，找出方入最大的地方，稍（缓慢）加压力（严禁加重压，以防事故恶化）。起钻时禁止用钻盘卸扣。

当抽油杆在井下被压实，而且用上述方法无法捞获时，则用套铣筒套铣或用大水眼的磨鞋磨铣；套铣后，再用磁铁打捞器和反循环打捞篮打捞碎屑。

3）常用打捞杆类落物工具

（1）可退式抽油杆打捞筒。

当可退式抽油杆打捞筒抓住抽油杆后，上提即可捞出抽油杆，一旦需要退出工具，能够既方便又无损伤地释放落鱼而退出工具。

可退式抽油杆打捞筒有篮式卡瓦和螺旋式卡瓦两种。篮式和螺旋式抽油杆打捞筒均由上接头、筒体、引鞋和卡瓦组成，如图 6-13 所示，其不同之处除卡瓦结构外，篮式抽油杆打捞筒多一个控制环。篮式卡瓦捞筒由上接头、筒体总成、篮式卡瓦、铣控环、内密封圈、O 形密封圈、引鞋等组成，其中篮式卡瓦内表面车有锯齿形螺纹，经处理硬度达 HRC58～HRC62，外表面车有与筒体相一致的左旋锥面螺纹。螺旋卡瓦捞筒由上接头、筒体、螺旋卡瓦、控制环、密封圈、引鞋等组成，其中控制环只起定位卡瓦的作用。在同一筒体内，更换不同规格或不同类型的篮式卡瓦或螺旋卡瓦，便可打捞不同规格的管、杆类落物。螺旋卡瓦较篮式卡瓦薄，因此在同一筒体内装螺旋卡瓦时，其打捞范围比篮式卡瓦捞筒大。

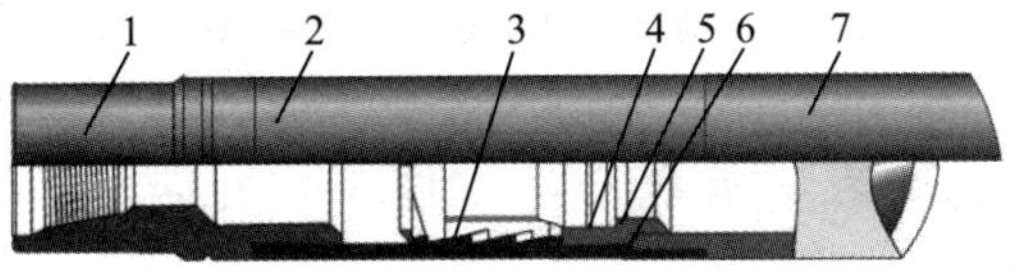

（a）篮式抽油杆打捞筒

1—上接头；2—筒体总成；3—篮式卡瓦；4—铣控环；
5—内密封圈；6—O 形密封圈；7—引鞋

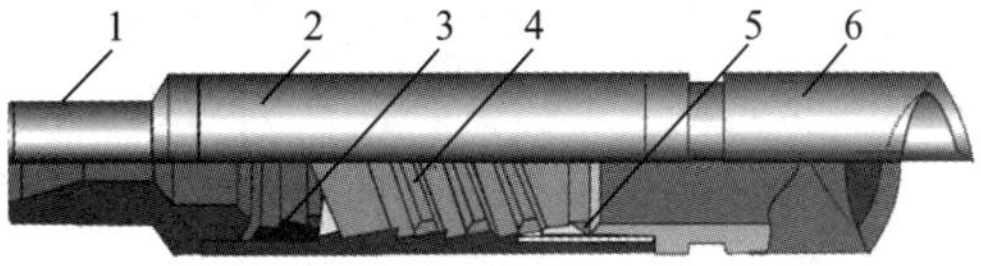

（b）螺旋式抽油杆打捞筒

1—上接头；2—筒体；3—螺旋卡瓦；
4—控制环；5—密封圈；6—引鞋

图 6-13 可退式抽油杆打捞筒结构示意图

可退式抽油杆打捞筒的工作原理：当可退式抽油杆打捞筒捞获落鱼后，上提钻具，卡瓦外螺旋锯齿形锥面与筒体内相应的齿面有相对位移，从而将落鱼卡紧捞出。

可退式抽油杆打捞筒的技术规范见表 6-12 和表 6-13。

表 6-12 篮式抽油杆打捞筒技术规范

规格型号	外形尺寸（直径 × 长度）/（mm×mm）	接头螺纹	打捞尺寸 /mm	许用拉力 /kN	工作井眼尺寸/in
CLT01-TA	55×406	⅝ in 抽油杆螺纹	15. 0～16. 7	392	2 ½（油管）
CLT02-TA	55×406	¾ in 抽油杆螺纹	18. 0～19. 7	392	2 ½（油管）
CLT03-TA	55×406	⅞ in 抽油杆螺纹	21. 0～22. 7	392	2 ½（油管）
CLT04-TA	55×406	1 in 抽油杆螺纹	24. 0～25. 7	392	2 ½（油管）

表 6-13 螺旋式抽油杆打捞筒技术规范

规格型号	外形尺寸（直径 × 长度）/（mm×mm）	接头螺纹	打捞尺寸 /mm	许用提拉负荷 /kN	工作井眼尺寸/in
CLT01-TB	ϕ55×350	⅝ in 抽油杆螺纹	15. 0～16. 7	350	2½（油管）
CLT02-TB	ϕ55×350	¾ in 抽油杆螺纹	18. 0～19. 7	350	2½（油管）
CLT03-TB	ϕ55×350	⅞ in 抽油杆螺纹	21. 0～22. 7	350	2½（油管）
CLT04-TB	ϕ55×350	1 in 抽油杆螺纹	24. 0～25. 7	350	2½（油管）

可退式抽油杆打捞筒打捞操作方法：

① 检查抽油杆打捞筒各部件是否完好。

② 将抽油杆打捞筒连接在打捞管柱上下井。

③ 当工具接近鱼顶时，缓慢旋转下放工具，至悬重有减轻显示时停止下放。

④ 上提工具，若悬重增加，则表示打捞成功。

⑤ 起钻具。

可退式抽油杆打捞筒打捞操作注意事项：

① 打捞前要搞清井况，如打捞抽油杆尺寸、折断抽油杆所处环形空间情况等。

② 根据井况，正确选用抽油杆打捞筒。

③ 抓住井下抽油杆后，一旦遇卡，最大上提负荷不得超过抽油杆打捞筒的许用载荷。如果不能解卡，可先下击，然后缓慢右旋并上提工具，即可退出工具。

（2）不可退式抽油杆打捞筒。

不可退式抽油杆打捞筒是打捞断脱在油管或套管内的抽油杆的专用工具，是一种不可退式打捞工具。

不可退式抽油杆打捞筒由上接头、筒体、内套、弹簧、卡瓦等组成，如图 6-14 所示。

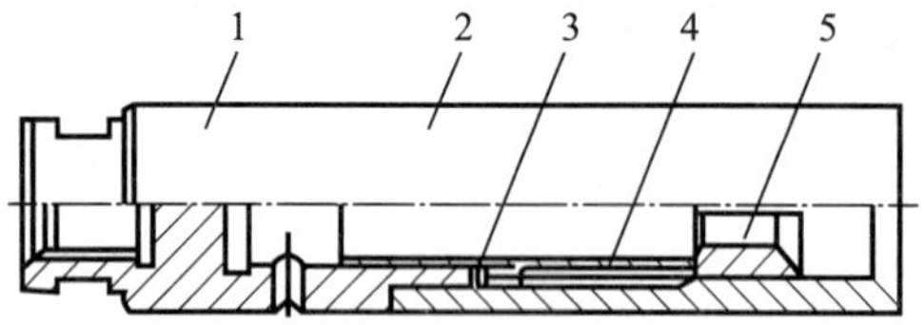

图 6-14　不可退式抽油杆打捞筒

1—上接头；2—筒体；3—内套；4—弹簧；5—卡瓦

不可退式抽油杆打捞筒的工作原理：抽油杆经筒体大锥面进入筒体，推动两瓣卡瓦沿筒体内锥面上行，并且随着卡瓦内孔的逐渐增大，弹簧被压缩。当内孔达到一定值后，在弹簧力的作用下将卡瓦下推，使筒体、卡瓦内外锥面贴合，卡瓦内孔贴紧抽油杆。此时，上提工具，由于卡瓦锯齿形牙齿与抽油杆的摩擦力而使卡瓦保持不动，筒体随之上行，内外锥面贴合得更紧。在上提负荷作用下，内外锥面间产生径向夹紧力，使两块卡瓦内缩，咬住抽油杆。随着上提负荷的增加，夹紧力也增大，从而实现打捞。

不可退式抽油杆打捞筒的技术规范见表 6-14。

表 6-14　不可退式抽油杆打捞筒技术规范

型号	外型尺寸/（mm×mm）	接头扣型	打捞尺寸	备　注
CLT-16	ϕ56×350	⅝ in 抽油杆母扣	⅝ in 抽油杆	本工具仅供 2⅞ in 油管使用；若在套管内及 3½ in，4 in，4½ in 油管内进行打捞，应更换引鞋
CLT-19	ϕ56×350	¾ in 抽油杆母扣	¾ in 抽油杆	
CLT-22	ϕ56×350	⅞ in 抽油杆母扣	⅞ in 抽油杆	
CLT-25	ϕ58×350	1 in 抽油杆母扣	1 in 抽油杆	
CLT-28	ϕ58×350	1⅛ in 抽油杆母扣	1⅛ in 抽油杆	

不可退式抽油杆打捞筒打捞操作方法：

① 按井内的抽油杆尺寸选定卡瓦，按下井抽油杆尺寸选定上接头。

② 拧紧抽油杆打捞筒各部螺纹，将其下入井内。

③ 当指重表悬重下降时，停止下放管柱。

④ 上提管柱，起出井口后，卸去上接头、弹簧，取出卡瓦，即可抽出抽油杆。

不可退式抽油杆打捞筒打捞操作注意事项：

若井下抽油杆鱼顶进工具筒体较困难，则可缓慢右旋管柱，使抽油杆进入筒体。

（3）活页式抽油杆打捞筒。

活页式抽油杆打捞筒又称活门式捞筒，用来打捞环形空间中鱼顶为带台肩或接箍的小直径杆类落物，如完整的抽油杆、带台肩或带凸缘的井下仪器等。

活页式捞筒由上接头、活页总成和筒体组成，如图 6-15 所示。上接头上部为钻杆螺纹，与钻柱连接，下部呈筒形并有细牙内螺纹，与筒体连接。筒体的上端面安装有活页总成。活页总成由活页座、活页卡板、扭力弹簧、销轴组成。其中，活页座焊在筒体上端面，与活页卡板上的凸缘插装在一起，销轴从活页座和活页卡板上的小孔穿过；活页卡板被扭力弹簧压在筒体上端面，活页卡板除凸缘外，中间还开一个宽度稍大于落鱼接箍下端管柱直径的长形口。筒体的下端为锥形喇叭口，便于引入落鱼。

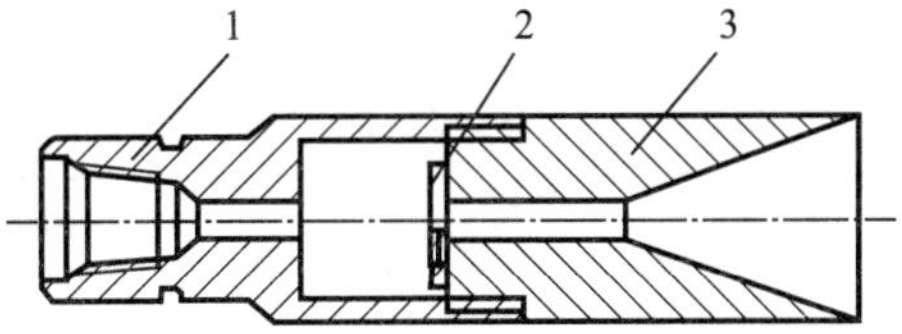

图 6-15 活页式抽油杆打捞筒

1—上接头；2—活页总成；3—筒体

活页式抽油杆打捞筒的工作原理：鱼顶为接箍的落鱼被引入筒体后，顶开活页卡板，活页卡板绕销轴转动。接箍通过卡板后，卡板在扭力弹簧的作用下自动复位，接箍以下的管柱正好进入活页卡板的开口中。上提工具，接箍卡在活页卡板上，实现打捞。

活页式抽油杆打捞筒的技术规范见表 6-15。

表 6-15 活页式抽油杆打捞筒技术规范

规格型号	外形尺寸/（mm×mm）	接头螺纹代号	使用规范及性能参数		
			接箍/mm	抽油杆/in	工作井眼/in
HYLT16	ϕ95×500	NC26（2A10）	38	⅝	4½
HYLT19	ϕ105×500	NC31（210）	42	¾	5～5½
HYLT22	ϕ114×500	NC31（210）	46	⅞	5½

活页式抽油杆打捞筒打捞操作方法：

① 在地面全面检查打捞筒各处螺纹，并逐一连接上紧。检查弹簧是否有弹力，检查活页卡板能否自动复位，卡板开口尺寸与落鱼尺寸是否相同。最好能用与落物相同的试件进行试验。

② 下钻至鱼顶上 1～2 m 处，开泵洗井，慢转慢放使引鞋入落鱼。下放时应注意观察指重表悬重变化，如有轻微变化，应立即停止下放，上提钻具；如悬重增加，说明已捞获落鱼，可以提钻；如无显示，应重复打捞，直至捞获。

活页式抽油杆打捞筒打捞操作注意事项：

用此工具打捞各种抽油杆时，由于抽油杆直径较小，而套管直径相对较大，抽油杆极易受压而发生弯曲变形，甚至被压弯曲，使打捞失败（未捞获或捞获后提断），增加二次打捞的难度，故在打捞操作中，切不可猛放重压，必须严格执行慢放轻压、旋转入鱼、逐级加深、多次打捞的操作方法。

4）三球打捞器

三球打捞器是专门用来在套管内打捞抽油杆接箍或抽油杆加厚台肩部位的打捞工具。

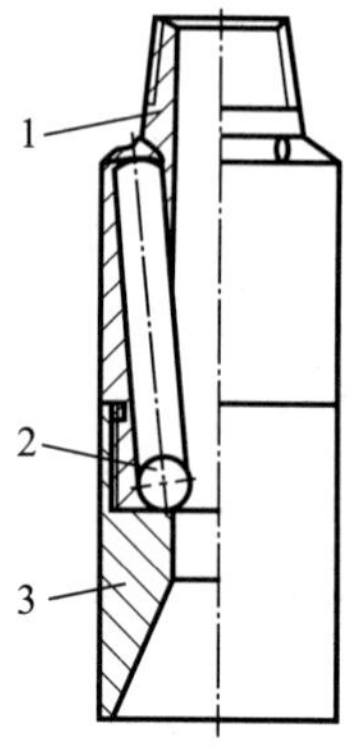

图 6-16　三球打捞器
1—筒体；2—钢球；3—引鞋

三球打捞器由筒体、钢球、引鞋等部件组成，如图 6-16 所示。筒体上部为油管公螺纹，用以连接打捞管柱。在油管螺纹与筒体的台肩外，均布三个等直径斜孔，与筒体内的大孔交汇。三个斜孔内各装有一个大小相同的钢球，并被连接在筒体下端的引鞋的上端面堵住。引鞋下部内孔有很大的锥角，以便引入落鱼。工具从上至下有水眼，可进行循环。

三球打捞器的技术规范见表 6-16。

表 6-16　三球打捞器技术规范

规格型号	外形尺寸/（mm×mm）	接头螺纹	使用规范及性能参数	
			落物规格	工作井眼尺寸/in
SQ95-01	ϕ95×305	2⅜ inTBG	⅝ in，¾ in 抽油杆台肩、接箍	4½
SQ95-02	ϕ95×305	2⅜ inTBG	⅞ in，1 in 抽油杆台肩、接箍	4½
SQ102-01	ϕ102×305	2⅜ inTBG	⅝ in，¾ in 抽油杆台肩、接箍	5
SQ102-02	ϕ102×305	2⅜ inTBG	⅞ in，1 in 抽油杆台肩、接箍	5
SQ114-01	ϕ114×305	2⅞ inTBG	⅝ in，¾ in 抽油杆台肩、接箍	5½
SQ114-02	ϕ114×305	2⅞ inTBG	⅞ in，1 in 抽油杆台肩、接箍	5½

三球打捞器的工作原理：三球打捞器靠三个钢球在斜孔中位置的变化来改变三个球公共内切圆直径的大小，从而允许抽油杆台肩或接箍通过。带接箍或带台肩的抽油杆进入引鞋后，接箍或台肩推动钢球沿斜孔上升，三个球形成的公共内切圆逐渐增大。待接箍或台肩通过三个球后，三个球依靠自重沿斜孔回落，停靠在抽油杆本体上。上提钻具，抽油杆台肩或接箍因尺寸较大无法通过而压在三个球上，斜孔中的三个钢球在斜孔的作用下给落物以径向夹紧力，从而抓住落鱼。

三球打捞器打捞操作方法：

① 将三球打捞器连接在工具管柱的最下端。

② 直接下井，待通过鱼头后，缓慢上提。若指重表读数比原悬重增加，说明已捞获落鱼。

③ 起钻。

三球打捞器打捞操作注意事项：

① 三球打捞器入井前必须通井。

② 检查工具外径尺寸及三球活动情况，涂机油润滑。

③ 确保井筒清洁,防止因砂、蜡等脏物粘附而影响钢球自动复位。

3. 小件落物打捞

修井工作中经常遇到螺丝、钢球、钳牙、牙轮、撬杠等小物件落井,这会给井下作业带来一定困难。打捞这类落物时,要根据落鱼的大小、形状选择合适的工具,必要时还要根据具体情况设计、制造出适用的工具。设计的打捞工具必须具备易捞、强度足够、结构简单、操作方便等特点。

打捞小件落物时的钻具组合自鱼顶向上为:打捞工具+钻杆(油管)。根据所使用的打捞工具不同,打捞管柱可分为:反循环打捞篮打捞管柱、一把抓打捞管柱、磁力打捞器打捞管柱。

常用小件落物打捞工具包括:

1) 反循环打捞篮

反循环打捞篮用于打捞诸如钢球、钳牙、炮弹垫子、井口螺母、胶皮碎片等井下小件落物。

反循环打捞篮由上接头、筒体、篮筐总成、引鞋等组成,如图6-17所示。

反循环打捞篮的工作原理:依靠大流量、高压力的反洗井液冲击井底,使井底落物做悬浮运动推动篮爪,篮爪绕销轴转动竖起,篮筐开口加大,落物进入筒体,然后篮爪恢复原位,阻止进入筒体内的落物出筐,从而实现打捞。

反循环打捞篮的技术规范见表6-17。

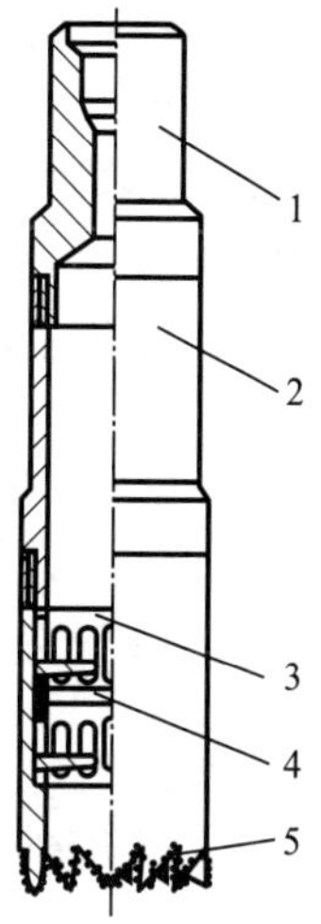

图 6-17 反循环打捞篮
1—上接头;2—筒体;3—篮筐总成;4—隔套;5—引鞋

表 6-17 反循环打捞篮技术规范

规格型号	工具尺寸 $D\times L$ /(mm×mm)	接头螺纹	使用规范及性能参数	
			落物最大直径/mm	套管直径/in
FLL 01	ϕ90×940	NC26(2⅜ IF)	55	4½
FLL-02	ϕ100×1 150	2⅞ REC	65	5
FLL-03	ϕ110×1 153	NC31(2⅞ IF)	75	5½
FLL-04	ϕ115×1 153	NC31(2⅞ IF)	80	5¾
FLL-05	ϕ140×1 155	NC38(3½ IF)	105	6⅝
FLL-06	ϕ147×1 161	NC38(3½ IF)	110	7

反循环打捞篮打捞操作方法:

(1) 检查各部件(尤其是篮筐总成)是否完好灵活。可用手指或工具轻顶篮爪,观察其是否可以自由旋转,回位是否及时灵活。

(2) 将工具接上钻具,下至距井底以上 3~5 m 处,开泵反洗井。

(3) 循环正常后,再慢慢下放钻具,边冲边放。当工具遇阻或泵压升高时,上提钻具0.5~1 m,并做好方入记号。

(4) 以较快的速度下放钻具,在离井底 0.3 m 左右突然刹住车,使井底工具快速下行,造成井底液体紊流,迫使落物运动并进入筒体,以增加打捞效果。

（5）循环 10 min 左右停泵，起钻。

反循环打捞篮打捞操作注意事项：

（1）使用这种工具时，井口必须有能造成反循环的封井设备，最好装自封封井器，而不使用固定井口的油管挂，因为这种装置不能使钻具上下移动，打捞效果不佳。

（2）下井前检查各部件是否完好，篮爪转动是否灵活。

（3）根据套管规范选择工具。

2）局部反循环打捞篮

局部反循环打捞篮是打捞井底重量较轻的碎散落物的工具，如螺母、射孔子弹垫子、钳牙、碎散胶皮、钢球、泵阀座等，也可抓获柔性落物，如钢丝绳等。

局部反循环打捞篮由上接头、筒体总成、阀体总成、篮筐总成、铣鞋总成等主要部件组成，如图 6-18 所示。

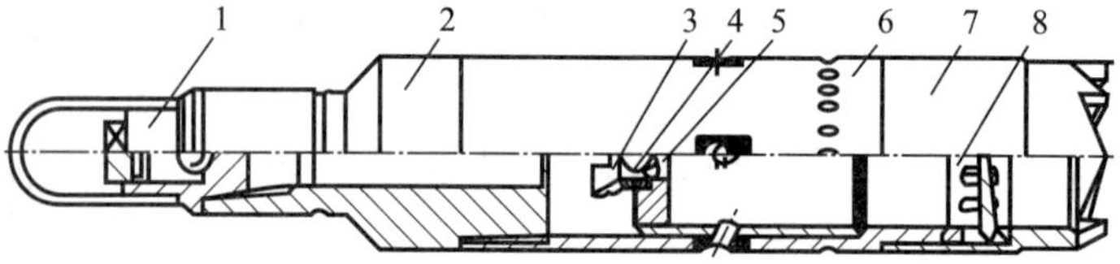

图 6-18　局部反循环打捞篮

1—提升接头；2—上接头；3—阔罩；4—钢球；5—阀座；6—筒体总成；7—铣鞋总成；8—篮筐总成

局部反循环打捞篮的技术规范见表 6-18。

表 6-18　局部反循环打捞篮技术规范

规格型号	工具尺寸/（mm×mm）	接头螺纹	使用规范及性能参数	
			落物最大直径/mm	套管直径/in
DL01-00	ϕ88×940	NC25	52	4½
DL02-00	ϕ100×1 050	2⅞ REC	64	5
DL03-00	ϕ110×1 153	NC31	74	5½
DL04-00	ϕ115×1 155	NC31	79	5¾
DL05-00	ϕ135×1 155	NC38	99	6⅝
DL06-00	ϕ140×1 161	NC38	104	7

局部反循环打捞篮的工作原理：下至鱼顶，洗井投球后，钢球入座，堵死正循环通道，迫使液流改变方向，液流经环形空间穿过 20 个向下倾斜的小孔，然后进入工具与套管环形空间，向下喷射，经井底折回篮筐，再从筒体上部的四个连通孔返回，形成工具与套管环形空间的局部反循环水流通道。

局部反循环打捞篮的操作方法：

（1）在地面检查工具部件的螺纹是否完好，大小水眼是否畅通，篮爪转动是否灵活。

（2）卸开提升接头，测量钢球直径是否合格，并将球投入工具中进行试验，检查钢球入座情况是否正常可靠。

（3）将工具下到预定深度以上一个单根后，开泵正循环洗井，待洗井正常平稳后，停泵投球。

（4）开泵洗井，送球入座，并根据洗井时间观察泵压变化，当泵压略有升高时，说明球已入座。

（5）钢球入座形成反循环之后，慢慢下放钻柱至预定深度，再略上提钻柱 1～2 m，然后用较快的速度下放钻柱至距井底 0.2～0.3 m。如此反复进行几次，形成工具底部洗井液的紊流并增加流速，可提高打捞效果。

（6）若工具为带有铣鞋的常用型，可边冲边转动钻柱，用铣齿拨动落物或少量钻进，使落物随洗井液进入篮筐。

（7）工具起出后，检查打捞篮内捞获落物情况，回收钢球，清洗擦净，涂油，存入提升短节的球腔之内。

局部反循环打捞篮打捞操作注意事项：

（1）使用一把抓篮筐总成时，只能进行投球打捞操作，不能钻进。在投球形成局部反循环冲洗打捞完毕之后，应该及时收拢一把抓。

（2）如在套管内使用常用型篮筐总成时，严禁铣鞋底部镶焊的 YD 合金有径向凸出刀刃存在，以保护套管不被损坏。

（3）洗井液必须过滤后使用（可采用上水头与出口两级过滤），以防堵塞小水眼而使打捞失败。

（4）使用普通型篮筐总成打捞时，只能按投球打捞操作，不能钻进。

3）*磁力打捞器*

磁力打捞器是用来打捞在钻井、修井作业中掉入井中的钻头巴掌、牙轮、轴、卡瓦牙、钳牙、手锤及油套管碎片等小件铁磁性落物的工具。对于能进行正反循环的磁力打捞器，还可打捞小件非磁性落物。

磁力打捞器由上接头、压盖、壳体、磁钢、芯铁、隔磁套、引鞋等组成，如图 6-19 所示。

磁力打捞器的技术规范见表 6-19。

图 6-19　磁力打捞器

表 6-19　磁力打捞器技术规范

规格型号	外径/mm	接头螺纹	使用规范及性能参数			
			吸力/N		适应温度/℃	适应井眼/mm
			A	B		
QCLT-F86A QCLT-F86B	86	NC26（2A10）	3 600	1 000	≤ 210	ϕ95～ϕ108
QCLT-F100A QCLT-F100B	100	NC31（210）	5 500	1 700		ϕ108～ϕ137
QCLT-F114A QCLT-F114B	114	NC31（210）	6 500	2 000		ϕ120～ϕ140
QCLT-F175A QCLT-Fl75B	175	NC38（310）	18 000	5 000		ϕ184～ϕ216

磁力打捞器的工作原理：以壳体、引鞋和芯铁为两个同心环形磁极，两极磁通路之间为无铁磁材料区域，使芯铁、引鞋最下端有很高的磁场强度。由于磁通路是同心的，因此磁力

线呈辐射状，并集中于靠近打捞器下端的中心处，故可将小块铁磁性落物磁化而吸附在磁极中心，还可以吸附一些与其相接触的小件落物，从而实现打捞。

磁力打捞器打捞操作方法：

（1）磁力打捞器下至鱼顶以上 2～4 m 处，开泵循环，冲洗落物。

（2）保持循环（低排量），缓慢下放钻柱，接触落物（注意悬重下降不超过 10 kN），然后上提钻柱 0.5～1.0 m，将工具转动 90°，重复打捞作业。

（3）对于反循环磁力打捞器，循环洗井并投入钢球到位后，大排量冲洗 10～15 min，根据引鞋形状采取不同的打捞方法，然后起钻。

磁力打捞器打捞操作注意事项：

（1）磁力打捞器入井前，必须用木板或胶皮将其与其他铁磁性设备隔开。

（2）取下护磁板及被吸住的落物时，操作人员的施力方向应与工具中心线垂直。

（3）操作人员不得手拿铁磁性工具接近磁力打捞器底部，以防伤人。

（4）运输、装卸过程中要避免剧烈震动和摔碰。

4）一把抓

一把抓专门用来打捞井底不规则的小件落物，如钢球、阀座、螺栓、螺母、刮蜡片、钳牙、扳手、胶皮等。

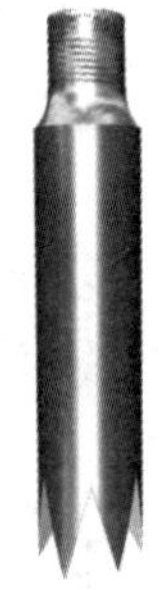

图 6-20　一把抓

一把抓由上接头与筒身焊接而成，如图 6-20 所示。

一把抓的技术规范见表 6-20。

表 6-20　一把抓技术规范

套管尺寸/mm	ϕ114.30	ϕ127.00	ϕ139.70	ϕ146.05	ϕ168.28	ϕ177.80
外径/mm	95	89～108	108～114	114～130	120～140	146～152
齿数/个	6	6～8	6～8	6～8	8～10	8～10

一把抓的工作原理：一把抓下到井底后，将井底落鱼罩入抓齿之内或抓齿缝隙之间，依靠钻具重力所产生的压力将各抓齿压弯变形，再旋转钻具，将已压弯变形的抓齿按其旋转方向形成螺旋状齿形，落鱼被抱紧或卡死而被捞获。

一把抓打捞操作方法：

（1）工具下至落物以上 1～2 m 处，开泵洗井，将落鱼上部沉砂冲净后停泵。

（2）下放钻具，当指重表略有显示时，核对方入，上提钻具并旋转一个角度后再下放，找出最大方入。

（3）在最大方入处下放钻具，加钻压 20～30 kN，转动钻具 3～4 圈，待指重表悬重恢复后，再加压 10 kN 左右，转动钻具 5～7 圈。

（4）将钻具提离井底，转动钻具使其离开旋转位置，再下放加压 20～30 kN，将变形抓齿顿死，即可提钻。

一把抓打捞操作注意事项：

起钻时应轻提轻放，不允许敲打钻具，以免因卡取不牢而使落鱼重新落井。

5）老虎嘴

老虎嘴是一种由内、外捞钩结合的变种工具，具有结构简单、加工容易、打捞范围广、效率高等特点，可以打捞各种井下悬浮物、碎块胶皮、盘根、电缆包皮和录井钢丝、电缆、刮蜡片及其他短节、接箍等落物。

老虎嘴由上接头及钩体组成，如图 6-21 所示。上接头上部为钻杆螺纹（油管扣），同钻柱相连，下部与钩体用螺纹上紧后焊接。钩体由厚壁管用气焊切割成形，并在内腔上焊接一定数量的钩钉，其主要结构有嘴腔、唇钩、虎牙和虎口等。嘴腔有 2～4 个不等，视具体的落鱼与井况而定，嘴腔上按先短后长的顺序焊接唇钩，形成钩尖朝上的倒刺钩，并焊有 2～4 对虎牙，每对虎牙上下相对错开，且从上至下逐渐加宽，最上部 1～2 排的牙尖应超过中心线，以增加打捞效果。

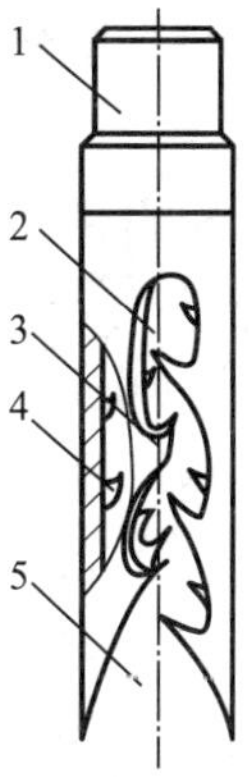

图 6-21　老虎嘴

1—上接头；2—嘴腔；3—唇钩；4—虎牙；5—虎口

老虎嘴的技术规范见表 6-21。

表 6-21　老虎嘴的技术规范

规格型号	外型尺寸/（mm×mm）	接头代号	使用规范及性能参数	
			嘴腔数 / 个	虎牙对数 / 对
HZ92	ϕ92×650	NC26（2A210）	2	2
HZ100	ϕ100×650	2⅞ REG（230）	2	2
HZ114	ϕ114×700	NC31（210）	3	3

老虎嘴的工作原理：

（1）钩捞作用。当井下绳类落物进入虎口之后，既能被嘴腔上的虎牙钩住，又能被腔内的唇钩钩住，在双重钩的作用下，落物被牢牢钩住，加上虎牙的互相交错，更增加了钩捞效果。

（2）卡取作用。当短小落物进入虎口之后，各方向上的唇钩与落鱼接触，在钻压的作用下，落鱼进入嘴腔，同时嘴唇向外扩张，在嘴唇本身弹性力的作用下，唇钩将落鱼卡住而捞获。

（3）筛网作用。各种胶皮碎块、盘根碎段以及电缆包皮等落物通过反洗井被冲入嘴腔，依靠多级唇钩的阻挡与钩捞作用将其打捞出井。

老虎嘴的外形尺寸和结构形状应根据不同的井况而选用或设计加工。

老虎嘴打捞操作方法及注意事项：

（1）在地面检查虎牙、唇钩与嘴唇的唇尖是否完好尖锐，长度及咬合度是否合适，焊缝是否牢固安全，并测绘草图留查。

（2）下钻至鱼顶以上 1～2 m 处，开泵洗井。如落物为各种胶皮，可进行反洗井，洗井过程中可提放钻柱，使井底液体产生紊流搅动，将各碎块胶皮冲入嘴腔之内。

（3）下放钻柱至鱼顶，施加一定的钻压（一般不应超过 10 kN），再上提，旋转钻柱 30°～120° 下放打捞，如此操作 3～4 次后即可提钻。对于绳类落物的打捞操作，应采用与外钩打捞操作相同的慢下轻压、逐级加深、多次打捞的方法，以避免形成钢丝绳活塞卡钻。

4. 绳类落物打捞

绳类落物主要有录井钢丝、测井电缆和钢丝绳等绳类落物。现场常用的绳类落物打捞钻具组合自鱼顶向上为：打捞工具＋钻杆（油管）。

常用绳类落物打捞工具是钩类工具，主要包括内钩、外钩、内外组合钩等类型。

加工内、外钩时，应在打捞工具上加装隔杯，防止因工具下入过深，绳类落物窜到工具上端而造成卡钻。

钩类工具主要由接头、钩身、钩尖（齿），如图 6-22 所示。

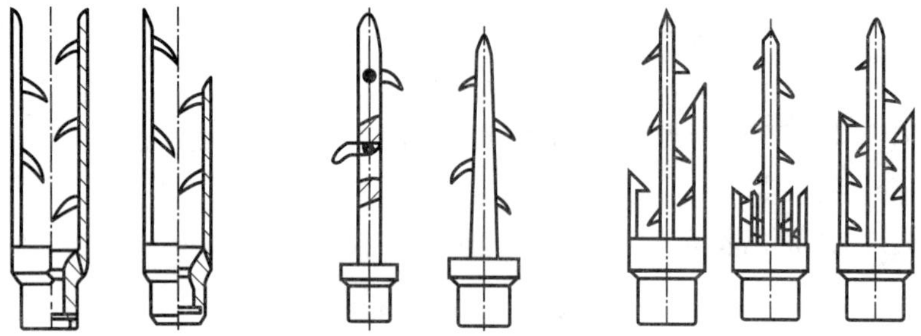

（a）内钩　（b）外钩　（c）内外组合钩

图 6-22　绳类落物打捞工具

钩类工具的工作原理：钩体插入绳、缆内，钩子挂捞住绳、缆，转动钻柱，形成缠绕，从而实现打捞。

钩类工具的技术规范见表 6-22。

表 6-22　钩类工具的技术规范

规格型号	外径/mm	接头螺纹	钩体长度及钩数 /（mm×个）
NG-114	114	NC31	1 000×2，1 000×3，1 000×4
WG-114	114	NC31	1 000×1，1 200×2
NWG-114	114	NC31	1 000×1×2，1 000×2×4

钩类工具的打捞操作方法：

（1）检查钩子各部是否牢固，活齿钩固定销钉应符合要求，无损坏，并绘制草图留查。

（2）工具下入之前应根据井内落物的具体情况初步估算出鱼顶深度。当钻具下至鱼顶以上 50 m 时，放慢速度，进行试探打捞，注意观察指重表悬重变化，如指重表悬重略有下降，应立即停止下放，上提钻具观察悬重有无增加，如无反应可以加深 1～2 m 继续打捞。如此逐步加深打捞深度，直至悬重稍有下降，转动钻柱 90°～120°，再行下放—上提—转动—下放，如此多次重复。在打捞中，若下放方入有所加深，说明已捞获落鱼，起钻。

（3）缓慢下放管柱，使钩体插入落鱼，同时转动钻柱，注意悬重下降不超过 20 kN。

（4）悬重上升，说明已钩住落鱼，否则重复插入转动，直到捞获。

钩类工具的打捞操作注意事项：

（1）上提时注意不要过快、过猛。

（2）捞钩以上必须接安全接头。

（3）为了防止因落鱼上窜而造成卡钻事故，应在接头上部加焊适当尺寸的挡环。

三、井下落物的预防

在各种各样的井下工具遇卡和井下落物中，除了由于油井产状较差造成的砂卡、蜡卡事故以外，大量的事故是由管理或操作不当而造成的井下落物，其中不乏油水井维护、改造和大修作业中造成的二次事故。因此在油水井生产管理和作业过程中，要严格管理制度和操作规程，采取以防为主的方针，尽量减少或避免人为事故，这样在油田开采和作业过程中可起到事半功倍的效果。

预防井下落物应从以下几个方面加强管理：

（1）对必须下井的工具、钻具进行认真、严格的检查，并测绘草图留查。对于不合格或有怀疑的工具、钻具，严禁下井。

（2）严格按照操作规程施工，情况不明时严禁施工。

（3）注意施工过程中的井下技术状况的变化，根据具体情况及时总结、分析，调整施工方案，以免造成事故。

（4）起下钻时须安装自封封井器，井内无钻具时应安装井口装置，关闭井口闸门。

（5）在井口操作时，使用的工具、用具应进行清理并记录。施工结束后要逐一检查，如发现工具、用具丢失，应特别登记、上报。

（6）不允许在油管和钻杆内存放任何东西，下钻时要逐根通径，以防管内存物掉入井中。

四、打捞注意事项

（1）打捞前必须处理井筒，保证打捞作业畅通无阻。

（2）落实落物型号、数量及鱼顶深度和形态。

（3）了解落物经过，分析落井后有无变形可能及井下卡、埋等情况。

（4）选择打捞工具时，必须根据落鱼形状和鱼顶形态优先选用可退式打捞工具并进行地面模拟试验，对比成功可能性并摸清损伤要点。为了提高效率，应避免走一步看一步，而要按可能发生的各种情况选择打捞工具，分别做好准备，按实际情况逐步实施。

（5）打捞作业要从最坏的可能考虑，要防止任何异物落井而造成卡钻。捞住落物遇卡时必须有脱手措施。尽可能避免使井下情况复杂化。

（6）当落物尺寸较小或套管尺寸过大时，必须保证落物不能窜到打捞工具上面而造成卡钻，若遇到这种情况，下工具时必须带引鞋或挡板以防卡钻。

（7）下井的管柱和工具必须做好详细记录，工具必须有标明尺寸的草图，发生意外时便于处理。

（8）下井工具的外表面一般不准带刃或镶焊硬质合金、敷焊钨钢粉。若有必要，其紧接的工具上部须带有大于工具外径的接箍或扶正器（铣鞋除外）。

（9）判断是否捞上落鱼的方法是：校对造扣方入；观察指重表悬重变化；对比打捞前后泵压；造扣后，上提钻具若干米再下放，观察钻具深度的变化。一般捞上落鱼后放不到原来的深度。

（10）若在处理鱼顶或打捞中需循环洗井，则选择的工具必须带有水眼，优先选用可退式打捞工具。当受条件限制选用不可退式工具时，下井管柱必须配有安全接头。工具下井前必须进行严格检查，做到规格尺寸与设计统一、强度可靠、螺纹完好、部件灵活。

（11）打捞过程中要确保油、水层不受伤害与破坏。

（12）打捞过程中不得损坏井身结构（套管与水泥环）。

技能训练

训练操作一　公锥打捞钻具操作

本次操作在 WS-3 井下作业模拟器上进行技能训练。

一、准备工作

设置高压管汇为循环状态。

二、操作步骤

（1）按 1 号钮，开始本次作业。

（2）下放钻具至距鱼顶方入线 0.5～1 m 处，刹死；开泵，调整钻井泵排量为 10～15 L/s，冲洗鱼头 10～20 min（实际井场需 10～20 min，这里虚拟设计不需等待），记录悬重和泵压。

（3）重复下放、上提钻具的操作，探鱼顶位置。观察指重表变化，若发现悬重变化，并且立管压力增加，则表明探到鱼顶位置。下放钻具至造扣方入线，刹死，停泵，系统提示开始引扣。

（4）加钻压 5～10 kN，转盘速度不超过 10 r/min，缓慢转动转盘引扣。引扣 5 圈后，刹死，停转盘，系统提示引扣完成，然后开始造扣。

（5）保持 30～40 kN 的造扣压力，缓慢转动转盘，逐渐加压造扣，加压不超过 100 kN；造扣至造扣方入线，刹死，停转盘，系统提示造扣完成。

（6）上下活动钻柱，观察指重表变化，若悬重变化较大，表明造扣方入线遇阻；若悬重稳定不变，表示已扣上落鱼。

（7）按 1 号钮，结束本次作业。

三、注意事项

（1）下探鱼顶应在鱼顶方入线与造扣方入线之间进行。

（2）应边转边放、逐渐加压，严禁一次加压过大，以免压扁鱼顶。

（3）系统设计为造扣 8 圈或完成造扣方入即为造扣成功。

训练操作二　可退式捞矛打捞操作

本次操作在 WS-3 井下作业模拟器上进行技能训练。

一、准备工作

设置高压管汇为循环状态。

二、操作步骤

(1) 按 1 号钮,开始本次作业。
(2) 开泵冲洗鱼顶。
(3) 缓慢下放可退式捞矛至落鱼内,加压不超过 50 kN,下放到底后,关泵。
(4) 刹死刹把,转盘倒转,实现打捞,关转盘,上提。
(5) 在上提过程中,如发现指重表波动转小,上下活动几次。
(6) 指重表稳定后,按 1 号钮,结束本次作业。

三、注意事项

在上提过程中,如果发现钻具遇阻,不要将大钩提到 5 m 以上,否则将导致作业异常结束。

训练操作三　滑块卡瓦打捞矛操作

本次操作在 WS-3 井下作业模拟器上进行技能训练。

一、准备工作

设置高压管汇为循环状态。

二、操作步骤

(1) 按 1 号钮,开始本次作业。
(2) 开泵冲洗鱼顶。
(3) 缓慢下放滑块卡瓦打捞矛至落鱼内,加压不超过 50 KN。
(4) 上提下放活动钻具几次。
(5) 指重表稳定后,按 1 号钮,结束本次作业。

三、注意事项

下放滑块卡瓦打捞矛至落鱼内,加压不超过 50 kN。

项目三 解卡作业

知识目标

1. 掌握卡钻的原因及类型。
2. 掌握不同解卡方法的相关知识。

能力目标

1. 掌握测卡点操作。
2. 掌握震击器解卡操作。
3. 掌握落物的磨铣操作。

工作过程知识

一、解卡作业相关知识

1. 卡钻的原因及类型

卡钻是指油水井在生产或作业过程中，由于操作不当或其他原因，造成井下管柱或井下工具被卡住，按正常操作不能上提的一种井下事故。卡钻事故会使油水井的生产不能正常进行，严重时还会使油水井报废，给油田的生产和经济造成重大的损失。卡钻事故按其形成的原因分为以下几种类型：

（1）油水井生产过程中造成的油管或井下工具被卡，如砂卡、蜡卡、垢卡等。

（2）井下作业不当造成的卡钻，如落物卡、水泥（凝固）卡、套管变形卡等。

（3）由于下入设计不当或井下工具制造质量差而造成的卡钻，如封隔器不能正常解封造成的卡钻。

2. 测卡点

一旦发生卡钻事故，切不可盲目操作，以免卡钻事故更加严重。此时应认真分析，确定卡钻事故的原因、遇卡位置及类型，及时妥善处理。确定卡点位置即测卡点，对解卡来说是一项十分重要的工作。下面先介绍测卡方法。

1）提拉测卡法

（1）检查井架、绷绳、地锚、游动系统、提升系统等部位是否完好，指重表是否灵活好用。

（2）上提管柱，当上提负荷比井内管柱悬重稍大时，停止上提，记录第一次上提拉力，记为 P_1。在与防喷器法兰上平面平齐位置的油管上做第一个标记，作为 A 点，如图 6-23 所示。

（3）继续上提管柱，当上提负荷超过第一次上提拉力50 kN时，停止上提，记录第二次上提拉力，记为P_2。在与防喷器法兰上平面平齐位置的油管上做第二个标记，作为B点。

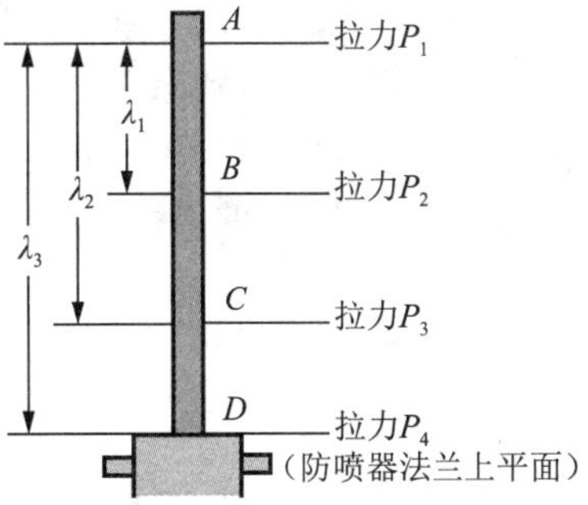

图6-23　提拉测卡法示意图

（4）用钢板尺测量标记A与标记B之间的距离，记为λ_1。

（5）继续上提管柱，当上提负荷超过第二次上提拉力50 kN时，停止上提，记录第三次上提拉力，记为P_3。在与防喷器法兰上平面平齐位置的油管上做第三个标记，作为C点。

（6）用钢板尺测量标记A与标记C之间的距离，记为λ_2。

（7）继续上提管柱，当上提负荷超过第三次上提拉力50 kN时，停止上提，记录第四次上提拉力，记为P_4。在与防喷器法兰上平面平齐位置的油管上做第四个标记，作为D点。

（8）用钢板尺测量标记A与标记D之间的距离，记为λ_3。

（9）下放管柱，卸掉提升系统负荷。

（10）计算三次上提拉伸拉力和三次平均拉伸拉力（单位为kN）：

第一次上提拉伸拉力　　$P_A = P_2 - P_1$

第二次上提拉伸拉力　　$P_B = P_3 - P_1$

第三次上提拉伸拉力　　$P_C = P_4 - P_1$

平均拉伸拉力　　$P = (P_A + P_B + P_C)/3$

（11）计算三次上提拉伸的平均油管伸长量（单位为cm）：

$$\lambda = (\lambda_1 + \lambda_2 + \lambda_3)/3$$

（12）计算卡点位置：

$$L = K\lambda/P$$

式中　L——卡点深度，m；

λ——油管平均伸长量，cm；

P——油管平均拉伸拉力，kN；

K——计算系数，可由表6-23查出。

表6-23　卡点计算系数表

管　类	直径/mm	壁厚/mm	K
钻　杆	73	9	3 800
油　管	60	5	1 800
	73	5. 5	2 450
	89	6. 5	3 750

2）测卡仪测卡法

测卡仪的工作原理：当管材在其弹性极限范围内受拉或受扭矩时，应变与受力或力矩成一定的线性关系。被卡管柱在卡点以上的部分受力时，应变符合上述关系，而卡点以下部分因力或力矩传播不到而无应变，因此，卡点位于有应变到无应变的显著变化部位。测卡仪能精确测出 2.54×10^{-3} mm 的应变值，二次仪表能准确地接收、放大且明显地将应变值显示在仪表盘上，从而测出卡点位置。

二、解卡作业

1. 砂卡

凡是由于井内砂子造成的管柱或工具卡，统称为砂卡事故，简称砂卡。砂卡的特征是管柱提不动、放不下、转不动。

1）砂卡的原因

（1）在油井生产过程中，油层砂子随油流进入套管，逐渐沉淀而使砂面上升，埋住封隔器或一部分油管；在注水过程中，由于压力不平稳，或停注过程中发生“倒流”现象，使砂子进入套管，造成砂卡。

（2）冲砂时泵的排量不足，使液体上返速度过小，不足以将砂子携带到地面上来；倒罐或接单根时间过长，砂子下沉造成砂卡。

（3）压裂时油管下得过深，含砂比过大，排量过小以及压裂后放压过猛等，均能造成砂卡。

（4）其他原因，如填砂、注水井喷水降压时喷速过大等也能造成砂卡。

2）砂卡的预防

从造成砂卡的原因来看，要避免砂卡的产生，需采取以下预防措施：

（1）对出砂较严重的生产井，要尽早采取防砂措施，或及时进行冲砂处理，防止砂埋。

（2）冲砂时泵的排量要达到规定数值，以保证能够将砂子携带出地面；倒罐或接单根时，动作要快，防止砂子下沉而造成砂卡。

（3）压裂施工作业中，要严格按照施工要求进行，避免油管下得过深、含砂比过大、排量过小及压裂后放压过猛等现象的发生。

（4）在填砂、注水井喷水降压时，要注意填砂量的确定，并要防止喷水降压过猛等。

3）砂卡的处理方法

（1）大力提拉活动解卡或快速下放冲击。

当井下管柱或工具遇卡时间不长，或遇卡不严重时，应分析遇卡原因，根据井架及设备允许负荷条件，对管柱进行大力提拉活动解卡，或快速下放冲击，使卡点脱开（井底须有口袋）。采用此方法一定要注意管柱负荷、井架及设备能力，不能盲目解卡，而且在施工前，应全面检查井架、设备、绷绳、滑轮等各部分的安全情况等，将各部分的不安全因素排除之后，方可进行施工。这种方法对于一般轻度砂卡、垢卡、蜡卡等的解卡效果较好。

（2）憋压恢复循环法解卡。

发现砂卡后，应争取时间开泵循环。如循环不起来，可采用憋压的方法，如能憋开，则卡钻即可解除，同时上下活动管柱。憋压时应注意安全，管线连接部分的丝扣、由壬应上紧，操作人员要站在安全地带，以防管柱断脱伤人。

（3）诱喷法解卡。

当地层压力较高时，可依靠地层压力诱发套管井喷，使部分砂子被油流带到地面而解卡。利用此方法时，井口控制器必须灵活、好用，以防造成无控制井喷事故。

（4）长期悬掉解卡。

当判明井下卡钻原因是胶皮膨胀、胶皮块卡钻时，可以利用胶皮受力后的蠕变性能，在井口给管柱施加一合适的拉力，使卡点处胶皮受拉，在较长的时间内产生蠕变，从而逐步解卡。在这种施工过程中，应经常观察指重表上悬重的变化，如悬重缓慢下降，则说明胶皮正在蠕变，应继续补充拉力，迫使蠕动继续，直到解卡。观察指重表变化时，要记录真实变化数值，必须排除指重表因等待漏失而产生的变化假象，可以在井口作出方入标志，如指重表下降，方入有所减少，则说明蠕动在进行，可继续提高拉力；反之，若两者不能统一，则说明是指重表管线漏失下降造成的假象。

（5）冲管解卡。

冲管解卡是靠小直径的冲管在油管内进行循环冲洗，以解除砂堵。最下面的冲管要有切口，用于捣松砂堵并防止憋泵。冲管直径的选择与油管直径有关。例如，ϕ62 mm（2½ in）油管内用 ϕ40 mm（1½ in）或 ϕ35 mm（1¼ in）冲管；如油管带有 ϕ50 mm（2 in）小口，则用 ϕ25 mm（1 in）冲管。设计冲管时，必须考虑冲管直径与油管内径的配合及冲管自身的拉力强度。在浅井内，可以下入同一直径的冲管，而在中深井中，根据计算可选择复合冲管程序，如 ϕ62 mm（2½ in）油管内可选用 ϕ25 mm（1 in），ϕ35 mm（1¼ in）及 ϕ40 mm（1½ in）的冲管，组合成多级冲管进行冲砂，或同一直径上部用拉力大、强度高的冲管，以保证冲砂过程中冲管有足够的强度。当冲管下至距砂面 5～10 m 处时，即开泵冲洗，排量一般为 12～15 m^3/h。冲管冲出油管鞋 4～5 m 后停止加深，进行长时间的冲洗，使油管外围的砂堵慢慢掉下来，从而被冲出地面。这样，可避免冲管加深后砂子突然垮下来而卡住或挤断冲管。

（6）震击解卡。

利用震击器在卡点附近造成一定频率的震击，有助于被卡管柱和工具的解卡，这种解除砂卡的方法称为震击解卡。常用的震击类工具有上击器、下击器、加速器等。

（7）倒扣套铣法。

当用以上几种方法都不能解卡时，可选用倒扣套铣法解除砂卡，即先将油管倒至被卡的砂面位置，再用套铣筒套铣出油套管环形空间中的砂子，最后用套一根、倒一根的方法将被卡管柱起出。

2. 水泥卡钻

1）水泥卡钻的原因

（1）打完水泥塞后，没有及时上提油管至预定水泥塞面以上进行反冲洗，或冲洗不干净，致使油管与套管环形空间中的多余水泥浆凝固而卡钻。

（2）采用憋压法挤水泥时没有检查上部套管是否存在破损，致使水泥浆上行至套管破损位置时返出，造成卡钻。

（3）挤注水泥时间过长或催凝剂用量过大，致使水泥浆在施工过程中凝固。

（4）井下温度过高，对水泥浆又未加处理，或井下遇到高压盐水层，使水泥浆性能变坏，致使水泥浆早期凝固。

（5）打水泥浆时由于计算错误或发生别的故障而导致油管或封隔器被固在井中。

2）水泥卡钻的预防

（1）打完水泥塞后要及时、准确地上提油管至水泥塞面以上，确保冲洗干净。

（2）憋压挤水泥前一定要检查套管是否完好。

（3）挤注水泥时要确保水泥浆在规定时间内尽快挤入，催凝剂的用量一定要适当。

（4）当井下温度较高或可能遇到高压盐水层时，一定要确保注水泥过程中不发生其他事故，万一发生其他事故而又不能及时处理，则要立即上提油管，防止油管被固住。

3）水泥卡钻的处理方法

水泥卡钻的处理可分为两种情况：一种是能够开泵循环；另一种是不能开泵循环。对可开泵循环的，可用浓度为15%的盐酸进行循环，破坏水泥环进行解卡。对不能开泵的情况，则采用如下方法解卡：

（1）倒扣套铣法。先将油管倒至被卡的水泥面，然后用套铣筒套铣出油套管环形空间中的水泥环，再用套一根、倒一根的方法将被卡管柱起出。

（2）磨铣法。当套管内径较小或被卡管柱长度较小时，可用磨鞋将被卡管柱连同水泥环磨掉。施工时，首先设法将水泥面以上的油管取出，然后用平底磨鞋或凹底磨鞋磨去管柱和水泥环。磨铣时，磨鞋上部应接扶正器。磨铣一段时间后，可用磁铁打捞器或反循环打捞篮捞净碎铁屑，然后继续磨铣。

3. 落物卡钻

1）落物卡钻的原因

落物卡钻多数是由于责任心不强或者所用工具质量差，致使小物件，如钳牙、卡瓦、井口螺丝、撬扛、扳手等从井口掉下，将井下工具（封隔器、套铣筒等）卡住。

2）落物卡钻的预防

最主要的是加强操作人员的责任心，严格执行交接班制度，起下油管或钻杆时所用工具、部件要详细检查，并做好记录。对有损坏的工具，要及时修复或更换，井口要装防掉板。油管起完后，坐上井口，关闭井口阀门等。

3）落物卡钻的处理方法

处理落物卡钻，切忌大力上提，以防卡死。一般有两种处理方法：一种是被卡管柱可转动，可以轻提慢转管柱，有可能挤碎或者拨落落物，使井下管柱解卡；另一种是轻提慢转处理不了，或者管柱转不动，可用壁钩拨正捞出落物以达到解卡的目的。

4. 封隔器卡钻

1）封隔器卡钻的原因

封隔器卡钻也是常见的卡钻事故，其卡钻原因有如下几种情况：

（1）卡瓦式封隔器的卡瓦是靠弹簧控制收笼的，而弹簧是比较容易损坏的部件，如弹簧折断、卡瓦失去控制、起封隔器时张开的卡瓦挂在套管接箍或射孔井段上等，均可能造成卡钻。

（2）有时封隔器胶皮发生破裂，上提管柱时，胶皮落到卡瓦的张开处，使卡瓦一直处于张开的状态，卡瓦便死死地卡在套管上而得不到释放，从而造成卡钻。

2）封隔器卡钻的预防

（1）要严格检查下井的封隔器，不合格的严禁下井。

（2）施工操作要按操作规程进行，切忌盲目作业。

3）封隔器卡钻的处理方法

解除封隔器卡瓦卡钻可用大力上提解卡或正转的方法，具体做法是：在钻具设备允许范围内进行大力上提和下放，必要时可将封隔器卡瓦拉断，然后把余下的部分打捞出来，从而实现解卡。若活动法不行，则先将封隔器以上的油管倒出来，再下钻杆带公锥打捞，然后正转钻具上提解卡。

对于封隔器卡瓦卡钻，还可以用震击器震击解卡，具体做法是：将封隔器以上的油管倒出，用钻杆下带震击器、加速器、安全接头、打捞工具的组合钻具打捞封隔器，捞到后使用震击器解卡。

三、解卡注意事项

（1）解卡作业前，首先要认真分析卡钻的原因和类型，制定可行的技术方案，切忌盲目作业，大力上提，导致事故复杂化。

（2）解卡作业中，操作人员必须穿戴好劳保护具，确保人身安全。

（3）解卡作业前，必须对所用设备、设施、工具、用具等进行全面检查，排除不安全因素，全部整改完成后方可施工。

（4）上提的最大负荷不得超过设备、井架及井下管柱、工具的安全负荷。

（5）解卡作业要有专人指挥，分工明确，发现问题时待卸掉井架负荷后再进行整改。

（6）指重表要灵敏准确，方便查看，并拴有保险绳。

（7）井口要安装防喷装置，防止解卡过程中发生井喷事故。

（8）憋压解卡时应注意安全，管线连接部分的丝扣、由壬应上紧，压力要平稳增加，操作人员要站在安全地带，以防管柱断脱伤人。

（9）解卡过程中要确保油水层不受伤害与破坏。

（10）解卡过程中不损坏井身结构（套管与水泥环）。

技能训练

训练操作一　测卡点操作

本次操作在 WS-3 井下作业模拟器上进行技能训练。

一、准备工作

设置高压管汇为灌浆状态。

二、操作步骤

（1）按 1 号钮，开始本次作业。

（2）上提钻具至适当位置，刹死刹把，按 6 号钮在油管上打上第一个记号。

（3）上提钻具至适当位置，刹死刹把，按 6 号钮在油管上打上第二个记号。

（4）上提钻具至适当位置，刹死刹把，按 6 号钮在油管上打上第三个记号。

（5）上提钻具至适当位置，刹死刹把，按 6 号钮在油管上打上第四个记号。

（6）利用上述数据，计算出卡点位置，按 2 号钮，屏幕上显示正确结果。

（7）按 1 号钮，结束本次作业。

三、注意事项

（1）第一次上提时，悬重增加不得超过 50 kN;
（2）第二次上提时，悬重增加不得超过 80 kN，不得小于 40 kN。
（3）第三次上提时，悬重增加不得超过 30 kN，不得小于 20 kN。
（4）第四次上提时，悬重增加不得超过 30 kN，不得小于 20 kN。
（5）屏幕上会提示第一次提升拉力，请记录。
（6）记录每次上提时的大钩位置。

训练操作二　震击器解卡操作

本次操作在 WS-3 井下作业模拟器上进行技能训练。

一、准备工作

设置高压管汇为循环状态。

二、操作步骤

（1）按 1 号钮，开始本次作业。
（2）快速上提钻具，刹死。经过一段时间后，发现震击器抖动，同时附着在钻具上的物体发生松动并减少。至此完成第一次震击。
（3）下放钻具，然后快速上提钻具，刹死。经过一段时间后，发现震击器抖动，同时附着在钻具上的物体发生松动并减少。至此完成第二次震击。
（4）下放钻具，然后快速上提钻具，刹死。经过一段时间后，发现震击器抖动，同时附着在钻具上的物体发生松动并减少。至此完成第三次震击。
（5）卡钻解除，活动钻具几次。
（6）按 1 号钮，结束本次作业。

三、注意事项

上提钻具时注意对上提速度的控制。

训练操作三　落物的磨铣操作

本次操作在 WS-3 井下作业模拟器上进行技能训练。

一、准备工作

设置高压管汇为循环状态。

二、操作步骤

（1）按 1 号钮，开始本次作业。

（2）开泵，调整洗井液排量为 20～30 L/s，开始用洗井液循环洗井；将钻具下放至距落物顶部约 0.5～1 m 处，大约大钩高度 6 m 左右，冲洗井底 10 min（实际井场需 10 min 左右，这里虚拟设计不需等待）。

（3）下放钻具到井底，低速启动转盘，控制钻压为 20 kN 左右，磨铣 20 min（实际井场需 20 min 左右，这里虚拟设计不需等待）；停转盘，停泵；上提钻柱 2 m 以上；开泵，重复步骤（3），共进行两次磨铣操作。

（4）上提钻柱 2 m 以上，再下放钻柱到底；启动转盘，控制钻压为 20～50 kN，开始循环洗井液，继续磨铣 20 min（实际井场需 20 min 左右，这里虚拟设计需等待 30 s）；观察泵压增加，转盘负荷逐渐减小（下钻到底）；刹死，停转盘，系统提示磨鞋已破损；上提钻具，准备换磨鞋。

（5）按 1 号钮，结束本次作业。

三、注意事项

（1）将磨鞋放到井底后，才能开转盘。

（2）磨铣过程的前 5 min 正常，随后需加钻压 20 kN 才能平稳磨铣。在其他压力下，均出现蹩跳。

项目四　注塞施工

知识目标

1. 掌握注水泥塞相关知识。
2. 了解注水泥塞的操作规程与质量标准。

能力目标

掌握注水泥塞施工操作。

工作过程知识

一、注水泥塞相关知识

油井水泥是指用于固井、修井、挤注等作业的硅酸盐水泥和非硅酸盐水泥。

1. 油井水泥的主要成分

（1）化学成分。

油井水泥主要由氧化钙（CaO）、二氧化硅（SiO_2）、三氧化二铝（Al_2O_3）、氧化铁（Fe_2O_3）等组成。

（2）矿物组成。

油井水泥由硅酸三钙、硅酸二钙、铝酸三钙、铁铝酸四钙四种化合物组成。这些化合物在水化时对水泥的物理性能将产生较大的影响，故称为水泥的“活性成分”。人为地控制水泥中四种活性成分的比例以及它们的细度，可有效地改变油井水泥的基本性能。

2. 油井水泥的物理性能

（1）细度。

用 4 900 孔/cm^2 的筛子处理过筛，筛余量不超过 15%。

（2）凝固时间。

按水泥质量的 50% 加水，所得水泥浆的凝固时间应符合冷井水泥或热井水泥规定的初凝时间和终凝时间。

水泥浆从调配到变稠开始凝结的这段时间称为初凝时间，从初凝到凝固硬化的这段时间称为终凝时间。整个施工作业必须保证能够在水泥初凝以前完成，一般要求在初凝时间的 70% 之内。

（3）流动度。

水泥浆要有较好的流动性。流动性好，流动阻力就小，可提高水泥浆的挤注质量。

（4）失水。

大量失水将导致水泥浆急剧稠化，流动性降低，易在井壁形成水泥饼，严重者可造成卡钻和憋泵，特别是在松软和渗透性好的地层中。低失水是优质水泥的一项重要指标。

（5）抗折强度。

水泥的抗折强度是指按水泥质量的50%加水，成型后养护48 h的抗折强度。

3. 水泥浆性能指标

1）淡水水泥浆的配制

淡水水泥浆的配制见表6-24。

表6-24 淡水水泥浆的配制参数表

水泥浆密度/($g\cdot cm^{-3}$)	干水泥用量/kg	清水用量/L	水泥浆配制量V/L
1.70	100	65.76	97.57
1.71	100	64.39	96.20
1.72	100	63.05	94.86
1.73	100	61.75	93.56
1.74	100	60.49	92.30
1.75	100	59.26	91.07
1.76	100	58.06	89.87
1.77	100	56.90	88.70
1.78	100	55.76	87.56
1.79	100	54.65	86.46
1.80	100	53.57	85.38
1.81	100	52.52	84.32
1.82	100	51.91	83.29
1.83	100	50.49	82.29
1.84	100	49.51	81.31
1.85	100	48.55	80.35
1.86	100	47.62	79.42
1.87	100	46.71	78.51
1.88	100	45.52	77.61
1.89	100	44.94	76.74
1.90	100	44.09	75.89

注：按干水泥100 kg，密度$\rho=3.15$ kg/L计算。

2）注水泥塞的用料计算

方法一

（1）淡水水泥浆密度：

$$\rho=\frac{100+e}{100/3.15+e}=\frac{100+e}{31.8+e} \tag{6-1}$$

式中 ρ——淡水水泥浆密度，kg/L；

e——清水用量，L。

（2）清水用量：

$$e=\frac{1\,000\times(1-\rho/3.15)}{\rho-1} \tag{6-2}$$

（3）水泥浆配制量：

$$V=\frac{68.3}{\rho-1} \tag{6-3}$$

式中 V——水泥浆配制量，L。

举例：现有干水泥 1 000 kg（20 袋，50 kg/ 袋），需配制密度为 1.85 kg/L 的水泥浆，其清水用量和水泥浆配制量分别为多少升才能满足要求？

解：清水用量为：

$$e=\frac{1\,000\times(1-1.85/3.15)}{1.85-1}=485.53\text{（L）}$$

水泥浆配制量为：

$$V=\frac{68.3\times1\,000}{100\times(1.85-1)}=803.53\text{（L）}$$

方法二

（1）注水泥塞干水泥用量：

$$G=\frac{V\rho_1(\rho_2-\rho)}{\rho_1-\rho} \tag{6-4}$$

式中 G——所需干水泥的总用量，kg；

V——需配水泥浆的量，L；

ρ_2——需配水泥浆的密度，kg/L；

ρ_1——干水泥的密度，一般取 3.15 kg/L；

ρ——水的密度，取 1 kg/L。

（2）清水用量：

$$Q=V-G/\rho_1 \tag{6-5}$$

式中 Q——清水用量，L。

（3）水泥浆用量：

$$V=V_o(H_1-H_2)K \tag{6-6}$$

式中 V_o——每米管柱内容积，L/m；

V——水泥浆用量，L；

H_1——注水泥塞管柱深度，m；

H_2——反洗井深度，m；

K——附加系数，一般取 1.5。

（4）顶替量：

$$V_{顶}=(H_1-V/V')V_o+V_{附} \tag{6-7}$$

式中 $V_{顶}$——顶替量，L；

V'——每米油套环空与油管内容积之和，L/m；

$V_{附}$——地面流程管线容积，一般取 200 L。

3）水泥浆性能测定

（1）水泥浆密度的测定。

水泥浆密度是在施工现场配制水泥浆过程中使用密度计直接测量得到的。

（2）水泥浆稠化时间的测定。

水泥浆稠化时间是施工前在实验室中模拟井下地层条件，用施工所用的水泥及清水测定得到的。

二、注水泥塞的操作规程与质量标准

1. 注水泥塞的操作规程

（1）压井起出井内管柱。

（2）下管柱进行预处理。

① 漏失严重的地层应先堵漏或填砂。

② 要大排量正洗井降温或脱气。

③ 井深超过 2 000 m、被封夹层小于 5 m 的井段需要对管柱进行磁性定位校正深度。

（3）注水泥塞施工。

① 按设计要求将管柱完成在注灰深度处。

② 连接施工管线，试压 25 MPa，稳压 5 min 不刺不漏为合格。

③ 按设计要求的密度调配水泥浆。

④ 按设计要求先正注前隔离液，再替水泥浆，然后替入后隔离液，最后泵入全部顶替液。

⑤ 上提管柱，将油管完成在设计灰面以上 1～2 m 处，用压井液反洗出多余灰浆。

⑥ 上提油管 100 m，坐好井口，向井筒内灌满同性能的压井液。

⑦ 关井 24～48 h（根据设计确定是否需要加压）。

⑧ 加深管柱探灰面，反复试探 3 次，每次加压 5～10 kN，确定灰面后，上提管柱至灰面以上 5 m，坐好井口，装上压力表。

⑨ 用水泥车反洗井后试压，试验压力见表 6-25。

表 6-25 水泥塞试压标准

套管规格/mm	试验压力/MPa	停泵观察时间/min	允许压降/MPa
＜127. 0	14. 0	30	＜0. 5
127. 0～168. 3	12. 0	30	
168. 3～193. 7	10. 0	30	
＞193. 7	8. 0	30	

2. 质量标准

（1）顶替水泥浆之前要保证油管和套管液面在井口。

（2）配水泥浆和隔离液的水必须与试验用水一致。

（3）顶替液量必须计量准确，以保证油套管水泥浆面平衡。

（4）候凝时井内必须稳定，油套管液面必须在井口。

（5）对于高压不稳定井或层间干扰大的井，应采取加压候凝，一般加压 3～5 MPa。

（6）候凝时间按表 6-26 中要求进行，以保证水泥塞凝固质量。

（7）水泥塞面必须达到设计要求。

（8）作业完成后套管无损坏。

（9）修井液对油层无污染。

（10）水泥塞能满足试压要求。

表 6-26　油井水泥候凝时间

水泥型号	候凝时间/h
G 级水泥	24
H 级水泥	48

三、编写施工设计

1. 收集资料

（1）施工井的套管规范、层位、射孔井段、地层渗透率、温度、压力系数、产液量、液体性能、漏失情况等。

（2）水泥性能化验资料。

2. 设计原则

（1）水泥塞厚度一般应在 10 m 以上。

（2）被封堵层顶界到水泥塞面的距离必须大于 5 m。

（3）注水泥塞后井筒口袋深度应符合地质要求。

（4）用非清水压井注水泥塞时，压井液使用前后均必须替入适量清水作为隔离液，井深超过 3 500 m 的井必须采用优质性能压井液。

3. 注水泥塞设计编写要求

编写内容、格式应符合设计要求，详见相关内容中的设计模式。

技能训练

训练操作　注水泥塞施工

一、准备工作

工具、用具及设备：400 型水泥车 2 台，15 m^3 计量罐 1 个，2 m^3 计量罐 1 个，1 m 钢板尺 1 把，计算器 1 个，密度计 1 个，氯根化验设备 1 套。

二、操作步骤

（1）将注水泥塞管柱下入井内至设计要求深度，管柱尾部为光油管。

（2）连接进出口管线，并试压。

（3）循环井内液体，检查地面系统是否工作正常。

（4）按设计要求在 2 m^3 罐内配好施工所需要的水泥浆，水泥浆应混合均匀，不得混入杂物，密度不得低于 1. 85 kg/L。

（5）正替设计规定量的水泥浆。

（6）按设计要求，用与修井液相同密度的液体将水泥浆顶替到预定位置，停泵；卸管线，拆井口；上提油管，将深度完成在预计水泥面以上 1～2 m 处；装好井口，上紧顶丝，关闭井口防喷器。

（7）接好反洗井管线，用修井液反洗井，洗出多余水泥浆。

（8）上提油管将深度完成在预计水泥面以上 100 m 处。

（9）装好井口采油树，井筒内灌满修井液，关井候凝，候凝时间按设计要求。

三、注意事项

（1）注水泥塞管线必须按标准试压，试验压力为 25 MPa，稳压 5 min 不刺不漏为合格；注水泥塞管柱必须丈量、计算准确，累计长度误差小于 0. 02%。

（2）必须保证油管挂密封盘根完好或采用悬挂式井口装置。

（3）井筒内的液体要保持中性，矿化度不能太高，否则将使水泥浆在井筒内速凝或不凝固。

（4）注水泥塞的管柱内壁要清洁，管柱和井口要密封，以保证在液体循环过程中不会出现“短路”，保证水泥浆顶替深度准确并反洗出多余的水泥浆。

（5）反洗井时，泵的排量要适当低一些，以免造成水泥塞下移。

（6）替、顶、反洗水泥浆过程中不得随意停泵。

（7）在顶替水泥浆中途，若水泥车出现故障，应立即起出井内油管。

（8）若顶替液将水泥浆顶替到预定位置，在上提油管时提升系统出现故障，则应立即反洗出全部水泥浆。

（9）从配水泥浆到开始反洗井所经历的作业时间要控制在水泥浆稠化时间的 70%之内，反洗井中途不得停泵。

项目五　侧钻开窗

知识目标

1. 掌握侧出原井眼技术。
2. 了解井眼轨迹控制技术。

能力目标

掌握侧钻开窗操作。

工作过程知识

侧斜是指通过浅层取套作业将原井内一部分套管取出，然后在原井裸眼段一定深度，利用侧斜工具按照预定的方位侧钻，避开下部井眼和套管，重新钻出新井眼，并根据设计的井眼轨迹中靶，下入新套管固井的修井技术。

侧斜工序为：起原井 → 打通道 → 打捞井下落物 → 水泥浆报废油层 → 漏点及错断口井段 → 取套 → 打侧斜水泥塞 → 侧斜定向 → 稳斜钻进 → 降斜钻进 → 完井。起原井、打通道、打捞井下落物、水泥浆报废油层、漏点及错断口井段等工序与普通修井工序相同，这里重点介绍取套、打侧斜水泥塞、侧斜定向、稳斜钻进、降斜钻进、完井等工序。

一、侧出原井眼技术

1. 取套深度的选择

侧斜井取套深度一般选择在 350～450 m，因该深度已进入泥岩段，岩性相对稳定，软硬适中，适合于螺杆钻具造斜钻进。

2. 套铣头的选择

套铣头的选择直接关系到套铣速度和一次套铣深度，目前选用的套铣头主要有两种：套铣水泥环及裸眼段选用 ϕ230 mm 复合片套铣头，该套铣头具有套铣速度快、使用寿命长的优点，但在井下遇到金属落物时复合片容易脱落；当井下遇到金属落物时，应选用 ϕ230 mm 圆弧齿套铣头，该套铣头对井下金属落物具有较好的研磨性，同时圆弧齿套铣头的铣齿呈喇叭口形状，使铣齿与套管脱离，套铣时不研磨套管，可以避免复杂情况的发生。

3. 套铣参数

经过现场实践，摸索出上述两种套铣头的套铣参数（表 6-27），在此参数下可以大大提高机械钻速，从而提高修井速度。

表 6-27　套铣参数统计表

铣　头	钻压/kN	转速/$(r \cdot min^{-1})$	黏度/s	排量/$(L \cdot s^{-1})$	机械套速/$(m \cdot h^{-1})$
ϕ230 mm 复合片套铣头	40～60	80～100	60～70	28～30	18.6
ϕ230 mm 圆弧齿套铣头	30～50	60～80	60～70	28～30	4.8

4. 切割打捞技术

根据井内情况的不同，采取不同的切割方法，以达到缩短修井周期的目的。

1）内割刀切割打捞

侧斜井在套铣以后采用可退式捞矛配合机械式内割刀进行切割和打捞，切割打捞一次完成。

2）外割刀切割打捞

在原井套管内有水泥塞的情况下，不钻水泥塞，套铣后采用外割刀进行切割，切割后将套管和水泥塞一起打捞出来，可省去钻塞的工序，缩短修井周期，降低操作人员的劳动强度。

3）提拉测卡切割打捞

实际施工中，部分井上部套管柱不受卡或轻微受卡，因此可以在不套铣或少套铣的情况下，采用提拉测卡法计算出卡点深度，若卡点深度满足施工要求，则直接在该深度范围内切割打捞，从而省去套铣的过程。

5. 侧斜支撑点

1）打水泥塞侧斜

取套后，在切割点以上打水泥塞 80～100 m，作为侧斜的支撑点。

打水泥塞要求：打水泥塞时，修井液性能必须达到固井要求，水泥浆密度在 1.87～1.95 kg/L 之间，水泥浆候凝时间为 36～48 h，这样形成的水泥石强度高，能够满足侧斜施工。

2）应用斜向器侧斜

为了减少打水泥塞工序，避免修井液钙侵，缩短修井周期，可应用斜向器进行侧斜施工。应用斜向器侧斜同打水泥塞侧斜相比，一是裸眼内不打水泥塞，可避免报废进尺，提高对原井眼的利用率；二是可节省因打水泥塞所需的水泥浆候凝时间，缩短施工周期；三是可避免打水泥塞造成的井眼污染，减少修井液的维护时间和药品的投入；四是施工完全由修井队完成，工序上具有连续性，从而优化侧斜工艺。

斜向器主要由丢手、坐键销子、导向面、锚定体和锚等五部分组成，如图 6-24 所示。

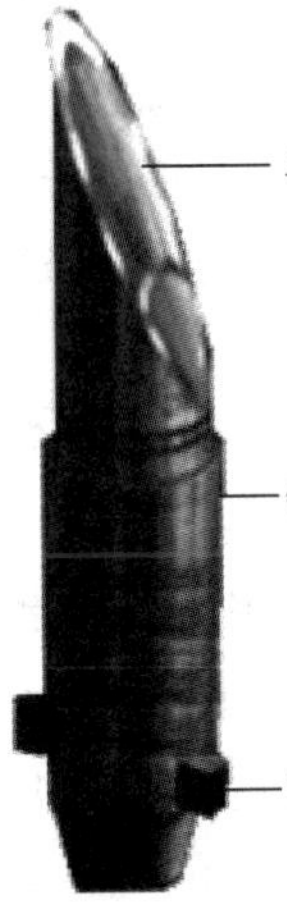

图 6-24　斜向器结构图

斜向器的工作原理：斜向器下到预定深度后，根据设计方位调整装置角，然后憋压至 3 MPa，锚定体上的锚伸出，将斜向器锚定在井壁上，继续憋压至 8 MPa，丢手管柱与斜向器脱离，完成斜向器坐封，斜向器在井眼内起到造斜支撑和导向的作用。

侧斜井浅层取套后，打水泥塞或下斜向器作为造斜的支撑点，下造斜钻具，在 50 m 内侧出原井眼，保证新井眼与原井眼具有一定的距离，防止新老井眼窜通及钻回老井眼事故的发生；如果 50 m 以内侧不出原井眼，则将失去造斜支撑点。

二、井眼轨迹控制技术

1. 侧斜井井身剖面设计

侧斜井井眼轨迹控制：最大井斜角 3° 以内，方位为设计方位 $\pm\beta$（设计方位可变化区间），井底水平位移 30 m 以内。

根据侧斜井井身质量的特殊要求，井身剖面设计采用特殊方法，即直井段—造斜段—稳斜段—降斜段—稳斜段。

2. 侧斜方位设计原则

侧斜方位除考虑井排方向、断层位置、井网关系外，在防碰方面应考虑以下三个因素：

（1）设计侧斜方位选择与地层倾向相一致的方位。

（2）侧斜井方位设计必须避开原井眼轨迹以防相碰。

（3）侧斜方向线与测斜点以下的井眼轨迹线不能相交。

利用计算机绘出同井场每口井井眼轨迹的水平位移变化，绘成“侧斜井方位设计分析图”，以便直观准确地表示各井井眼轨迹的变化情况及相对关系。

3. 实钻井眼轨迹控制

（1）直井段。

按深度要求取出上部套管，修整井壁，确保直井段井眼畅通，为下步侧斜施工和井眼轨迹控制提供有利条件。

（2）造斜段。

井下动力钻具采用螺杆和 1. 50 弯接头[造斜率为 60°/（100 m）]，按照设计方位造斜钻进。

钻柱结构：ϕ215 mm 牙轮＋螺杆钻具＋ 1. 50 弯接头＋无磁钻铤＋ ϕ159 mm 钻铤 ×2 根＋ ϕ127 mm 钻杆。

造斜参数：钻压 30～60 kN，排量 20～25 L/s，泵压 7～9 MPa。

当测量井斜角为 2°～3° 且钻速均匀时，表明已侧出原井眼，起钻换稳斜钻具。

（3）稳斜段。

采用 ϕ215 mm 牙轮钻头配合双钟摆钻具组合。

钻柱结构：ϕ215 mm 牙轮钻头＋ ϕ159 mm 钻铤 ×2 根＋ ϕ198 mm 螺扶＋ ϕ159 mm 钻铤 ×1 根＋ ϕ198 mm 螺扶＋ ϕ159 mm 钻铤 ×11 根＋ ϕ127 mm 钻杆。

稳斜参数：钻压 100～120 kN，排量 25～30 L/s，泵压 12～14 MPa。

每钻进 50 m 进行单点测斜，根据测量数据进行计算并作图分析，及时调整钻进参数，使实钻井眼轨迹符合设计要求。当井底闭合距达到 10～15 m 时稳斜结束。

（4）降斜、稳斜段。

一般钻到 500～600 m 起钻换 ϕ215 mm PDC 钻头，配合原双钟摆钻具降斜钻进。

钻柱结构：ϕ215 mm PDC 钻头＋ ϕ159 mm 钻铤 ×2 根＋ ϕ198 mm 螺扶＋ ϕ159 mm 钻铤 ×1 根＋ ϕ198 mm 螺扶＋ ϕ159 mm 钻铤 ×11 根＋ ϕ127 mm 钻杆。

降斜参数：钻压 40～60 kN，排量 25～30 L/s，泵压 12～14 MPa。

该钻具降斜率为 10°/（100 m），每钻进 50 m 进行单点测斜并跟踪计算，当井斜角降到能够满足目的层水平位移小于 30 m 时，将钻压加至 100～120 kN，进入稳斜段，钻进至完钻。

技能训练

训练操作　开窗侧钻操作

本次操作在 WS-3 井下作业模拟器上进行技能训练。

一、准备工作

设置高压管汇为循环状态。

二、操作步骤

（1）按 1 号钮，开始本次作业。

（2）利用送斜器将定斜器送入未凝固的水泥浆中，需要将定斜器送至大钩高度 4.07～4.09 m 之间，按 2 号钮剪断销钉。

（3）上提送斜器至大钩高度 10 m 以上，按 3 号钮将送斜器换成洗锥，准备开窗。

（4）下放洗锥至定斜器上方，开泵，开转盘，控制刹把，开始开窗。

（5）开窗完成后，关转盘，关泵，上提洗锥至大钩高度 10 m 以上，按 4 号钮将洗锥换成水力钻头，准备侧钻。

（6）下放钻头至定斜器上方，开泵，开转盘，控制刹把，开始侧钻。

（7）钻进一段时间后，系统提示“侧钻完成”。

（8）按 1 号钮，结束本次作业。

三、注意事项

在下放洗锥、钻头钻进过程中，应控制好刹把，缓慢下降。

思考题

1. 套损的类型及原因有哪些？
2. 检测套管损坏的主要方法有哪些？
3. 铅模适用的范围及打印操作的注意事项是什么？
4. 落物分类及打捞落物的基本原则是什么？
5. 简述公锥的适用范围、结构、工作原理、操作方法及注意事项。
6. 简述滑块卡瓦打捞矛的适用范围、结构、工作原理、操作方法及注意事项。
7. 简述可退式卡瓦捞矛的适用范围、结构、工作原理、操作方法及注意事项。
8. 简述不可退卡瓦捞筒的适用范围、结构、工作原理、操作方法及注意事项。
9. 简述篮式卡瓦捞筒的适用范围、结构、工作原理、操作方法及注意事项。

10. 简述开窗打捞筒的适用范围、结构、工作原理、操作方法及注意事项。
11. 简述一把抓的适用范围、结构、工作原理、操作方法及注意事项。
12. 简述活页式抽油杆打捞筒的适用范围、结构、工作原理、操作方法及注意事项。
13. 简述三球打捞器的适用范围、结构、工作原理、操作方法及注意事项。
14. 简述局部反循环打捞篮的适用范围、结构、工作原理、操作方法及注意事项。
15. 简述磁力打捞器的适用范围、结构、工作原理、操作方法及注意事项。
16. 简述外钩的适用范围、结构、工作原理、操作方法及注意事项。
17. 解除砂卡的方法有哪几种?
18. 封隔器卡钻的原因及解除方法是什么?
19. 打捞、解卡的注意事项是什么?
20. 试述注水泥塞从施工准备到试压的全过程及质量要求。

学习情境七

修井安全认知

学习情境描述

安全生产是企业管理中的一个基本原则，它要求企业的各级领导在生产及建设中把安全和生产看成一个统一的整体，要树立“生产必须安全，安全促进生产”的指导思想，必须认真贯彻“安全第一，预防为主”的方针，并落到实处，确保各项生产和建设工作能顺利完成。

本学习情境包括安全环保和安全防护两部分内容，要求掌握石油生产过程中的不安全因素、井下作业的有关安全规定及相关的环保知识，掌握对有毒有害气体、伤害事故的防护措施和井下作业过程风险识别、危害与控制措施。

项目一　安全环保

知识目标

1. 了解石油生产过程中的不安全因素。
2. 掌握防火防爆知识。
3. 掌握有毒有害气体防护。

能力目标

1. 掌握干粉灭火器的使用操作。
2. 掌握硫化氢检测仪的使用操作。
3. 掌握二氧化硫检测仪的使用操作。
4. 掌握正压式呼吸机的使用操作。

工作过程知识

一、石油生产过程中的不安全因素

1. 人的因素

在石油生产过程中的不安全因素中，人的因素是最重要的。一方面，只要人在思想上重视安全生产，而且技术上又过硬，就有可能把事故消除于萌芽之中；另一方面，即使发生了事故，但由于处理事故的人在思想上和技术上都有所准备，则也有可能无伤亡、无损坏地将事故排除或将事故造成的损失降到最低。但是，如果操作人员工作马虎大意，技术上似懂非懂，以至于视而不见，听之任之，或处理不当，则不仅小问题会酿成大事故，而且本来有可能排除的事故也不能排除。具体来讲，人的不安全因素可归纳为以下三个方面：

1）思想意识方面

（1）认识不到“安全第一”在生产中的重大意义，表现为盲目追求产量，或只顾生产，不顾安全。

（2）缺乏责任感和献身精神，表现为只顾个人，忽视周围其他人及群体的安全。

（3）盲目乐观，表现为错误认为过去没有发生过的事故，今后也不可能发生。

（4）认为安全工作可有可无。

（5）自以为是，表现为随意违反操作规程，违章指挥或违反劳动纪律。

2）技术方面

（1）技术不熟练，对有关安全生产制度不熟悉，表现为不能及时发现事故隐患，甚至误操作。

（2）缺乏处理事故的经验，表现为一旦发生事故则手忙脚乱，不知应怎样正确地排除事故。

（3）设计上或施工中出现技术性错误，表现为给生产留下隐患。

（4）检查或检修中出现技术性错误，表现为不能及时发现并排除隐患，甚至造成新的隐患。

（5）不相信科学，表现为遇事蛮干，不加思考。

3）心理和生理方面

（1）过度疲劳或带病上岗，表现为精神不能集中，反应迟钝。

（2）醉酒上岗，表现为大脑失去控制能力，往往会出现下意识行为。

（3）情绪波动和逆反心理，表现为该管的不管，甚至有意违反操作规程。

上述属于人的不安全因素，对于各个产业部门来说虽然是共同的，但应该看到，石油工业生产的特殊性决定了其事故的多发性及后果的严重性，而事故的最后触发往往是人的错误行为，事故能否及时排除或得到控制的决定性因素也是人。

2. 物的因素

产品、原料与材料、机器设备与附件、仪器与仪表、电器设施及工具等所包含的不安全因素都属于物的因素。具体包括以下六个方面的内容：

1）产品

石油工业的主要产品是原油和天然气，它们具有易燃、易爆、易聚积静电、易蒸发或泄漏、有毒性及腐蚀性等特点。石油产品的这些特点给石油生产带来极大的不安全性。

2）原料与材料

石油工业生产中所需的原料主要是从油气井中采出的、未经初步加工的原油和天然气，一级工业用燃料、材料主要是建材及各种金属材料。在建材中，水泥会产生粉尘危害，木材则是易燃品，金属材料中的黑色金属材料易因腐蚀而影响其机械性能。此外，在石油工业生产中还需要其他各种各样的原料，其中如炸药、放射性元素及某些化学剂等都属于危险品，可以造成事故或危及人身健康。

3）机器设备及附件

石油工业生产中使用的机器与设备多数是重型或大容量的，而且在重载、高速、高压、高温或低温等条件下运行，同时机器与设备的机械化、自动化程度也都比较高。

4）仪器与仪表

仪器与仪表是工业生产中的眼睛。在现代化石油工业生产中，由于自动化、密封化及连续化生产的程度较高，因此，仪器与仪表在生产过程中的作用十分重要，而且使用的品种及数量也相当多。

5）电器设施

在石油工业生产中，原料及产品的特殊性决定了油、气可能泄漏、聚积的场所，包括电动机、变压器、供电线路、各种调整控制设备、电气仪表、照明灯具及其他电气设备等电气设施。在上述场所中，电气设施应与生产场所隔离，不能隔离的，则必须使用具有防爆性能的电气设施。

6）工具

这是一个易被人忽视的问题，但对石油工业来说，对工具的一些特殊要求绝对不能忽视。例如，在油、气可能泄漏、聚积的场所中，不允许使用钢制手锤和斧头，或镀铬层脱落的扳手，以防止碰击时产生火花；不允许使用不防爆的手电筒及其他不防爆的手持灯具，以防灯泡破裂时灯丝产生电弧等。

3. 环境因素

这里所指的环境包括具体工作场所内的小环境及工作场所周围的大环境，即包括地理及气候条件在内的自然环境。油气处理与初步加工以及储存与分配等生产过程都是在固定的工作场所中进行的，对其产生主要影响的环境是工作场所范围之内的小环境；其他如勘探、钻井、试油、采油、井下作业、油气集输及工程施工等，都属于野外作业，小环境及大环境同时对其工作产生影响。

4. 自然因素

1）地理条件的影响

地势过低易被水淹，地势过高易被雷电袭击；沿海台风、大风多，个别处于地震多发区，凡此种种都属于不安全因素。

2）气候条件的影响

气温过低时，人的动作会变得不灵活，服装也比较臃肿，易于发生误操作或摔伤等事故，这在修井机及其他高空作业中尤为突出；气温过高时，不仅会使人产生烦躁情绪或中暑，而且由于衣服单薄、身体多汗，也易于造成碰伤、灼伤及触电事故。其他如台风、冰雹、寒潮等自然灾害，都可能成为事故的触发性因素。

综上可以看出，石油工业的特点决定了其生产过程中事故的多发性，同时也确定了安全生产及劳动保护工作在石油工业生产中的重要地位。

二、防火防爆知识

防火防爆是一门涉及多种工程技术科学的综合技术，其范围较广，技术复杂。

1. 基础知识

1）燃烧的概念与类型

燃烧是可燃物质与氧和氧化剂化合时发生的一种伴有放热和发光的激烈氧化反应。由于可燃物质可以是气体、液体或固体，所以燃烧的形式是多种多样的。

（1）闪燃：可燃液体的表面有一定量的蒸气存在，蒸气浓度取决于液体温度。可燃液体的蒸气与空气所组成的混合物遇明火时发生闪燃。引起闪燃的最低温度称为闪点。闪燃不能使液体燃烧，原因是在闪点温度下，液体蒸发慢，可燃液体蒸气与空气的混合物瞬间燃尽。

（2）自燃：可燃物在没有外部火花或火焰的条件下能自动引燃和继续燃烧。能自动引燃的最低温度称为自燃点。

（3）燃烧（着火）：可燃物在空气中受火源的作用而发生持续燃烧的现象。

2）燃烧的条件

燃烧时必须具备三个条件，缺一不可。

（1）有可燃物质存在。

（2）有助燃物（如空气、氧气等）存在。

（3）有火源（如撞击、摩擦、明火、静电、雷击等）存在。

3）爆炸的概念和类型

爆炸是物质发生非常迅速的物理或化学变化的一种形式。这种变化在瞬间放出大量能量，使周围压力发生急剧突变，同时产生巨大声响。爆炸也可视为气体或蒸气在瞬间剧烈膨胀的现象。爆炸传播速度为每秒 10 cm～7 000 cm。

爆炸可分为物理性爆炸和化学性爆炸。

（1）物理性爆炸：物质因状态或压力发生突变等物理变化而引起的爆炸。物理性爆炸前后物质的性质和化学成分不变。例如，锅炉爆炸、压力容器爆炸、液化石油气超压爆炸都是物理性爆炸。

（2）化学性爆炸：由于物质发生极迅速的化学反应，产生高温、高压而引起的爆炸。化学爆炸前后物质的性质和化学成分发生了根本的变化。例如，炸药爆炸、天然气爆炸均属化学性爆炸。化学性爆炸比物理性爆炸危害性大。

2. 防火防爆措施

石油工业生产的产品主要是原油、天然气以及石油液化气和少量的天然汽油。这些产品具有易燃、易爆、易蒸发和易于聚积静电等特点。液体产品蒸发或气体产品蒸发并与空气混合到一定的比例范围之内即形成可爆性气体，若遇明火，则会立即爆炸，从而造成极大的破坏。

针对石油生产的特点，重点要做好防火、防爆、防静电、防蒸发及泄露、防中毒与防腐蚀等工作。

1）设计方面要做到总体布局合理

（1）厂址布局要选在火源的上风侧。

（2）厂、站、库之间要有一定的防火距离。

（3）要有消防公路和交通道路及围墙。

（4）与油气厂站无关的油气管道及电力、通信线路不得穿越或跨越厂房。

（5）与闹市区、家属区要有一定的安全距离。

（6）要考虑防雷、防静电。

（7）选用专用容器及加热炉。

2）施工注意事项

（1）工艺管线要采用密闭流程，尽量减少外泄开口。

（2）井场布置合理，各设备之间要有一定的安全距离，便于管理和操作。

（3）厂房建筑要符合防火、防爆等级要求，有足够的防爆空间，并采用非燃烧材料。

（4）电器设备一定要防爆。

（5）尽量采取自动仪表进行控制管理。

3）管理注意事项

（1）一定要按操作规程操作。

（2）严格执行各项安全制度和操作规程。

（3）井场一定要做到“三清、四无、五不漏”，“三清”指厂区清洁、厂房清洁、设备清洁；

“四无”指无杂物、无油污、无黑烟、无乱倒垃圾；“五不漏”指不漏水、不漏电、不漏风、不漏气、不漏油。

（4）作业施工中严禁动用明火，必要时要按动火审批手续办理动火报告后方能施工。

（5）不得随意改造工艺管网和设备，更不能随便使用代用材料，必要时需逐级上报审批。

（6）地处草原和苇塘中要按规定打出防火道。

（7）要加强对职工的安全生产教育。

3. 灭火的基本措施、方法及消防器材的使用

发生火灾时除了及时报 119 火警外，还要做到会灭火。

1）灭火的四项基本措施

（1）控制可燃物。

（2）隔绝空气。

（3）消除火源。

（4）阻止火势蔓延。

2）灭火的四种方法

（1）冷却法：将灭火剂直接喷射到燃烧物体上，使燃烧物的温度降到燃点以下而停止燃烧；或者将灭火剂喷洒到火源附近的物体上，使其不受火焰辐射热的威胁，避免形成新的着火点。最常见的就是利用清水灭火，此外还有二氧化碳冷却降温灭火。

（2）隔离法：将火源处与周围的可燃物质隔离，使火焰没有燃烧物质而熄灭。例如，将火源附近的可燃、易燃、易爆和助燃物品撤走，有时也可拆除与火源相连的建筑物而使燃烧中断。

（3）窒息法：阻止空气流入燃烧区或用不燃烧物质冲淡空气，使燃烧物质得不到足够的氧气而熄灭，如用不燃或难燃物捂住燃烧区，或在燃烧区上撒土和砂子，或用湿毛毡覆盖火源。

（4）抑制法（中断化学反应法）：使灭火剂参与到燃烧反应过程中，使燃烧过程中产生的游离烃消失，形成稳定分子或低活性的游离烃，从而使燃烧的化学反应中断，停止燃烧。

3）常见灭火器的使用

（1）泡沫灭火器。

泡沫灭火器适用于工矿企业的物质仓库和公共场所，用于汽油、煤油、柴油、木材等液体和固体物质的初期灭火。这种灭火器通过泡沫液与水和空气混合后产生泡沫灭火，它能使燃烧物质表面冷却，降低燃烧物质表面温度，从而起到灭火作用。

使用方法：到火场后将灭火器颠倒过来，对准燃烧物喷射泡沫。在扑救容器内液体火灾时，要将泡沫喷射到容器壁上，避免直接射到液体上而扩大着火范围。

（2）二氧化碳灭火器。

二氧化碳灭火器利用内部充装的液态二氧化碳蒸气压将二氧化碳喷出灭火。由于二氧化碳灭火剂具有灭火不留痕迹，并有电绝缘性能的特点，因此用于 6 000 V 以下电器、贵重设备、图书资料、仪器仪表等场所的初期灭火。

使用方法：将二氧化碳灭火器提到火场后，拔出保险销，一手握住喇叭口根部的手柄，另一只手紧握启闭阀的压把，喷出二氧化碳进行灭火。使用时不能用手直接抓住喇叭口以免将手冻伤。

（3）1211 灭火器。

凡内部充入卤代烷灭火剂的灭火器统称为卤代烷灭火器，1211 灭火器是其中的一种，主要用于易燃、可燃液体、气体及带电设备的初期灭火，也能对固体（如竹、木、纸、织物等）表面的初期火灾进行扑救，尤其适用于扑救精密仪器、计算机、珍贵文物及贵重物资仓库等的初期火灾。

使用方法：将 1211 灭火器提到现场后，拔出保险销，握住喷射软管，对准火场灭火。1211 灭火器不能倒置或横卧，否则灭火剂不会喷出。

（4）干粉灭火器。

干粉灭火器（见图 7-1）以液态二氧化碳或氮气作为动力将灭火器内干粉灭火剂喷出进行灭火。它适用于扑救石油及其产品、可燃液体、可燃气体、可燃固体的初期火灾和电器设备的初期火灾。

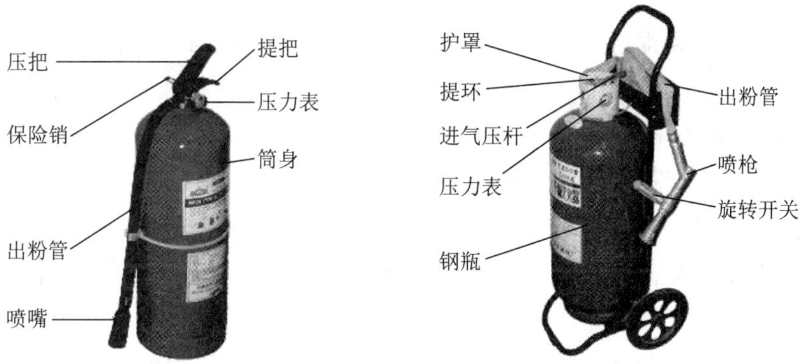

图 7-1　干粉灭火器示意图

使用方法：使用干粉灭火器灭火时，可在距燃烧处 5 m 左右放下灭火器。如在室外，应选择在上风方向喷射。使用的干粉灭火器若是外挂储气瓶式的，操作人员应一手紧握喷射软管前端的喷嘴根部，另一手提起储气瓶上的开启提环。如果储气瓶的开启是手轮式的，则按逆时针方向旋开，并旋到最高位置，随即提起灭火器。当干粉喷出后，迅速对准火焰根部喷射。当使用的干粉灭火器是内置储气瓶式的或储压式的，操作人员应先将开启把上的保险销拔下，然后握住喷射软管前端喷嘴根部，另一手将开启压把压下，打开灭火器进行喷射灭火。对于有喷射软管的灭火器或储压式灭火器，使用时应始终压下压把，不能放开，否则会中断喷射。

干粉灭火器扑救易燃液体火灾时，应对准火焰根部扫射，如被扑救的液体火灾呈流淌燃烧，应对准火焰根部，边移动边左右扫射，直至将火焰全部扑灭。如果可燃液体在容器内燃烧，应对准火焰根部左右晃动扫射，使喷射出的干粉流覆盖整个容器开口表面；当火焰被赶出容器时，仍应继续喷射，直至将火焰全部扑灭。在扑救容器内可燃液体火灾时，应注意不能将喷嘴直接对准液面喷射，防止喷流的冲击力使可燃液体溅出而扩大火势，导致灭火困难。如果易燃液体在金属容器中燃烧时间过长，容器的壁温已高于被扑救可燃液体的自燃点，此时极易造成灭火后再复燃的现象，若与泡沫类灭火器联用，则灭火效果更佳。

4. 发生火灾后的应急程序及措施

（1）生产现场发生初期火灾，先打火警电话报警。

（2）若所发生火灾没有涉及易燃、易爆区，无人员伤亡且现场有自救能力，车组应急小组应立即启动三级应急行动，同时迅速向公司应急办公室汇报，切断井场的电源、火源，隔离易燃物，将无关人员送到安全地带，划分危险区域，进行自救。

（3）若所发生火灾涉及易燃、易爆区，消防设施基本完好，有人员伤亡，车组应急小组应按二级应急预案组织灭火自救，迅速向处应急办公室汇报。

（4）在消防队到达现场之前，现场救火人员要服从现场最高安全负责人的统一指挥。

（5）一级应急行动应按勘探局应急办公室的指令执行。

（6）冷却灭火。向火焰中喷入水等吸热量大的物质，将反应热除去。

（7）稀释灭火。注水或液氮、二氧化碳等物质，降低燃烧系统中可燃物质或助燃物质的浓度，抑制燃烧反应。

（8）断源灭火。关阀断气（电），切断流向火源的可燃气体，使燃烧终止。

（9）灭火剂灭火。使用干粉、卤代烷等灭火剂灭火。

（10）堵漏灭火。用湿棉被、湿麻袋、湿布、湿棉毡或黏土等封住火口，隔绝空气，使火熄灭。

（11）不得在危险区敲打铁器，防止产生火花。

（12）当发现有爆炸预兆时，应迅速组织全体人员撤离。

5. 发生烧（烫）伤后的急救措施

（1）找出烧（烫）伤的原因，脱离致伤源。不同的原因应采取不同的措施，切忌奔跑，切勿呼喊。

（2）保护创面。将创面用清洁的被单或衣服包扎，避免污染和再次损伤。

（3）有呼吸心跳骤停者，应在现场立即进行胸外心脏按压和人工呼吸，或一边抢救一边送往医院。

（4）镇静止痛。轻者口服止痛片，重者肌注止痛针。

（5）创面出血者立即止血，骨折者给予简单固定。

（6）路途转运超过 1 h 的，应给予口服盐水，途中伤员应和汽车行驶方向垂直。

三、有毒有害气体防护

1. 防硫化氢中毒

1）硫化氢的性质

硫化氢气体是一种有毒、无色的气体，在低浓度下有臭鸡蛋气味，味甜。其浓度为 0. 1 ppm [1 ppm = 1. 537 mg（H_2S）/m^3] 时就能闻到；浓度大于 150 ppm 时，可在 15 s 内使人嗅觉麻痹，反而不易闻到。硫化氢可溶于酒精、石油溶剂和原油中。由于硫化氢比空气重，所以容易在地势低洼的区域聚集，且不容易扩散。

2）中毒症状

急性硫化氢中毒一般发病迅速，出现以脑或呼吸系统损害为主的临床表现，亦可伴有心脏等器官功能障碍，中毒症状可因接触硫化氢的浓度等因素不同而有明显差异。

（1）中枢神经系统损害最为常见。

① 接触较高浓度硫化氢后，可出现头痛、头晕、乏力、轻度意识障碍，也会出现眼和上呼吸道刺激症状。

② 接触高浓度硫化氢后，以脑病表现最为显著，出现头痛、头晕、激动、步态蹒跚、烦躁、意识模糊、癫痫样抽搐，可呈全身性强直痉挛发作等，还可突然发生昏迷，也可发生呼吸困难或呼吸停止后停止心跳。眼底检查可见个别病例有视神经乳头水肿。部分病例可同时伴有肺水肿。脑病症状通常比呼吸道症状出现的早，这可能是因为发生黏膜刺激作用需要一定时间。

③ 接触极高浓度硫化氢后，可发生电击样死亡，即在接触后数秒或数分钟内呼吸骤停，数分钟后可发生心跳停止，也可立即或在数分钟内昏迷，并且呼吸骤停而死亡。死亡可在无警觉的情况下发生，当察觉到硫化氢气味时立即丧失嗅觉，少数病例在昏迷前瞬间可嗅到令人作呕的甜味。死亡前一般无先兆症状，可先出现呼吸深而快，随之呼吸骤停。

（2）呼吸系统损害。

可出现化学性支气管炎、肺炎、肺水肿、急性呼吸窘迫综合症等。少数中毒病例以肺水肿的临床表现为主，而神经系统症状较轻。可伴有眼结膜炎、角膜炎症状。

（3）心肌损害。

在中毒病程中，部分病例可发生心悸、气急、胸闷或心绞痛症状；少数病例在昏迷恢复、中毒症状好转一周后发生心肌梗塞表现。心电图呈急性心肌死图形，但可很快消失。心肌损害病情较轻，病程较短，愈后良好。

3）急救

由于硫化氢含量高而导致中毒者停止呼吸和心跳时，如果不立即采取措施进行抢救，帮助中毒者恢复呼吸和心跳，中毒者不会自动恢复呼吸和心跳，而将会在短时间内死亡。因此，必须采取正确方法对中毒者实施抢救。

（1）硫化氢中毒的早期抢救措施。

① 进入毒气区抢救中毒人员之前，抢救人员应先戴上防毒面具，否则，抢救人员也会成为中毒者。

② 立即将中毒者从硫化氢分布的现场抬到空气新鲜的地方。

③ 如果中毒者已经停止呼吸和心跳，应立即不停地进行人工呼吸和胸外心脏按压，直至呼吸和心跳恢复或医生到达，有条件的可使用恢复正常呼吸器代替人工呼吸。

④ 如果中毒者没有停止呼吸，则保持中毒者处于休息状态，有条件的可给予吸氧。在医生未到时或进行抢救的过程中，应注意保持中毒者的体温。

（2）护理注意事项。

① 在中毒者心跳停止之前，若将其转移到新鲜空气区能立即恢复呼吸正常，则可认为已迅速恢复正常。

② 当呼吸和心跳完全恢复后，可给中毒者服用兴奋类饮料，如浓茶或咖啡，并且要有专人护理。

③ 如果眼睛受到轻度损害，可用干净的水彻底清洗，也可进行冷敷。

④ 在轻微中毒的情况下，中毒人员没有完全失去知觉，经短暂休息恢复后，应再休息 1～2 d 方可继续工作。

⑤ 在医生证明中毒者已恢复健康，可返回工作岗位之前，应对中毒者进行医疗监护。

⑥ 可能接触硫化氢毒气的工作人员都要掌握心肺复苏法（人工呼吸和心脏胸外按压法），并经常进行演练。

4）硫化氢气体检测

井下作业现场一般常用便携式复合气体检测报警仪（见图 7-2），它是采用控制电位电解法原理设计的一种优质微型监测报警设备，具有声光报警功能和硫化氢、一氧化碳、氧气、可燃气体浓度显示功能。该仪器具有灵敏度高、感应快、体积小、重量轻等特点。

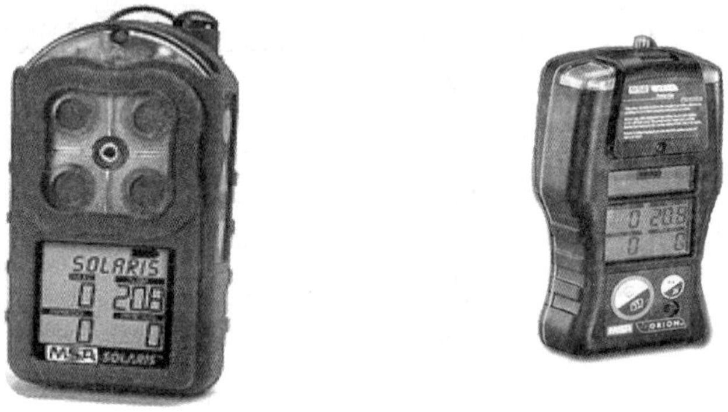

图 7-2　便携式复合气体检测报警仪示意图

该产品适用的环境条件为：环境温度，-20～55 ℃；海拔，0～3 000 m；空气中含有 5%以下沙土的风沙天气；空气相对湿度不大于 95%。

（1）在工作场所的空气中，硫化氢允许的最高浓度为 6. 7 ppm；在含硫化氢区域或危险场所，应配带便携式硫化氢监测仪，用以监测工作区域硫化氢浓度的变化。

（2）硫化氢监测仪的第Ⅰ级报警阈值应设置为 10 ppm，达到此浓度时启动报警，应采取相应的应急措施；第Ⅱ级报警阈值应设置为 20 ppm，达到此浓度时，现场作业人员应配戴正压式空气呼吸器，并采取相应的应急措施；第Ⅲ级报警阈值应设置为，报警信号应与二级报警信号有明显区别，警示立即组织现场人员撤离，并应采取相应的应急措施。

（3）硫化氢监测仪在使用过程中要定期进行校验，校验由国家法定计量部门进行。

（4）在井场硫化氢容易聚集的地方，特别是井口、循环池、振动筛附近和钻台等常有操作人员的地方，应安装硫化氢监测仪及音响报警系统，且能同时开启使用。

（5）钻入油气层时应加强对钻井液中硫化氢的监测。

5）便携式复合气体检测仪使用注意事项

（1）严禁超量程使用，在显示器上出现超量符号“←”时，应停止使用。

（2）严禁剧烈撞击仪器。

（3）严禁在可燃性气体达到危险浓度的环境中更换电池。

（4）当电池电压达不到要求时，应更换电池。

（5）当出现下列情况时，需要更换传感器：零位调节时，调不到“0. 0. 0”；不能进行正常调校；显示器显示数值不稳定。

6）应急程序

井内如果涌出大量硫化氢气体，应执行以下程序：

（1）一旦硫化氢监测仪发出报警信号，发现报警的人员应立即通知司钻，并由司钻用通井机喇叭发出警报。

（2）立即停止作业，实施关井，司钻、一岗、二岗戴上防毒面具后留在井上，其他无关人员全部撤离到上风方向。

（3）应急小组立即进入工作状态，检测硫化氢的含量，应急小组长将井上情况向上级部门汇报，同时向相关方通报。

（4）若硫化氢含量低于 6. 7 ppm，可进行循环观察，决定是否恢复生产；若硫化氢含量高于 6. 7 ppm，则应进行循环压井，直至最后控制住气侵。

（5）危情解除后，现场 QHSE 监督员写出应急报告。

2. 防一氧化碳中毒

1）一氧化碳中毒机理

一氧化碳是无色、无臭、无刺激性气味的易燃气体，不易液化和固化，微溶于水，易溶于氨水。

一氧化碳与氧燃烧极易发生爆炸，它与空气混合，爆炸限很宽，所以爆炸的可能性较大；与氯气反应生成毒性更大的光气，且其本身是一种窒息性气体，因此一氧化碳是一种危险性很大的气体。

一氧化碳是剧毒气体。一氧化碳中毒的原因是：它通过肺部进入血液后，与血液中的血红蛋白牢固结合，使血红蛋白不能有效地与氧气结合，从而使血液失去输氧能力，造成体内严重缺氧，特别是脑细胞会因缺氧而很快坏死。一氧化碳属窒息性气体，主要作用于人的中枢神经、心血管和血液三方面。接触不同的浓度和时间，造成危害的程度不同，高浓度短时间接触也可使人窒息死亡。

2）一氧化碳中毒症状

轻度中毒表现为头痛、头晕、耳鸣、眼花、颈部压迫和搏动感，并可有恶心、呕吐、心悸和四肢无力等症状。轻度中毒患者经过治疗，症状可迅速消失。

中度中毒除具有轻度中毒症状外，初期尚有多汗、烦躁、步态不稳和皮肤黏膜樱红，可出现意识模糊，甚至进入昏迷状态。中度中毒者经及时抢救，一般数日可恢复正常，无明显并发症。

重度中毒除具有轻、中度中毒全部或部分症状外，患者可迅速进入昏迷状态，昏迷可持续十几个小时，甚至几天，可出现阵发性和强直性痉挛。重度中毒一般伴有心肌损害、肺炎、肺水肿及水电解质混乱等严重并发症，有时可迅速导致死亡。长期反复吸入一定量的一氧化碳可引起神经和心血管系统损害，常见的有神经衰弱综合症，以及心肌损害和动脉粥样硬化。

3）一氧化碳气体的检测标准

一氧化碳气体的第Ⅰ级报警阈值应设置为 12 ppm，达到此浓度时启动报警，应采取相应的应急措施；第Ⅱ级报警阈值应设置为 24 ppm，达到此浓度时，现场作业人员应配戴正压式空气呼吸器，并采取相应的应急措施；第Ⅲ级报警阈值应设置为 100 ppm，报警信号应与二级报警信号有明显区别，警示立即组织现场人员撤离，并应采取相应的应急措施。

4）一氧化碳中毒的诊断与治疗

（1）尽快将患者移离中毒现场至通风处，松开衣领并注意保暖。

（2）及时纠正脑缺氧，医治期间采用加压给氧法，采用面罩、气管插管或气管切开连上与氧相通的橡皮囊或呼吸机。高压氧治疗疗效最好，重症者 3 d 内两次，以后每天一次，其原则是尽量用得早、压力够、时间足。

（3）对于呼吸衰竭者，可使用呼吸兴奋剂，应用可拉明、洛贝林静脉注射或加入 10% 葡萄糖注射液静脉滴注。对于呼吸已停止者，应立即施行人工呼吸或气管插管人工加压给氧，直至出现自主呼吸。对于大量黏痰和泡沫痰阻塞呼吸道者，可实施吸痰，以消除痰液；如有呼吸抑制，应尽快施行气管切开术，以保持呼吸通畅；如有血压降低，应立即进行抗休克治疗。

（4）心理治疗是指在急性一氧化碳中毒昏迷者苏醒后，其神经、精神尚处于不平衡状态时的心理治疗，对其护理尤为重要。

（5）其他对症治疗。

3. 防毒面具、正压式空气呼吸器

1）防毒面具

防毒面具（见图 7-3）是一种能够有效地滤除吸入空气中的化学毒气或其他有害物质，并能保护眼睛和头部皮肤免受化学毒剂伤害的防护器材。其基本结构和防毒原理相同，都由滤毒罐、面罩和面具袋三部分组成。

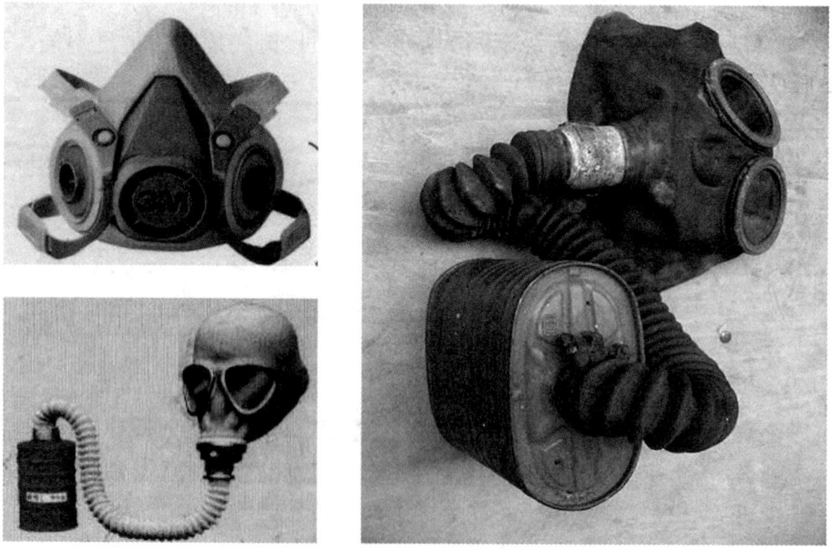

图 7-3　几种防毒面具示意图

（1）适应环境要求。

温度，$-30\sim55$ ℃；海拔，$0\sim3\,000$ m；空气中含有 5% 以下沙土的风沙天气；空气相对湿度不大于 95%；氧气含量至少为 17%，环境中所有危险物质种类及其浓度应符合使用要求。

（2）过滤罐防护气体的主要种类。

过滤罐防护气体的主要种类见表 7-1。

表 7-1　过滤罐防护气体的主要种类

颜　色	过滤罐种类	过滤的气体
褐　色	A	有机气体及蒸气(沸点>65 ℃)
灰　色	B	无机气体及蒸气，如 Cl_2, H_2S
黄　色	E	二氧化硫，氯化氢
绿　色	K	氨　气
红　色	Hg	水银蒸气
黑　色	CO	一氧化碳
蓝　色	NO	一氧化氮

(3) 使用方法。

① 听到指示时，迅速将面具袋移至身体左前方，左手握紧面具袋下沿，右手迅速取出面具。

② 佩戴时双手四指握住面具下方的头带或开口，拇指内撑，将面罩套住下颌，双手稍用力向上拉，把面具戴好。

③ 戴面具时必须闭眼闭嘴停止呼吸，面具戴好后深呼一口气，睁开眼睛。

2) 正压式空气呼吸器

正压式空气呼吸器(见图 7-4)是直接供氧式自持型防毒面具的一种，也称带氧式防毒面具。这种防毒面具由背在背上的空气瓶提供空气，当佩戴这种防毒面具的人员从事体力劳动时，常规使用的气瓶可供气 30 min，也可以使用供气时间更长的气瓶。

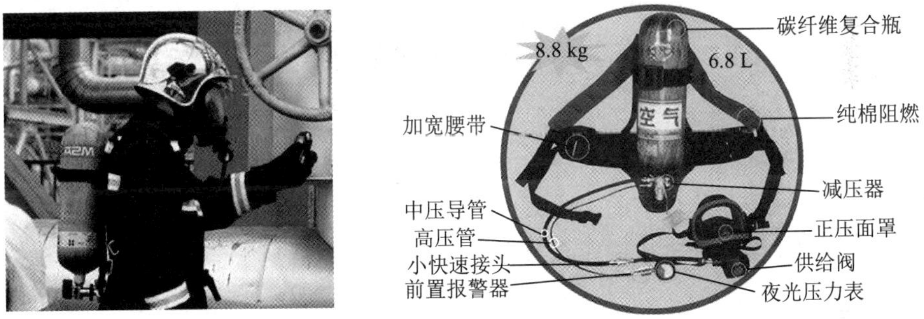

图 7-4　正压式空气呼吸器示意图

(1) 适应环境要求。

温度，−30～50 ℃；海拔，0～3 000 m；空气中含有 5% 以下沙土的风沙天气；空气相对湿度不大于 95%。

(2) 技术性能指标。

正压式空气呼吸器：双层密封的硅胶材质全面罩，大视野不结雾并带有金属传声装置，需气阀与面罩卡口式连接，符合人体工学的碳纤维背板，带低压报警器，6. 8 L 碳纤维气瓶。

充气泵：便携式高压空气填充泵，与正压式空气呼吸器气瓶配套，工作压力 330 bar (1 bar = 105 Pa)，2 300 r/min，排气量 100 L/min，380 V 三相电机驱动，功率 3. 0 kW，三级过滤，具有正压安全泄放装置。

3）使用方法及使用范围

使用正压式空气呼吸器时，打开气瓶阀门，空气经减压器、供给阀、导管进入面罩，供使用者呼吸，使用者呼出的废气直接经呼气阀门排出。

正压式空气呼吸器主要用于消防人员以及相关人员在处理火灾、有害物质泄漏、烟雾、缺氧等恶劣作业现场进行火源侦察、灭火、救灾、抢险和支援。另外，也可用于重工业、油气勘探与开采、石化工业、石油精练、化学制品、环境保护、军事等领域及场合。

4）呼吸防护用品使用注意事项

（1）使用前应检查呼吸防护用品的完整性，任何面罩和过滤器都不能单独使用。

（2）进入危险环境前，应先佩戴好呼吸防护用品，在危险环境中作业的人员应始终佩戴呼吸防护用品。

（3）开启气瓶阀，检查储气压力。当气瓶内储气压力降至 3.43～4.41 MPa 时，报警器发出气笛声，此时气瓶还能供气 8～10 min，以便使用者撤离作业现场。

（4）在使用过程中，使用者感到有异味、刺激、恶心等不适症状时，应立即离开危险环境，并检查呼吸防护用品是否存在故障，若无故障，应及时更换过滤器。

（5）逃生型呼吸防护用品只允许使用者从危险环境中离开，不允许进入。

（6）呼吸防护用品使用完毕后，防毒过滤器应密封存放。

（7）使用长管面具时，应注意进气口不能被堵塞，同时导管不能有折叠或压扁的现象，以保证气流通畅。

（8）正压式空气呼吸器每月应至少检查 1 次。

技能训练

训练操作一　干粉灭火器的使用操作

一、准备工作

穿戴好劳保用品，准备合格的干粉灭火机。

操作人员要求：本项目所需操作人员 1 人。

二、操作步骤

（1）将干粉灭火机提到着火现场，置于上风处。

（2）打开保险销，将喷管头上的堵盖打开，并对准火源根部。

（3）拉动拉环，或压下销钉，干粉即喷出灭火。

（4）手拿胶管，喷头左右摆动，由外向内将火扑灭。

三、注意事项

灭火时，不要离火太近，以防被火焰烧伤。

训练操作二 硫化氢气体检测报警仪使用操作

一、准备工作

穿戴好劳保用品，准备硫化氢气体检测报警仪。

操作人员要求：本项目所需操作人员 1 人。

二、操作步骤

（1）开机操作。确认电池已经装入仪器，按住开机键 3 s，LCD 显示“on”，红色 LED 亮，蜂鸣器响一声，振动器振动，仪器开机，LCD 显示版本号，同时进行预热和自检。10 s 倒计时预热和自检完成后，仪器进入检测模式，显示实时读数。

（2）关机操作。按住关机键不放，LCD 显示 5 s 倒计时，倒计时结束后 LCD 显示“off”，随后仪器无显示，仪器关机。

（3）检测模式。仪器正常后进入检测模式，显示实时读数，可以在检测模式下按动按键依次检查 STEL，TWA 和峰值读数。其中，STEL 是最后 15 min 时间内气体浓度读数的平均值；TWA 是仪器开机以来气体浓度读数的累计值除以 8 h 所得到的平均值；峰值读数即仪器开机以来的最大读数。

（4）更换电池操作方法。首先打开后盖上的鳄鱼夹，用十字螺丝刀卸下鳄鱼夹中间的一个螺丝，取下电池盖，然后取出仪器内旧的电池，换上新电池（注意电池盒内的正负极标志），最后装上电池盖，电池更换完毕。

三、注意事项

（1）仪器更换电池或简单维修时应在安全场所进行。

（2）传感器和仪器要注意防水和杂质。

（3）仪器长期不工作时，应关机，且置于干燥、无尘、符合储存温度的环境中。

（4）调整好的仪器不要随便打开电池盖。

训练操作三 正压式空气呼吸器的使用操作

一、准备工作

穿戴好劳保用品，准备正压式空气呼吸器。

操作人员要求：本项目所需操作人员 1 人。

二、操作方法

使用正压式空气呼吸器时，打开气瓶阀门，空气经减压器、供给阀、导管进入面罩，供使用者呼吸，使用者呼出的废气直接经呼气阀门排出。

三、注意事项

（1）使用前应检查呼吸防护用品的完整性，任何面罩和过滤器都不能单独使用。

（2）进入危险环境前，应先佩戴好呼吸防护用品，在危险环境中作业的人员应始终佩戴呼吸防护用品。

（3）开启气瓶阀，检查储气压力。当气瓶内储气压力降至 3. 43～4. 41 MPa 时，报警器发出气笛声，此时气瓶还能供气 8～10 min，以便使用者撤离作业现场。

（4）在使用过程中，使用者感到有异味、刺激、恶心等不适症状时，应立即离开危险环境，并检查呼吸防护用品是否存在故障，若无故障，应及时更换过滤器。

（5）逃生型呼吸防护用品只允许使用者从危险环境中离开，不允许进入。

（6）呼吸防护用品使用完毕后，防毒过滤器应密封存放。

（7）使用长管面具时，应注意进气口不能被堵塞，同时导气管不能有折叠或压扁的现象，以保证气流通畅。

（8）正压式空气呼吸器每月应至少检查 1 次。

训练操作四　防毒面具的使用

一、准备工作

穿戴好劳保用品，准备好常用的几种防毒面具。

操作人员要求：本项目所需操作人员 1 人。

二、操作步骤

（1）听到指示时，迅速将面具袋移至身体左前方，左手握紧面具袋下沿，右手迅速取出面具。

（2）佩戴时双手四指握住面具下方的头带或开口，拇指内撑，将面罩套住下颌，双手稍用力向上拉，把面具戴好。

（3）戴面具时必须闭眼闭嘴停止呼吸，面具戴好后深呼一口气，睁开眼睛。

三、注意事项

（1）手提式泡沫灭火器平时应挂在 1. 5 m 高度以上的墙壁上，且保持清洁、喷嘴畅通。

（2）药液易沉淀，每隔三个月应打开搅拌一次，每隔一年应更换一次药液。

（3）因药液是用水搅拌而成的，冬季应做好保温防冻工作。

项目二　安全防护

知识目标

1. 掌握伤害事故的防护。
2. 掌握与井下作业有关安全规定。
3. 掌握井下作业过程中的风险识别、危害与控制措施。
4. 了解与井下作业相关的环保知识。

能力目标

1. 掌握起封隔器关井(无钻台)操作。
2. 掌握空井关井作业(无钻台)操作。
3. 掌握钻扫溢流关井作业(无钻台)操作。
4. 掌握优质筛管防砂作业(有钻台)操作。
5. 掌握 TCP 射孔作业(有钻台)操作。
6. 掌握射孔前刮管作业(有钻台)操作。

工作过程知识

一、伤害事故的防护

1. 酸(碱)液伤害

1) 原因分析

(1) 上岗人员未穿戴防护用品,被酸(碱)液灼伤。

(2) 配置酸(碱)液时,施工人员站在下风向,酸(碱)液溅到脸上,造成伤害。

(3) 高压施工区由壬、地面管线受高压后发生强烈振动(长距离管线未固定),管线连接不紧固,施工中发生刺漏,造成人身伤害。

(4) 井口法兰没坐平,钢圈损坏,井口螺丝未上全,井口未固定或施工时井口刺漏,造成人身伤害。

(5) 开关闸门时,操作人员站在闸门对面,闸门丝杠飞出,造成人员伤亡。

(6) 配置酸(碱)液时,未按照配液顺序操作,造成酸(碱)液体爆沸飞溅伤害。

2) 预防措施

(1) 上岗人员必须穿戴防护用品。

(2) 配置酸(碱)液时,施工人员必须站在上风向。

（3）高压施工区由壬、地面管线完好，由壬必须上紧，长距离管线必须固定。

（4）井口法兰安装正确，井口钢圈完好，井口螺丝齐全并上紧。

（5）施工前井口、地面管线试压合格。

（6）开关闸门时，操作人员必须站在闸门的侧面。

（7）非操作人员严禁进入高压区。

3）应急措施

当酸（碱）液溅到操作人员的皮肤或眼睛上时，应立即用大量清水或0.5%的苏打水冲洗并及时送医院救治。

2. 机械伤害

机械伤害事故的发生很普遍，在使用机械设备的场所几乎都能遇到。一旦发生事故，轻则损伤皮肉，重则伤筋动骨，断肢致残，甚至危及生命。

1）机械伤害的形式

机械伤害的形式主要有：咬入、挤压、碰撞或撞击、夹断、剪切、割伤或擦伤、卡住或缠住。

2）预防措施

不同机械造成的伤害形式往往是不同的，其安全要求和事故预防措施也不尽相同。下面只对作业现场主要预防机械伤害的方法进行介绍：

（1）操作人员应按规定穿戴好防护用品。

（2）更换油管钳牙或清理其内部脏物时，必须将作业机液泵离合器分离，并保证油管钳和齿轮泵处于空挡位置。

（3）液压油管钳要按规定系好尾绳，平稳操作。

（4）抽油机曲柄以下禁止站人，并对曲柄旋转范围区域进行围隔。

（5）完成抽油机驴头翻转后，应刹紧刹车，打住死刹，切断电源，并挂警示牌。

（6）照明应采用安全电压，禁止使用110 V或220 V的电压。

（7）吊装重物时，吊臂旋转范围以下禁止站人，重物采用麻绳牵引，禁止直接用手推拉。

（8）井口应安装操作台，安装过程平稳，防止跌伤。

（9）上卸扣时，管钳、扳手要打牢，平稳施力，防止滑脱伤人。

（10）井口操作人员配合要协调，操作平稳，防止单吊环伤害或夹伤手指。

3）现场急救措施

（1）如遇严重出血或胸部开放性损伤，应尽快止血或清洗伤口。

（2）运送骨折伤员时，必须用夹板固定伤部，脊柱骨折须卧硬床板。

（3）如动脉出血，要上止血带，每隔1 h放松一次，每次1～2 min；转运途中保持呼吸畅通。

（4）送医院进行抗休克抗窒息治疗，预防感染，纠正电解质代谢失调，注射破伤风毒素。

3. 高空坠落伤害

（1）在井架上实施高空作业是施工作业中最易发生坠落伤害的环节，高空作业人员要严格遵守安全操作规程，劳保护具齐全，严禁违章作业，防止坠落事故发生。

（2）凡距地面2 m以上的作业均属高空作业。必须系安全带（见图7-5）和防坠器（见图7-6）；所使用的工具，在上井架时必须用尾绳拴牢，工作时拴在井架上；上井架时将安全带系在防坠器上，否则禁止作业。

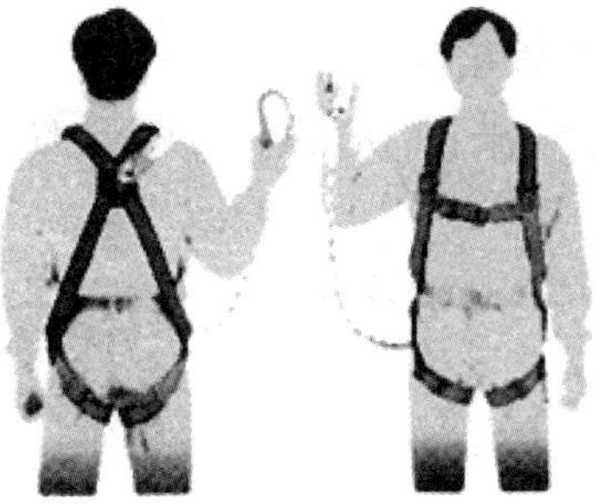

图 7-5　正确配带安全带

图 7-6　防坠器示意图

防坠器是利用物体下坠时产生的加速度，在瞬间制止高空作业者的不慎下跌，既可有效保护作业者的生命，又可避免下跌者受到冲击力的伤害，同时可减少碰撞其他物体而造成的伤害。作业者以正常速度上、下、左、右移动时，钢索可灵活自由伸缩。

（3）从事高空作业的人员必须进行身体检查，患有高血压、心脏病、癫痫病及不宜高空作业的人员，不准从事高空作业。

（4）在井架上处理故障时，通井机必须停止工作，井架下严禁站人。

（5）上下梯子时手要抓牢，脚要登稳，不得穿硬底鞋，防止打滑或踩空，严禁负重上下井架。

（6）在使用安全带和防坠器时，应仔细检查有无破裂或损坏，每年进行一次荷重试验。拴挂安全带时，应高挂低用，要拴在操作人员的垂直上方，与人体连接处不应采取低于腰部水平的拴挂方式。两人作业时，人和拴挂处都要保持一定的水平距离，以免互相碰撞。

（7）高空作业时，要防止下坠物件，作业完成后禁止往下抛甩工具、用具。

（8）井架上油污较多时，应先清理干净油污，然后方可作业；作业前，必须将安全带拴挂牢固。

（9）夜间高空作业时，井场上必须要有足够的照明，并采取必要的安全措施，然后方可施工。

（10）井架上的安全护栏、安全带固定位置每半年检修一次，如有损伤或锈蚀严重，必须及时更换，然后方可继续使用。

（11）遇有六级以上的大风或大雪、大雨、大雾等天气，严禁高空作业。

（12）各作业队必须配备安全带、防坠器和急救箱，每人都必须学会简单的使用和急救知识。

二、井下作业有关安全规定

1. 井下作业安全生产基本要求

（1）新工人上岗前必须对其进行基本安全常识教育、专业技术操作知识教育和厂纪厂规教育。做到教员、时间、内容、受教育者四落实，未经培训者不得上岗操作。

（2）工人上岗必须穿戴好劳保用品。高空作业必须按高空作业规定和要求操作。

（3）班前必须进行安全讲话，班中要有安全检查，班后要有安全总结。作业队班组每周必须组织一次安全活动，做到人员、时间、内容三落实。

（4）施工人员凡与有毒、有刺伤、有放射性、有腐蚀性等物品接触时，必须有防毒、防放射线穿射、防腐蚀的保护用品，并有安全措施。

（5）井场用电和动用明火必须按用电、用火有关安全规定执行。

（6）作业井施工前必须有安全措施，认真执行防井喷、防卡钻、防落物、防顿钻、防火、防爆炸、防冻结、防堵塞等安全规则。

（7）对作业井进行压裂、诱喷掏空施工时，压力及掏空深度必须控制在套管抗内压、抗外挤压强度内，防止将套管压坏或挤压变形。

2. 井场布置安全规定

（1）最好是在 50 m×50 m 的正方形井场施工，地面要求平坦，无积水及障碍物。

（2）锅炉房要求放置在距井口 50 m 以外的上风向处。

（3）井口应距民房至少 100 m，井场边距铁路、高压线及其他永久性设施不得少于 50 m，如果条件不允许，必须有特别的安全保证措施。

（4）作业使用的进出口液罐要摆放在相反方向位置，且距离不得小于 60 m。

（5）油管桥、泵杆桥距井口 2 m 左右，搭三座桥座，架高 0. 3～0. 4 m，以使油管不弯曲、不落地。

（6）油井放喷的管线应下地锚固定牢靠，地锚间距一般为 10～15 m。管线应做到直通，避免拐弯。

3. 井场安全用电规定

（1）井场所用电线必须绝缘可靠，严禁用裸线或电话线代替，不准用照明线代替动力电线。

（2）井场电线必须架空，高度不低于 2. 5 m。井架照明不得直接挂在井架上，以防电线漏电或工人上下井架触电。探照灯电线不能在人行道上和油水坑中，以防损坏漏电而伤人。

（3）井架照明必须用防爆灯，探照灯必须有灯罩，以防天然气或原油喷出打坏灯泡而引起爆炸。

（4）探照灯应离开井口 10 m 以上，灯光不能直射司钻或井口操作人员，避免工人眼睛受直光刺激而影响操作。搬移探照灯时，必须先拉掉闸刀开关，且探照灯应离开套管两边闸门管线喷射方向，以防突然出油气而将探照灯打坏，引起火灾。

（5）电源闸刀应离开井口 25 m 以上，并且安装在值班室内。闸刀开关应装闸刀盒，发现闸刀盒损坏时，应及时更换，不能凑合使用；应具备简易配电箱。

（6）井下作业发生井喷迹象时，立即将电源切断。

发生触电事故后的应急措施：

（1）切断电源，如电源开关在附近，应迅速关闭开关，或者用绝缘物体挑开电线或分离电器，使患者脱离电源。

（2）患者呼吸不规则或停止时，应立即抬至干燥处或值班房工作台上，并进行人工呼吸。

（3）对心脏停跳者，应立即进行胸外心脏按压。

（4）送医院急救处理。

（5）严禁将患者往复搬动。

4. 起下油管安全操作规程

（1）上岗人员必须穿戴好劳保用品。井口操作要戴安全帽，高空作业要系好安全带。

（2）处理游动滑车钢丝绳跳槽时，必须先用钢丝绳将游动滑车在井架上固定牢靠，摘掉负荷后才能排除故障。高空作业工具、用具必须系好尾绳，固定牢靠。

（3）通井机（修井机）操作人员要持证操作。

（4）起下油管时，吊卡规范要相符，舌头要有保险销，吊卡销子要有保险绳。拉、送油管时，吊卡开口朝上，避免自动打开，以免油管掉落。

（5）起下油管时，必须将双吊环挂入吊卡双耳环内，并插上吊卡销子，然后才能起下，严防挂单吊环。

（6）井口操作人员在挂吊卡、挂吊环、上卸扣、正常起下时应站在适当的位置，集中精力，注意观察工作对象，防止发生意外事故。

（7）起下油管过程中，上卸扣必须用液压油管钳，且必须严格按规程操作液压油管钳。若螺纹没上完、卸完，不许抢下、硬提。打背钳时，操作人员严禁站在管钳开口的背后。如用大力卸扣，井口操作人员必须离井口 5 m 以外。背钳尾绳要用钢丝绳卡固定在井架大腿上。

（8）拉送油管时，操作人员应站在油管侧面，两腿不准骑跨油管，拉送油管的速度应与游动滑车保持一致，严禁将油管接箍挂在井口、驴头、井架上。

（9）起下油管井口必须装自封封井器。如有大于自封封井器盖子通径的井下工具通过，应提前倒开自封封井器，通过后再装上自封封井器。

（10）新射孔井和有自喷能力的井必须做好抢装井口的准备工作。在起下油管过程中，应随时调整和灌注压井液，防止因压井液柱压力降低而造成井喷。

（11）起下作业中途停工时，应装好井口总阀门，不准用自封封井器或油管挂封井。

（12）必须保证下井的油管、短节及配套下井工具质量合格，且要清除结蜡、泥砂，螺纹要擦洗干净，涂好丝扣油。

（13）起下的油管应整齐地摆放在油管桥上，摆放两层以上时，每层横担油管必须与油管桥底层横担油管捆牢，以防滑动倒塌。

（14）起下油管过程中，通井机必须固定牢靠。对井架、绷绳、地锚、销子、工具，要随时检查、调整、维修、保养，不许凑合使用。

（15）每口井起下作业前均应对游动滑车打黄油一次。黄油嘴应保证通畅完好，若打不进黄油，应及时更换黄油嘴。每月对游动滑车进行一次全面保养维修。

5. 压裂酸化作业安全要求

（1）施工井场要坚实、平整、不积水，便于车辆出入。

（2）施工作业车辆和液罐应摆放在井口上风向，各种车辆设备摆放合理、整齐，保持间距，便于撤离。其他车辆应停放在上风向，距井口 20 m 以外。

（3）井口放喷管线应用硬管线连接，分段用地锚固定，两固定点的间距不大于 10 m，管线末端处弯头的角度不小于 120°，且不得有变形。

（4）天然气出口点火位置应设在下风向，距井口 50 m 以外。

（5）排污池应设在下风向，距井口 20 m 以外。

（6）油基压裂液罐应摆放在距井口 50 m 以外的位置，罐与混砂车应保持 5 m 以上的距离，罐四周有高度不低于0.5 m的防护堤，以与设备隔离。

(7) 施工作业现场应有明显的安全标志，严禁烟火，严禁非工作人员入内。

(8) 施工现场负责人应召开所有施工人员参加的安全会，进行安全教育。

(9) 操作人员应穿戴相应的劳动安全防护用品。

(10) 查看出口喷势和喷出物时，操作人员应位于上风处；通风条件较差或无风时，应选择地势较高的位置。

(11) 禁止乱排乱放施工液体，从井口返出的酸、碱、盐等残留物应回收处理，防止污染环境。

三、井下作业过程风险识别、危害与控制措施

1. 搬迁中行车

1) 搬迁中行车的风险和危害结果

风险：交通事故、触电。

危害结果：潜在的人员伤亡或设备损坏。

2) 搬迁中行车的风险削减和控制措施

(1) 班前讲话。

(2) 提前勘察道路，及时组织修整。

(3) 出车前抓好安全教育。

(4) 作业车辆行驶途中应控制车速。

(5) 行车途中勤查车辆关键部位及所载货物捆绑情况。

(6) 行车中途遇电线或电缆时，由专人指挥通过。

2. 搬迁中装卸货物

1) 搬迁中装卸货物的风险和危害结果

风险：吊物坠落，吊物夹碰伤，人员高空坠落、触电。

危害结果：潜在的人员伤亡或设备损坏。

2) 搬迁中装卸货物的风险削减和控制措施

(1) 操作人员不允许在悬重载荷下行车。

(2) 操作人员指挥手势信号必须一致。

(3) 装卸前认真检查吊钩、滑轮、吊索及吊车液压控制系统。

(4) 吊装时严格执行“十不吊”。

(5) 平稳吊卸，随时观察周围情况及车辆安全装置。

(6) 注意避开高压线或电缆。

(7) 严禁吊重物件带人或吊钩带人。

3. 搬迁中立放井架

1) 搬迁中立放井架的风险和危害结果

风险：人员高空坠落，井架倾倒。

危害结果：潜在的人员死亡、重伤或设备损坏。

2）搬迁中立放井架的风险削减和控制措施

（1）安装和拆卸井架时，攀高人员要系好安全带。

（2）吊装人员要平稳操作。

（3）立放井架前检查绷绳坑、绷绳、基础坑、地脚巴掌及螺丝的紧固情况，确保完好。

（4）检查立放井架车滚筒离合器、刹车等关键部位是否完好。

（5）井架辐射区内严禁站人。

（6）遇恶劣天气条件时严禁立放井架作业。

4. 机组作业设备使用

1）机组作业设备使用的风险和危害结果

风险：机械故障，人员夹碰伤。

危害结果：机械伤害。

2）机组作业设备使用的风险削减和控制措施

（1）按时维护保养设备，发现问题及时修理，定期检查设备防护设施。

（2）经常检查制动、传动等关键部位。

5. 设备漏电或线路问题

1）设备漏电或线路问题的风险和危害结果

风险：触电。

危害结果：人员伤亡。

2）设备漏电或线路问题的风险削减和控制措施

线路接地；装有漏电保护、低压保护系统；绝缘良好，操作规范。

6. 起下钻作业过程中油管的提升或下放

1）起下钻作业过程中油管提升或下放的风险和危害结果

风险：井喷，上顶下砸，单吊环，井架倾斜，井架倾倒。

危害结果：潜在的人员伤亡，火灾，钻具落井，环境污染。

2）起下钻作业过程中油管提升或下放的风险削减和控制措施

（1）检查设施的完好性，坚持巡回检查制。

（2）定期标校指重表，并使其处于司钻视野内。

（3）班前讲话，分工清楚，精力集中，配合默契。

（4）起钻定时灌液。

（5）定时检测刹车温度。

7. 起下钻作业过程中的井架操作

1）起下钻作业过程中井架操作的风险和危害结果

风险：高空坠落。

危害结果：潜在的人员伤亡。

2）起下钻作业过程中井架操作的风险削减和控制措施

（1）正确使用安全带、速差自控器。

（2）安全带、速差自控器使用前必须检查其完好性，并得到 QHSE 监督员的确认。

(3) 手工具系好尾绳。
(4) 确保平台护拦完好、稳固。
(5) 统一信号、正确指挥,地面人员戴好安全帽。

8. 起下钻作业过程中的井口操作

1) 起下钻作业过程中井口操作的风险和危害结果
风险:夹、碰、砸伤,井涌、井喷。
危害结果:潜在的人员伤亡,井喷失控,环境污染。
2) 起下钻作业过程中井口操作的风险削减和控制措施
(1) 操作人员穿戴好劳保用品后上岗,班前讲话,分工清楚。
(2) 坚持巡回检查制,勤检查液压钳手柄弹簧、吊卡月牙等。
(3) 正确使用液压钳,严禁违章操作。
(4) 上卸扣严格按操作规程操作,与司钻密切配合。
(5) 定时向井筒中灌水。

9. 起下钻作业过程中的拉送油管

1) 起下钻作业过程中拉送油管的风险和危害结果
风险:机械伤害,坠物伤人,油管挑人。
危害结果:人员伤亡或设备损坏。
2) 起下钻作业过程中拉送油管的风险削减和控制措施
(1) 操作人员穿戴好劳保用品后上岗。
(2) 使用小滑车拉送油管。
(3) 油管滑道顺直、牢固。
(4) 拉送人员站在油管侧面,禁止骑跨油管。
(5) 严禁猛提猛放。

10. 洗井、试压过程

1) 洗井、试压过程的风险和危害结果
风险:高压管线破裂,液体泄露。
危害结果:潜在的人员伤亡,环境污染,设施损坏。
2) 洗井、试压过程的风险削减和控制措施
(1) 班前讲话。
(2) 人员分工明确,穿戴好劳用品保后上岗。
(3) 压力表标校良好,不允许使用未标校或超过有效期的压力表,控制好泵压油门。
(4) 检查井口闸门,确保开关灵活完好。
(5) 返出液排入排污坑。

11. 射孔过程中的炮弹搬动、组装过程

1) 射孔过程中炮弹搬动、组装过程的风险和危害结果
风险:意外爆炸。
危害结果:潜在的多人伤亡或物品损坏。

2）射孔过程中炮弹搬动、组装过程的风险削减和控制措施

（1）仔细检查，执行预防措施。

（2）班前讲话，控制井场人员。

（3）关闭所有无线电设备，如电台、移动电话等。

（4）危险区域隔离。

12. 射孔过程中射开地层

1）射孔过程中射开地层的风险和危害结果

风险：井喷失控，火灾。

危害结果：潜在的多人伤亡，环境污染，财产损失。

2）射孔过程中射开地层的风险削减和控制措施

（1）主要人员应接受井控培训，并有井控证。

（2）所有人员接受井控应急计划培训，并进行过演习。

（3）班前讲话，明确任务、职责、注意事项。

（4）安装防喷器，坐岗观察，及时补充压井液。

（5）发现溢流立即起出电缆，抢下光油管。

（6）出现井涌抢装井口，必要时切断电源。

（7）起出电缆后抢下管柱，严禁井筒敞开。

13. 压裂、酸化过程中车辆摆放、连接

1）压裂、酸化过程中车辆摆放、连接的风险和危害结果

风险：现场空间狭窄，车辆互相碰撞，拉断绷绳。

危害结果：碰伤人员，碰坏设备，拉倒井架。

2）压裂、酸化过程中车辆摆放、连接的风险削减和控制措施

专人统一指挥车辆摆放。

14. 压裂、酸化过程中试压及泵注施工

1）压裂、酸化过程中试压及泵注施工的风险和危害结果

风险：高压管线破裂，噪声及泄露。

危害结果：潜在的高压液体或管线伤害人和物，损坏听力，污染环境。

2）压裂、酸化过程中试压及泵注施工的风险削减和控制措施

（1）标识高压区，高压管线加固地锚。

（2）定期检测标校压力表、泄压阀及高压管线。

（3）使用耳塞。

（4）使用专用桶对泄漏的油、水进行回收处理。

15. 压裂、酸化过程中的化工料、配液

1）压裂、酸化过程中化工料、配液的风险和危害结果

风险：操作人员暴露在化学物品中，化学品泄露，空包装袋易燃。

危害结果：潜在的人员伤害，环境污染。

2）压裂、酸化过程中化工料、配液的风险削减和控制措施

（1）穿戴保护性工作服及护目镜。

（2）现场准备急救药品。

（3）控制化学品的混合。

（4）检查管线及阀门，发现渗漏立即停止施工。

（5）化学品装运桶和包装袋应及时销毁或回收。

16. 压裂、酸化过程中运砂车移动

1）压裂、酸化过程运砂车移动的风险和危害结果

风险：车辆撞人或设备。

危害结果：潜在的人员伤亡，设备损坏。

1）压裂、酸化过程运砂车移动的风险削减和控制措施

（1）非施工人员禁止进入作业区域。

（2）统一信号，专人指挥倒车。

（3）按井场布置图摆放设备。

17. 放喷、排液

1）放喷、排液的风险和危害结果

风险：管线抖动或松动，伤及人和物。

危害结果：潜在的人员伤亡或设备损坏。

2）放喷、排液的风险削减和控制措施

（1）井口安装控制防喷装置，控制放喷。

（2）放喷管线固定牢靠。

（3）返出液体入池。

18. 放喷、排液中的液体排放

1）放喷、排液中液体排放的风险和危害结果

风险：排污池泄露，残液流出排污区以外。

危害结果：环境污染。

2）放喷、排液中液体排放的风险削减和控制措施

（1）排污池采用防渗布处理，进液前必须仔细检查。

（2）管线连接合理，确保液体全部进入排污池。

（3）排放过程中经常检查排污池有无泄露。

（4）必要时加固排污池围墙。

19. 特殊作业过程中的替油、冲砂作业

1）特殊作业过程中替油、冲砂作业的风险和危害结果

风险：井喷失控、着火，人员砸碰伤，液体泄漏。

危害结果：潜在的人员伤害，环境污染。

2）特殊作业过程中替油、冲砂作业的风险削减和控制措施

（1）主要人员应接受井控培训，并有井控证。

（2）所有人员接受井控和火灾应急计划培训，并进行过演习。
（3）班前讲话，明确任务、职责、注意事项。
（4）施工车辆必须带防火罩，且要摆放在上风向并远离井口；管线安装合理并固定牢靠，禁止穿越高压区。
（5）安装防喷器。
（6）水龙带必须拴保险绳，先压井或替原油，然后冲砂。
（7）施工连续，控制出口排量，防止井喷。
（8）排污池规范，冲砂完后对冲砂液和砂子进行处理。
（9）出现井涌立即抢装井口。

20. 特殊作业过程中的压井作业

1）特殊作业过程中压井作业的风险和危害结果
风险：管线摆动、破裂，液体泄漏。
危害结果：潜在的人员伤害，环境污染。
2）特殊作业过程中压井作业的风险削减和控制措施
（1）压井高压管线连接牢靠。
（2）检查设备运行情况。
（3）泵注施工连续，控制进出口排量平衡。
（4）污染物排放符合规定。

21. 特殊作业过程中的注水泥作业

1）特殊作业过程中注水泥作业的风险和危害结果
风险：水泥泄漏，液体泄漏。
危害结果：潜在的人员伤害，环境污染，井下事故。
2）特殊作业过程中注水泥作业的风险削减和控制措施
（1）分工明确，统一指挥，穿戴好劳保用品上岗。
（2）设备运转良好，施工连续。
（3）提升设备出现故障时应立即反洗出井内水泥浆。
（4）泵注设备出现故障时应立即上提管柱至安全高度。
（5）水泥袋应及时回收和销毁，返出液排入排污池。

22. 恶劣天气作业过程

1）恶劣天气作业过程的风险和危害结果
风险：大风、低温、雨、雪、雷电、沙尘天气等。
危害结果：人员意外伤害。
2）恶劣天气作业过程的风险削减和控制措施
（1）冬季穿戴保暖工作服。
（2）大风、沙尘天气不得高空作业（2 m 以上）。
（3）如果条件恶劣无法继续安全工作，必须停工。

23. 井下作业全过程

1）井下作业全过程的风险和危害结果

风险：火灾、井喷、触电。

危害结果：潜在的多人死亡和大量设备损坏。

2）井下作业全过程的风险削减和控制措施

（1）定期检查灭火器、安全带等安全设施和电路系统。

（2）进行应急和急救培训，应急演习。

（3）所有手持式灭火器须放置在现场的要害部位。

（4）在井场区域禁止使用明火。

（5）安装必要的防喷设施。

（6）严格执行各项操作规程。

24. 其他环境和健康

1）其他环境和健康在井下作业全过程中的风险和危害结果

风险：作业废水、废物排放。

危害结果：环境污染，地企纠纷。

2）其他环境和健康在井下作业全过程中的风险削减和控制措施

（1）井场周围修 20 cm 高防污围墙，内侧修排水沟至排污池。

（2）在井场的安全区域修排污池，排污池底部用防渗布衬里。

（3）作业过程中产生的废水要全部进入排污池。

（4）靠近居民区时，排污池四周应修隔栏，防止人畜落水。

（5）作业过程中所用的油要采取防渗漏措施，废油要回收处理。

（6）固体废物如水泥、金属、塑料等要回收处理，其他废物焚烧后挖坑深埋。

四、环保知识

1. 重要环境因素保护措施

油水井修井作业施工是油气田的污染源之一，由于井下作业施工的特殊性，使得污染物排放具有点多面广、污染物种类复杂、间歇性排放及不可控排放等特点。因此在修井作业过程中，若不采取严格的环境保护措施，必将对周围环境构成污染。

1）地表植被的破坏与控制

（1）目的。

对施工前和搬迁过程中造成的植被破坏采取有效的控制措施，减少地表植被破坏的范围和程度，降低生产过程的环境污染，保护生态环境。

（2）适用范围。

适用于所有井下作业修井队和大修队搬迁过程中对植被的管理和控制。

（3）要求。

① 各修井队和大修队施工时，应合理使用占地面积，减少植被的破坏面积。

② 如有异常或紧急情况发生，各修井队和大修队应及时上报公司调度室，现场员工控制污染范围。

③ 生产副调度长负责与被占地单位和相关方协调处理一般性纠纷问题。

④ 在正常情况下,应坚持车辆只通过一条路进出井场的原则。

⑤ 充分利用原有进出井场的道路,新修路线不超过需要的宽度和深度。

⑥ 搬迁路线不得穿越树林。

⑦ 在遇到大面积树林时,要尽量减少占用林地,合理规划井场,不得任意砍伐、推倒或碾压林木。

⑧ 应严格控制相关方的占地面积,对超占场地的现象要坚决制止。

2) 修井设备跑、冒、滴、漏的控制

(1) 目的。

由于设备的老化和腐蚀,设备可能出现跑、冒、滴、漏现象,为达到节能降耗、防治污染的目的,必须采取有效措施。

(2) 施工现场控制油料的品种。

包括:柴油、机油、齿轮油、液压油、传动油。

(3) 控制措施。

① 公司机动岗要搞好施工现场设备检查工作,对跑、冒、滴、漏及时进行维修,认真填写设备维修保养记录。

② 修井队大班司机长负责施工现场的柴油机、大泵等设备管理工作,小班司机负责当班设备的检查和维护工作。

③ 如发现设备或输油管线有泄漏,应立即分析泄漏原因,采取整改措施,并填写《设备运转保养记录》。

④ 如果暂时无法修理,应先用盆、桶等用具进行接收,以便二次利用,无法回收的应用棉纱等进行吸附处理。

⑤ 使用过的棉纱不得随地乱扔,应集中回收,填写《固体废弃物排放记录》。

⑥ 对流失到施工现场的油污,各修井队负责将被污染土壤收集并拉运到指定地点集中处理。

3) 修井废弃固体物的控制

(1) 目的。

对施工作业现场的废岩屑、废砂等固体废弃物的排放进行有效的控制,最大限度地减少对环境的污染。

(2) 控制措施。

① 施工作业过程中产生的废岩屑集中堆放,完工后进行回填。

② 完井后产生的废修井液用罐车集中转运到新井再利用,不能再利用的固体废弃物要填埋、推平。

4) 设备清洗液、冲砂洗井废液、替喷废液的控制

(1) 目的。

对施工作业现场产生的废水(液)进行有效的控制,最大限度地减少排放量,减少对环境的污染。

(2) 控制措施。

① 冲砂洗井废水、替喷废水集中排放到排污坑内,然后用泵打入罐车,并转运至指定地

点进行集中处理。

② 设备清洗产生的废水经排水沟流到排污坑内，然后进行再利用或用罐车拉运到指定地点进行集中处理。

5）洗井、压井、冲砂、替喷作业地面管线刺漏的控制

（1）目的。

控制洗井、压井、冲砂、替喷作业时的管线刺漏，防止废水污染地表层，减少对作业施工环境的影响。

（2）控制措施。

① 修井队班长、副班长带领全班检查地面管线丝扣是否完好，涂好螺纹油，连接洗井等地面流程管线。

② 小班资料员负责管线试压 25 MPa，不刺不漏为合格。

③ 试压不合格者，不准进行洗井、压井、冲砂、替喷作业。

6）放溢流、洗井、切割、打捞、补接对扣时发生井喷事故的控制

（1）目的。

控制井喷事故的发生，减少井喷事故发生后产生的大量油、气、水及高分贝噪声对周围环境的污染、人身安全的危害和各种设施的破坏。

（2）环境因素。

环境因素：油、气、水、噪声。

（3）控制措施。

① 安装井口控制器。

② 在切割、打捞、补接对扣、压井作业中发生井喷事故后，立即组织人员抢装控制器或进行压井，规定安全区，同时汇报公司调度室，由公司调度室向有关部门和领导汇报。

③ 迅速疏散附近居民，将其他设备撤离现场，将周围易燃、易爆及重要物品及时转移到安全区，尽量减少险情的发生，在保证人身安全的情况下，努力减少对周围环境的污染。

④ 一旦发生井喷着火，要迅速切断电源，将修井设备熄火，装控制器的井要关闭封井器。

⑤ 对井口失去控制的井，要组织安装新井口，确保一次性抢修、抢装成功。

⑥ 在领导和技术权威人员的周密布置下采取控制措施，争取在最短时间内完成，以减少井喷对环境的污染。

7）放溢流、洗井含油污水的控制

（1）目的。

对洗井作业现场产生的废水、废液进行有效的控制，最大限度地减少排放量，减少对作业环境的污染。

（2）控制措施。

① 施工前进行压井作业，减少油污的排放。

② 对热洗后排出的油水进行分离，并进行分类处理。

③ 将作业中排出的油污水拉运到指定地点进行集中处理。

8）废弃压井液的排放与控制

（1）目的。

对施工现场产生的废弃压井液进行有效的控制，最大限度地减少对环境的污染。

(2) 控制措施。

① 将施工产生的废弃压井液排放到排污池内。

② 对废弃压井液进行回收再利用。

③ 剩余少量废弃压井液完井后进行回填。

9) 管线试压爆裂的控制

(1) 目的。

对于管线试压爆裂事故，应采取有效的预防控制措施，避免对人身和财产安全造成危害，减少对环境的污染。

(2) 控制措施。

① 连接管线时要认真检查管线螺纹是否完好。

② 管线丝扣要涂好螺纹油，并上正上紧。

③ 管线试压 25 MPa，不刺不漏为合格。

④ 发现爆裂，应立即更换管线，重新试压。

10) 施工现场火灾事故的控制

(1) 目的。

控制火灾事故的发生，降低火灾事故发生后所产生的浓烟对周围环境的污染和破坏。

(2) 环境因素。

① 油、气、电。

② 井场用明火。

③ 在施工现场吸烟。

④ 铁器撞击产生火花。

(3) 控制措施。

① 施工现场严禁用明火，若需动明火，必须到安全环保部门办理用火手续，同意后方可动用明火，并有消防车到现场戒备。

② 动用明火，井场必备消防器材和防火砂，且消防器材齐全好用。

③ 井场内严禁吸烟。

④ 气体浓度较大时，禁止直接用铁器进行敲击。

2. 一般环境因素保护措施

1) 废岩屑、废砂的处理

对于施工作业过程中产生的废岩屑、废砂，完井搬迁后进行回填。

2) 废弃的油棉纱、配件、废料的处理

(1) 对废弃配件，实行交旧领新，或维修后重新利用。

(2) 废弃的油棉纱、废手套集中拉运到指定地点进行焚烧。

3) 野外生活垃圾的处理

(1) 对可降解的物质，在没有条件的情况下挖坑深埋。

(2) 有条件的单位应对生活垃圾进行分类收集，存放到指定位置，完井后转运到指定垃圾场。

3. 环境污染应急程序及措施

（1）生产现场若小范围发生污染，但未对周围的生产、生活环境造成污染，且现场有自救能力，车组应急组长下令进入三级应急行动。现场迅速切断污染源头，同时采取自救措施，尽量缩小污染区域，迅速上报处应急办公室。

（2）现场若大范围发生污染，且污染造成周围人、畜中毒或对生命构成威胁，应迅速组织自救，并及时上报公司、处办公室，判定属二级险情时，进入二级应急状态。与当地政府联系，迅速疏散污染区周围的人、畜。

（3）一级应急行动按勘探局应急办公室的指令执行。

技能训练

训练操作一　起封隔器关井(无钻台)

本次操作在 WS-3 井下作业模拟器上进行技能训练。

一、准备工作

设置高压管汇为灌浆状态。

二、操作步骤

（1）按 1 号钮，开始本次作业。

（2）将油管下放到井口，按 2 号钮，上吊环，在参数显示程序上打开计量罐，上提油管至大钩高度 10.5～11.2 m 之间，使气动卡瓦处于卡紧状态，上井口卡瓦，将管柱下放到井口，悬重变为大钩重量，使大钳离合器和卸扣处于挂合位置，卸扣。

（3）上提油管至大钩高度 11.2～12.0 m 之间，按 3 号钮，油管进跑道，再下放至油管盒内，待动画完成，再按 2 号钮，吊环回到井口位置。

（4）重复步骤(3)继续起油管，当起到第二根油管时，可以看到封隔器。若上提出现溢流，转到步骤(5)处理。

（5）迅速下放到井口，按 2 号钮，卸吊环，再按 2 号钮，大钩到滑动跑道吊油管，在跑道上上提油管，系统自动将单根摆至井口，使大钳离合器和上扣处于挂合，紧扣，稍上提，使气动卡瓦处于松开状态，移开井口吊卡，下放油管到底，按 2 号钮，松开吊环。

（6）上提大钩至 1.5 m 以上，按 5 号钮，上考克，使大钳离合器和上扣处于挂合位置，将考克旋紧，下放大钩，按 2 号钮，吊环吊井口油管，稍上提，指重表所指悬重变为整个管柱组合重量。

（7）在防喷器上打开放喷阀，实现软关井，关上半封闸板控制阀，下放管柱到井口，按 2 号钮，摘开井口吊环，按 5 号钮，关悬塞阀门，在阻流器上扳动节流调节阀手柄到关的位置，使节流阀开度表的读数减小到 0，关闭 J2A 或 J3B 平板阀，实现彻底关井。

（8）按 6 号钮，上压力表，按 5 号钮，打开悬塞阀门，按 7 号钮，录取立管压力、套管压力和溢流量。

（9）按 1 号钮，结束本次作业。

三、注意事项

步骤(3)要重复两次,步骤(6)中上提油管时要控制好速度。

训练操作二 空井关井作业(无钻台)

本次操作在 WS-3 井下作业模拟器上进行技能训练。

一、准备工作

系统初始化,设置立管管汇为灌浆状态。

二、操作步骤

(1) 按 1 号钮,开始本次作业。

(2) 将大钩下放到井口,按 2 号钮,吊环吊上井口管柱,在参数显示程序上打开计量罐。

(3) 将最后一根油管起出井口,按 3 号钮,摆油管至滑动跑道,缓慢下放油管到跑道,按 2 号钮,松开吊环。

(4) 在防喷器控制台上打开放喷阀,实现软关井。待井口有溢流时,关闭全封闸板,在阻流器控制台上扳动节流调节阀手柄到关的位置,关闭节流阀,使其对应的开度表减小到 0,关闭 J2A 或 J3B,实现彻底关井。

(5) 记录关键参数,待读数稳定后,按 7 号钮录取溢流参数。

(6) 按 1 号钮,结束本次作业。

三、注意事项

(1) 系统设计上提油管至大钩高度 5 m 以上,若未开计量泵,作业将异常结束。

(2) 系统设置为油管放至跑道后发生溢流,当溢流发生时,发出警报。

训练操作三 钻扫溢流关井作业(无钻台)

本次操作在 WS-3 井下作业模拟器上进行技能训练。

一、准备工作

系统初始化,设置立管管汇为循环状态。

二、操作步骤

(1) 按 1 号钮,开始本次作业。

(2) 循环钻井液。

① 下放管柱,在钻头钻至 2 970 m,有钻压波动时刹死。

② 开泵,通过调节手油门适当调整入口排量到 20 L/s,开始循环钻井液。

（3）轻压跑合。

观察泵压，泵压正常后下放管柱至井底，控制刹把，在小于 50 kN 的轻压下跑合 20～30 min（或钻进 0.5 m，不需再等待）。

（4）正常钻塞。

① 逐渐增加钻压，按规定参数均匀钻塞。

② 注意监视钻井液出口流量及钻井液池内钻井液体积变化情况，若发生变化，则说明可能出现溢流。

（5）同时卸杆。

① 上提管柱至大钩高度在 11～12 m 之间。

② 停泵。

③ 使气动卡瓦处于卡紧状态，上井口吊卡。

④ 松开刹把，指重表所指悬重变化为大钩重量。

⑤ 使大钳离合器和卸扣处于挂合位置时，将钻杆松开。

⑥ 上提管柱至顶驱高度在 11.2～12.5 m 之间，按 3 号钮执行立杆进立杆盒操作，然后下放，将立杆放进立杆盒，按 2 号钮，大钩松开立杆，回位。

（6）抢接考克。

① 上提大钩至高度大于 3 m。

② 按 5 号钮，抢接考克。

③ 使大钳离合器和上扣处于挂合位置时，将考克旋紧。

④ 按 5 号钮，关闭考克阀门。

（7）管柱悬空。

① 将大钩下放到 1.6 m 以下。

② 按 2 号钮，吊环吊上井口管柱。

③ 上提管柱至指重表所指悬重变为整个管柱重量。

（8）关井。

① 在防喷器上打开放喷阀，自动播放打开放喷阀动画，待动画完毕后关闭上半封闸板。

② 将管柱下放到井口，按 2 号钮，卸开吊卡。

（9）记录关井参数。

① 将大钩提到 2.8 m 以上，按 6 号钮，自动接测压表。

② 按 5 号钮，打开考克阀门，压力表读压。

③ 待立管压力上升稳定后，按 7 号钮录取立管压力、套管压力和溢流量。

（10）按 1 号钮，结束本次作业。

三、注意事项

系统设计为钻通塞时进入油气层，钻到 2 971.5 m 时发生溢流。

训练操作四　优质筛管防砂作业(有钻台)

本次操作在 WS-3 井下作业模拟器上进行技能训练。

一、准备工作

系统初始化，设置立管管汇为灌浆状态。

二、操作步骤

（1）按1号钮，开始本次作业。

（2）将筛管下放到射孔井段。

① 上提测悬重，观察指重表是否变化。

② 继续下放，当大钩高度在0.4～0.5 m之间时，按4号钮，投球（系统播放投球动画）。

（3）上井口卡瓦。

当大钩高度在合适位置（0.4～0.5 m）时，使气动卡瓦处于卡紧状态，将卡瓦移动到井口。

（4）摘开吊卡。

① 松开刹把，指重表所指悬重变为大钩重量。

② 按2号钮，摘开吊卡。

（5）接方钻杆。

① 上提大钩至1.3～2 m之间，按3号钮，大钩到大鼠洞并吊上方钻杆。

② 上提管柱，当大钩高度在13.7～15 m之间时，按2号钮，大钩回到井口与管柱对接。

（6）下放方钻杆，使大钳离合器和上扣处于挂合位置，上扣，再改变立管管汇为循环状态。

（7）移开卡瓦。

① 上提管柱，指重表所指悬重变为整个管柱重量。

② 使气动卡瓦处于松开状态，移开井口卡瓦。

（8）坐封。

① 下放管柱至大钩高度在9.9～10.5 m之间。

② 开泵，通过调节手油门来控制泵冲，立管压力迅速上升，当立管压力超过500 psi/3.5 MPa时，顶部封隔器开始坐封；当立管压力继续上涨到2 500 psi/17.3 MPa后，坐封完成。

③ 继续加压，当立管压力继续上涨到3 000 psi/20.7 MPa后，系统提示“销钉已剪断”，须及时关泵稳压。

（9）立管验封。

① 关泵后，语音提示“需要稳压”，观察立管压力，立压不变。

② 当语音提示“稳压结束，开始泄压”时，立管压力迅速降至0，语音提示“泄压结束”。

（10）改变立管管汇为灌浆状态。

（11）套管验封。

① 在防喷器控制台上打开放喷控制阀，打开压井管汇（防喷器备用开关），关防喷器上半封闸板控制阀，调节阻流器，将节流阀开度调节到0，关闭J2A或J3B。

② 语音提示“环空验封”，开泵，套压上升，当套压上升到1 700 psi/13.78 MPa后，及时关泵。

③ 语音提示“需要稳压”，观察套压变化。

④ 若语音提示“稳压结束”，则打开 J2A 或 J3B，然后调节阻流器，将节流阀开度调节到100%，泄掉套压，最后在防喷器控制台上打开上半封闸板控制阀，关闭放喷控制阀。

（12）上提管柱到大钩高度在 13 m 以上，按 1 号钮，结束本次作业。

三、注意事项

（1）系统设计开泵的位置需使筛管在射孔井段，否则开泵无效。

（2）环空验封需要缓慢打压，所以泵冲数不要超过 5 冲/min。

（3）平板阀的选择为节流阀对应支路，即节流阀 1 对应 J2A，节流阀 2 对应 J3B。

训练操作五　TCP 射孔作业（有钻台）

本次操作在 WS-3 井下作业模拟器上进行技能训练。

一、准备工作

系统初始化，设置立管管汇为灌浆状态。

二、操作步骤

（1）按 1 号钮，开始本次作业。

（2）电测校深。

① 下放管柱，将射孔枪下放到合适位置（大钩高度在 0.4～0.5 m 之间）。

② 按 4 号钮，电测校深（系统播放电测校深动画）。

（3）上井口卡瓦。

当大钩高度处于合适位置（0.4～0.5 m 之间）时，使气动卡瓦处于卡紧状态，将卡瓦移动到井口。

（4）摘开吊卡。

① 松开刹把，指重表所指悬重变为大钩重量。

② 按 2 号钮，摘开吊卡。

（5）接油管挂。

① 上提管柱至大钩高度在 1.3～2 m 之间，按 6 号钮改变大钩方向，继续上提至19～20 m 之间，按 2 号钮，吊卡挂上油管挂短接。

② 上提管柱，将油管挂送回井口并与管柱对接。

③ 使大钳离合器与上扣处于挂合位置，上扣。

（6）移开井口卡瓦。

① 上提管柱至指重表所指悬重变为整个管柱重量。

② 使气动卡瓦处于松开状态，移开井口卡瓦。

（7）坐油管挂。

下放管柱，当管柱不能再下放时，指重表所指悬量变为大钩重量，油管挂坐于井口。

(8) 卸短接。

① 挂合大钳离合器和卸扣，卸油管挂以上短接。

② 上提短接到合适位置(大钩高度在 10.47～10.7 m之间)，按 3 号钮，准备释放短接于小鼠洞中。

③ 下放大钩，使短接进入小鼠洞。

④ 到大钩不能下放时，刹死刹车，按 2 号钮，摘开吊卡，大钩自动回正。

(9) 安装井口设备。

系统提示安装井口设备，动画展示拆防喷器和装采气树过程。

(10) 加压射孔。

① 系统提示环空打压，开泵，通过调节手油门控制泵冲，泵压迅速上升，当套压达到 1 700 psi/11.7 MPa 时，系统自动播放射孔动画。

② 射孔后关泵。

(11) 检测异常。

① 按 7 号钮，观察立压和套压。

② 开启计量泵，观察钻井液池内钻井液体积变化情况，观察完毕后，按 7 号钮。

(12) 按 1 号钮，结束本次作业。

三、注意事项

(1) 管柱下放接近钻台面时，控制下放速度，缓慢下放。

(2) 系统设计大钩高度低于 1 m 时，油管挂已在井口，此时不能继续下放。

训练操作六　射孔前刮管作业(有钻台)

本次操作在 WS-3 井下作业模拟器上进行技能训练。

一、准备工作

系统初始化，设置立管管汇为灌浆状态。

二、操作步骤

(1) 按 1 号钮，开始本次作业。

(2) 刮管，上下活动管柱，对设计井段进行刮削。

(3) 上卡瓦，摘吊卡。

① 当大钩高度下放到合适位置(0.4～0.5 m)，使气动卡瓦处于卡紧状态，将卡瓦移动到井口。

② 松开刹把，指重表所指悬重变为大钩重量。

③ 按 2 号钮，摘开吊卡。

(4) 接立柱。

① 上提空吊卡离开井口。

② 当大钩高度在 1. 3～2 m 之间时，按 6 号钮，旋转大钩方向后继续上提；当大钩高度到达二层平台（19～20 m 间）时，刹死。

③ 按 2 号钮，立柱出立杆盒，上提大钩至立柱与井口管柱对齐，再将立柱下放至井口并与管柱对扣，使大钳离合器和上扣处于挂合位置，上扣。

（5）移开卡瓦。

① 上提管柱至指重表所指悬重变为整个管柱重量。

② 使气动卡瓦处于松开状态，移开井口卡瓦。

（6）下放立柱。

① 下放管柱到井口（大钩高度在 0. 4～0. 5 m 之间）。

② 使气动卡瓦处于卡紧状态，上井口卡瓦。

③ 松开刹把，指重表所指悬重变为大钩重量。

④ 按 2 号钮，摘开吊卡。

（7）重复步骤（4）和（5），接第二根立柱下放。

（8）管柱探井底。

① 缓慢下放管柱，若发现钻压波动，可能是管柱接触井底，按 5 号钮，标记划线。

② 上提管柱 1 m 以上。

③ 再次下放管柱，发现钻压波动，管柱接触井底，按 5 号钮，标记划线。

（9）坐卡瓦。

① 上提管柱至大钩高度在 19. 95～20. 05 m 之间。

② 使气动卡瓦处于卡紧状态，上井口卡瓦。

③ 松开刹把，指重表所指悬重变为大钩重量。

（10）卸扣。

（11）立杆进立杆盒。

上提管柱至合适位置（大钩高度在 20. 3～21. 0 m 之间），按 3 号钮，下放立柱进立杆盒，再按 2 号钮，大钩放开立柱。

（12）接方钻杆。

① 下放管柱，当大钩高度在 1. 3～2. 0 m 之间时，按 6 号钮，旋转大钩，准备接方钻杆。

② 按 3 号钮，大钩到大鼠洞吊上方钻杆。

③ 上提管柱，当大钩高度在 13. 7～15. 0 m 之间时，按 2 号钮，大钩回到井口与油管对接。

④ 下放方钻杆，使大钳离合器和上扣处于挂合位置，上扣。

（13）移开井口卡瓦。

① 改变立管管汇为循环状态。

② 上提管柱，指重表所指悬重变为整个管柱重量。

③ 使气动卡瓦处于松开状态，移开井口卡瓦。

（14）管柱探井底。

① 缓慢下放管柱，若发现钻压波动，可能是管柱接触井底，按 5 号钮，标记划线。

② 上提管柱 1 m 以上。

③ 再次下放管柱，发现钻压波动，管柱接触井底，按 5 号钮，标记划线。

（15）循环钻井液，冲洗。

① 上提管柱离开井底 1 m 以上。

② 开泵，通过调节手油门控制泵冲，使入口排量在 10 L/s 以内，开始循环钻井液。

③ 观察钻井液循环是否正常，正常后，系统提示“用大排量循环”，此时增大泵冲，使入口排量在 15 L/s 以上。

④ 在钻井液循环一周半后，系统提示“循环结束”，关泵。

（16）按 1 号钮，结束本次作业。

三、注意事项

（1）每次刮管的范围必须是整个设计井段（刮削最高点高于 12 m，最低点低于 2 m）。

（2）刮管至指重表不波动后，仍需刮管两次，刮削结束后系统提示语音“刮管完成”。

（3）在整个循环过程中，不得关泵。

（4）系统提示“循环携砂”后，应停止移动大钩一段时间，等待泥砂冲出井内。（实际井场需等待 15 min 左右，这里虚拟设计 30 s，并有“循环结束”提示音。）

思考题

1. 简述石油生产过程中的不安全因素。
2. 燃烧必须具备哪些条件？
3. 灭火的方法有哪几种？常见的灭火器有哪几类？
4. 简述干粉灭火器的适用范围及使用方法。
5. 简述硫化氢气体中毒机理及急救措施。
6. 便携式复合气体检测仪的使用方法及硫化氢气体、一氧化碳气体检测标准是什么？
7. 简述一氧化碳气体中毒机理及急救措施。
8. 简述正压式空气呼吸器的使用方法及注意事项。
9. 机械伤害的主要形式有哪些？
10. 防坠器的工作原理是什么？
11. 简述起下油管操作规程。
12. 试述起下钻作业过程中油管提升或下放的风险削减和控制措施。
13. 试述起下钻作业过程中井架操作的风险削减和控制措施。
14. 试述起下钻作业过程中井口操作的风险削减和控制措施。
15. 试述起下钻作业过程中拉送油管的风险削减和控制措施。
16. 试述压裂、酸化过程中试压及泵注施工的风险削减和控制措施。
17. 试述特殊作业过程中替油、冲砂作业的风险削减和控制措施。
18. 试述井下作业全过程的风险削减和控制措施。
19. 试述环境和健康在井下作业全过程中的风险削减和控制措施。
20. 试述环境污染的应急程序及措施。

参考文献

[1] 中国石油天津燃气集团公司人事服务中心. 井下作业工. 北京：石油工业出版社，2004.

[2] 成都盛特石油装备模拟技术开发有限公司 . WS-3 井下作业模拟器操作手册，2009.

[3] 中国石油天然气总公司劳资局. 井下作业工. 北京：石油工业出版社，1996.

[4] 吴奇. 井下作业监督. 第 2 版. 北京：石油工业出版社，2003.

[5] 郑社教. 石油 HSE 管理. 第 2 版. 北京：石油工业出版社，2014.

[6] 郭伟. 井下作业. 北京：石油工业出版社，2011

[7] 孙振纯，王守谦，徐明辉. 井控设备. 北京：石油工业出版社，1997.

[8] 杨伟. 井下作业实训指导书. 北京：石油工业出版社，2006.

[9] 王新纯. 修井施工工艺技术. 北京：石油工业出版社，2005.

[10] 马继振. 修井作业. 北京：石油工业出版社，2012.

[11] 崔凯华. 井下作业设备. 北京：石油工业出版社，2007.